辽宁省教育厅基本科研项目(LJKMZ20220922)资助

聚氨酯改性沥青开发与性能研究

郭乃胜　金鑫　刘涛　著

Development and Performance
of Polyurethane Modified Asphalt

U0390124

化学工业出版社
·北京·

内 容 简 介

热塑性聚氨酯弹性体（TPU）作为一种新兴高分子材料，其配方灵活、性能范围广泛可调，用作沥青改性剂前景良好。其中，聚氨酯固-固相变材料（PUSSP）作为沥青改性剂时能有效降低温度对沥青路面性能的影响。研究和应用聚氨酯改性沥青不应局限于单质材料的性能和简单的配比设计，应将复杂多变的异相材料间界面相也作为研究对象，而对PUSSP的相变行为和调温特性进行深入研究有助于促进其在道路工程领域中的应用。为此，本书重点介绍了研发的TPU和PUSSP两种沥青改性剂以及两种改性沥青的制备工艺、流变特性、自愈合性能和引起沥青宏观性能转变的作用机理。

本书可作为土木工程、交通工程专业本科生和研究生的参考书，也可为从事路用聚氨酯改性沥青开发的科研人员提供借鉴和参考。

图书在版编目（CIP）数据

聚氨酯改性沥青开发与性能研究/郭乃胜，金鑫，刘涛著. —北京：化学工业出版社，2024.7
ISBN 978-7-122-45540-6

Ⅰ.①聚⋯　Ⅱ.①郭⋯②金⋯③刘⋯　Ⅲ.①聚氨酯-改性沥青-研究　Ⅳ.①TE626.8

中国国家版本馆 CIP 数据核字（2024）第 086583 号

责任编辑：彭明兰　　　　　　　　文字编辑：冯国庆
责任校对：张茜越　　　　　　　　装帧设计：张　辉

出版发行：化学工业出版社
　　　　　（北京市东城区青年湖南街 13 号　邮政编码 100011）
印　　装：北京科印技术咨询服务有限公司数码印刷分部
787mm×1092mm　1/16　印张 12¼　字数 296 千字
2024 年 8 月北京第 1 版第 1 次印刷

购书咨询：010-64518888　　　　　　售后服务：010-64518899
网　　址：http://www.cip.com.cn
凡购买本书，如有缺损质量问题，本社销售中心负责调换。

定　　价：98.00 元　　　　　　　**版权所有　违者必究**

目前，国内外公路建设中的聚合物改性沥青路面被广泛应用，这得益于其出色的路用性能。近些年，随着重载、超载等现象的频发，传统聚合物改性沥青路面在使用过程中面临复杂的自然环境影响和更为严苛的使用要求。聚氨酯（PU）凭借其灵活的配方和与沥青良好的相容性等优势，并且其复配相变材料不仅可以通过储热能自发地降低温度对沥青路面的不利影响，减少路面温度病害的发生，还能利用其储热时剧烈的相变行为提升沥青及其混合料的路用性能。其中，聚氨酯固-固相变材料（PUSSP）具有稳固的相态并契合沥青路面的环境温度。本书一方面采用酯交换缩聚法合成出不同软段结构、硬段含量（C_h）和异氰酸根指数（r）的热塑性聚氨酯（TPU）沥青改性剂，通过化学结构表征以及热性能和物理力学性能测试，建立了 TPU 沥青改性剂物化表征与热性能的关系；运用正交设计和灰色关联度分析，探明了 TPU 改性沥青的制备工艺及其宏、微观性能，提出了 TPU 作为沥青改性剂的适宜掺量与主要合成参数；借助流变学方法评价了 TPU 改性沥青高、低温性能和疲劳自愈合性能。另一方面，通过加聚反应合成了适用于沥青路面的聚氨酯固-固相变材料沥青改性剂；借助热力学研究手段明确了合成工艺对 PUSSP 物化特性、相变行为、储热和微观力学特性的影响，并分析了相变行为和储热特性的作用机理；采用正交设计和灰关联分析法提出了 PUSSP 改性沥青的制备工艺，基于调温和流变学试验对 PUSSP 改性沥青的调温特性、储热特性和流变特性进行研究，分析了 PUSSP 软段质量分数和掺量对 PUSSP 改性沥青宏观性能的影响；采用微观观测手段揭示了 PUSSP 改性沥青性能转变的原因，以及 PUSSP 与沥青的改性机理。这为聚氨酯改性沥青技术的研究开展提供了坚实的理论支撑，对推动功能性聚氨酯复合改性沥青的组成设计具有很好的现实意义。

本书综述了 TPU 的特性及与 PU 的从属关系、目前国内外关于 PU 改性沥青的研究现状，阐明了 PUSSP 应用于沥青的优势和不足。通过总结归纳国内外关于聚氨酯改性沥青及聚氨酯固-固相变材料现阶段研究的不足之处，提出了本书的研究内容，并开展了如下研究。

① 采用红外光谱（FTIR）、元素分析（EA）、凝胶色谱（GPC）、液相核磁（NMR）、差式扫描量热（DSC）和热失重（TG）等化学分析设备，从微观化学的角度对所合成的 TPU 沥青改性剂的化学结构、微观性能、热性能及力学性能进行了研究，探讨了不同软段结构（聚酯型和聚醚型）、分子量、C_h 和 r 影响下，TPU 沥青改性剂微观结构特性与宏观物理性能之间的关系。

② 基于正交设计与灰色关联度分析确定了 TPU 改性沥青的制备工艺，明晰 TPU 沥青改性剂的掺量、软段结构、分子量、C_h 和 r 对 TPU 改性沥青路用性能指标的影响，以此确定了 TPU 沥青改性剂的最佳掺量。采用 FTIR、荧光显微镜、SEM、AFM、TG 和 DSC 测试分析 TPU 改性沥青的化学基团与热性能，揭示了 TPU 改性沥青的内在化学反应机理，提出了 TPU 沥青改性剂适宜的合成设计参数。

③ 研发了适合作为沥青改性剂的聚氨酯固-固相变材料，通过控制合成工艺实现了 PUSSP 储热和微观力学等特性的可调节性；借助 FTIR 表征了 PUSSP 反应物和生成物主要官能团特征峰的演变规律，据此推断出 PUSSP 的合成效果；利用吸附试验、偏光显微镜（POM）和 X 射线衍射仪（XRD）明确了 PUSSP 的相变行为及其作用机理；DSC 和 TG 等热力学试验方法阐明了 PUSSP 的储热特性和热稳定性，并确定了软段质量分数对其综合性能的影响；通过原子力显微镜（AFM）明晰了 PUSSP 在微观尺度下的软硬段分布和力学特性的差异。

④ 采用正交设计和灰关联分析法确定了 PUSSP 改性沥青的最佳制备工艺，并借助沥青三大指标试验评价了 PUSSP 改性沥青的基础物理性能；提出了沥青调温特性试验方法和评价指标 Δt_{P-B} 和 ΔT_{P-B}，以此评价并量化了 PUSSP 改性沥青的调温特性，明确了 PUSSP 软段质量分数对 PUSSP 改性沥青调温特性的影响；利用 DSC 和 TG 试验研究了 PUSSP 改性沥青的储热特性和热稳定性，通过各性能的评价指标建立了 PUSSP 改性沥青调温特性和储热特性的内在联系。

⑤ 以 PUSSP 改性沥青为研究对象，确定了 PUSSP 软段质量分数和掺量对改性沥青流变特性的影响。基于动态剪切流变仪的温度和频率扫描试验阐明了 PUSSP 改性沥青的高温抗车辙性能，采用 Black 曲线和动态复数模量主曲线表征了改性沥青的黏弹特性，并借助多应力重复蠕变试验（MSCR）评价了 PUSSP 改性沥青的抗永久变形性能和弹性恢复性能；利用弯曲梁流变仪（BBR）试验明确了 PUSSP 改性沥青的低温蠕变性能，并通过 PG 分级确定了 PUSSP 改性沥青的高低温等级；采用 DSR 离析率分析了 PUSSP 改性沥青的高温储存稳定性。

⑥ 通过微观观测手段研究了 PUSSP 改性沥青的改性机理，明晰了 PUSSP 对沥青微观形貌和力学特性的影响。采用 FTIR 分析了 PUSSP 与沥青之间的反应机理；通过荧光显微镜（FM）观测了 PUSSP 在沥青中的分布情况，确定相变材料与沥青的相容性；利用 AFM 观测了 PUSSP 改性沥青的微观形貌，分析了 PUSSP 对沥青微观形貌特征的影响；并进一步研究了 PUSSP 引起沥青微观形貌特征的演变规律。

在本书的最后，对主要研究内容和各章节所取得的试验研究结果进行了总结与概括，在此基础上，对今后研究工作的主要方向进行了展望。

本书由大连海事大学和沈阳建筑大学共同撰写，其中第 1 章、第 8 章和第 9 章由大连海事大学郭乃胜撰写，第 2～4 章和第 7 章由沈阳建筑大学金鑫撰写，第 5 章和第 6 章由大连海事大学刘涛撰写。

最后，衷心感谢参考文献的所有作者，他们卓有成效的研究成果是本书研究的基础。感谢辽宁省教育厅基本科研项目（LJKMZ20220922）资助。

由于编者水平有限，书中不妥之处在所难免，恳请广大读者批评指正。

著 者
2024 年 2 月

目 录

第 1 章

绪论

1.1 研究背景与意义

近年来，随着重载、超载以及渠化交通等现象的日益突出，车辙、裂缝及坑槽等路面典型病害发生的越加频繁，严重地缩短了沥青路面的设计使用寿命，同时降低了行车安全性[1]。由此可见，传统石油沥青路面逐渐难以适应当下交通环境的要求，尤其是针对高速公路收费口、机场跑道等特殊路段，对沥青胶结料性能则有着更为严苛的要求[2,3]。因此，如何提高沥青路面路用性能和使用寿命是当今道路工程领域研究的重要方向。

热塑型聚氨酯（TPU）作为一种正在蓬勃兴起的新型有机高分子材料，被誉为"第五大塑料"，由于其制品的性能可调范围宽、配方灵活、性能优异，使其在涂料、电子元件、建筑防水、汽车工业、鞋材、医疗等诸多领域得到了广泛应用[4~7]。然而 TPU 在道路工程中的应用鲜有报道，尤其未见 TPU 作为改性剂应用于改性沥青的制备与性能研究。TPU 主要分为聚酯型和聚醚型，具有硬度范围宽（60HA～85HD）、耐磨、耐油，透明、弹性好，玻璃化转变温度低于室温，断裂伸长率＞50%，可加热塑化等特性。TPU 分子为线型结构，因此 TPU 分子上不易发生化学交联反应，但其分子间却存在一定的物理交联，这是由于 TPU 是嵌段共聚物，TPU 内部拥有许多约束成分的物理交联区域因嵌段了软段聚酯多元醇或聚醚多元醇，从而形成了特殊的网状结构。根据相容性理论，TPU 与基质沥青反应将无须特定的助剂引发，TPU 分子的特性有助于解决聚合物改性剂与基质沥青相容性差的问题[8]。然而，现阶段国内 TPU 改性沥青技术尚未成熟，迫切需要系统地进行工艺体系、理论与试验技术研究。

另外，沥青路面在使用过程中常面临复杂的自然环境，其中主要包括因环境温度引起的如高温车辙、低温开裂和冻融破坏等沥青路面温度病害，缩短了沥青路面的使用寿命[9~12]。沥青作为感温性材料，环境温度会使沥青的流变性能发生转变，从而影响到沥青混合料的路用性能，最终致使沥青路面出现破坏[13,14]。为此，研究者们采用沥青改性剂、混合料外掺剂和调整级配等方式提高沥青及混合料的路用性能，减轻了温度对沥青路面性能的影响。以 SBS 改性沥青为例，通过 SBS 的交联作用改善了沥青的高低温流变特性，但温度老化会使 SBS 改性沥青中丁二烯的 C ═C 出现断裂，引起 SBS 改性沥青的性能严重衰减，SBR 和胶粉等改性沥青也面临着这一问题[15~17]。由此可见，通过增强沥青性能可以减少沥青路面温度病害的发生，但沥青改性剂同样会受到温度的影响。另外，道路研究者考虑引入相变材料调节沥青路面的温度，缩小沥青路面的温度区间，从而降低环境温度对沥青路面路用性能的不利影响。

相变材料（PCMs）潜热储存技术以降低能耗和保护环境为目的，应用于道路工程具有缩小路面温度区间、改善温度分布和保持恒温的功能，具有自发的特点，这对预防路面的温度病害具有积极的作用[18~20]。PCMs种类繁多，应用于沥青路面具有稳固的相变行为和较强的储热特性，在赋予沥青路面调温特性的同时还应充分考虑对沥青路面路用性能的影响。PCMs根据相变行为主要分为固-液型相变材料（S-LPCMs）和固-固型相变材料（S-SPC-Ms）两大类，其中S-LPCMs通过由固态向液态的相态转变实现了储能放热，表现出较强的储热特性和剧烈的体积变化，主要包括石蜡、多元醇、直链烷烃和脂肪酸等，其相变温度区间和沥青路面的环境温度具有交集，然而道路研究者发现S-LPCMs的相变行为会导致沥青内部存在大量微裂缝，致使沥青及混合料的路用性能严重衰减[21~24]。S-SPCMs较S-LPC-Ms具有稳固的相态，能在储能放热过程中保持较好的相态稳定性，但大多数纯S-SPCMs通过断裂可逆化学键实现储热，具有较高的相变起始温度（≥180℃），这远远超出了沥青路面的环境温度[25,26]。由此可见，现有相变材料难以直接应用于沥青路面，考虑到S-LPCMs适宜的相变温度，研究者采用支撑材料、微胶囊、吸附载体和溶胶-凝胶（sol-gel）等方式对S-LPCMs进行相态稳定性方面的改进，降低了其对沥青路用性能的不利影响[27~30]。然而，研究发现，通过物理改性后的S-LPCMs在车辆荷载作用下容易出现严重的泄漏行为，致使改性后相变材料的相态稳定性和储热特性持续衰减[31,32]。因此，研究者考虑以化学改性的方式针对S-LPCMs的相变行为和储热特性进行改进，聚氨酯固-固相变材料应运而生。

聚氨酯固-固相变材料（PUSSP）通过聚氨酯（PU）合成工艺对S-LPCMs进行化学改性，使其相变行为由固-液型转变为固-固型，避免了固-液相变行为对沥青路面路用性能的不利影响[33]。PUSSP相较于S-LPCMs具有更稳定的相态和适宜的相变温度，满足沥青路面调温的要求，减少了对沥青路面路用性能的破坏作用[34,35]。此外，PUSSP的储热及力学特性可通过合成工艺进行调节，提高了与沥青路面的适用性，具有良好的路用前景。PUSSP由软段多元醇、硬段异氰酸酯和扩链剂通过加聚反应制备而成，软段常采用高分子量的聚乙二醇（PEG）。研究发现，聚乙二醇的分子量处于3000~4000时其储热熔值随着分子量的提高而显著增强，分子量高于4000后提升微弱，建议采用分子量为4000的PEG作为软段[36~38]。PUSSP实际参与储热的部分为软段，软段比例越高其储热特性越强，对基体材料的调温效果越好[39,40]。r对PUSSP的相变行为和储热特性具有显著影响，r越小意味着PUSSP的羟基含量越多[41,43]，软段比例也就越高，减小r有助于进一步提高PUSSP的储热特性。聚氨酯r值推荐为0.9~1.4，但由于PUSSP分子量较高，过小的r会使PUSSP稳定性降低，制备难度大幅增加，r取值应注重平衡PUSSP的储热特性和合成效率[44]。Gao等[45]采用r为1.1的指标，成功制备了PUSSP，且发现较小的r值提高了PUSSP的储热特性。由此可见，调整软段质量分数和异氰酸根指数r对提高PUSSP的储热特性至关重要，而这也是PUSSP能否应用于沥青路面的关键。

综上可知，目前PUSSP应用于沥青路面尚处于探索阶段，PUSSP改性沥青及混合料路用性能的相关研究相对较少，尤其缺乏PUSSP与沥青作用机理方面的研究，主要存在问题是PUSSP的储热特性不足并损害了沥青的低温蠕变性能，难以应用于沥青路面。

有鉴于此，本书结合我国沥青路面使用特点，针对传统聚合物改性剂的分散性、相容性与储存稳定性差的问题，设计了一款集高性能和高附加值于一体的TPU，将考虑软段结构、C_h、r和分子量等因素，研发了TPU沥青改性剂的合成工艺，根据沥青常规路用性能指标确定了TPU沥青改性剂的适宜掺量与合成参数，并深入分析了TPU改性沥青化学改性机理，基于流变学特性提出了 TPU 改性沥青的评价方法。根据沥青路面的环境温度，结合聚氨酯材料制备工艺，研发了适用于沥青路面的 PUSSP，通过调整异氰酸根指数（r 降至 1.0）和软段质量分数，提高了储热和力学特性，具备可调节性。通过对 PUSSP 的相变行为和储热特性进行分析，评价了其应用于沥青路面的优势。此外，提出了 PUSSP 改性沥青的制备工艺，并对其储热、调温和流变等特性进行研究，采用微观手段研究了 PUSSP 改性沥青的改性机理，揭示了 PUSSP 引起沥青宏观性能转变的原因。本书所取得的研究成果可为聚氨酯改性沥青的开发及其混合料组成设计提供理论基础，扩展功能性材料在沥青路面领域的应用前景，并对我国智能沥青路面的发展起到积极的推进作用。

1.2 国内外研究现状

1.2.1 PU 的发展概述

聚氨酯（PU）又名聚氨基甲酸酯，是一种主链结构具有氨基甲酸酯重复基团的大分子化合物统称。1849 年，德国著名化学家 Wurtz 以硫酸烷基酯和氰酸钾为预聚物反应制得脂族异氰酸根。次年，由化学家 Hoffman 以二苯基草酰胺为主要预聚体合成出了苯基异氰酸根。经历了近一个世纪的探索，直到 1937 年，PU 才被德国法本公司 Bayer 博士合成出来。1960 年，PU 在德国逐步形成了规模化生产。20 年后，PU 材料在全世界范围内开启了高速发展模式。助剂的使用丰富了 PU 的种类。助剂用量虽少，却对 PU 的化学结构与力学性能起到了决定性作用，其按功能分包括：固化剂、扩链剂和交联剂等[46~48]。

PU 材料发展至今，所涉及的种类繁多，其中 TPU 当属 PU 家族中最具应用前景的一类，由于合成 TPU 所需的原材料来源丰富，且可调范围广，同时兼具橡胶与塑料特性[49]，使得 TPU 的玻璃化转变温度可以在室温以下，断裂伸长率＞50％。TPU 具有更高的硬度和弹性模量，邵尔硬度可低至 A10（低模量橡胶），高至 D90（高抗冲击弹性体）；TPU 的弹性模量高达数百兆帕，上限几乎覆盖塑料，远超其他橡胶的弹性模量（0.2~10MPa），较高的弹性恢复能力使 TPU 成为比橡胶用途更为广泛的一类高分子材料[50~55]。TPU 所拥有的优异性能主要得益于其特殊的分子结构[56]。

由此可以看出，TPU 凭借着物理力学性能可调范围广，且分子结构容易设计，从而适于作为沥青的改性剂。在道路工程领域，可通过选择 TPU 的软、硬段种类及控制其主要合成参数，来实现 TPU 沥青改性剂化学结构及力学性能的可调节性，从而达到改善基质沥青的高、低温流变特性的目的。此外，TPU 的端羟基可与基质沥青中的胶质发生化学反应产生氢键，从而达到提高改性沥青分子间作用力的目的，因此可以通过设计 TPU 的化学结构来达到改善沥青路用性能的目的。由于关于 TPU 改性沥青的研究报道较少，若将 TPU 用作沥青的改性剂，不仅应该考虑其在沥青中的内在作用机制，还需基于流变学特性建立 TPU 改性沥青的评价方法。

1.2.2 PU 改性沥青的研究现状

1.2.2.1 PU 改性沥青的主要研究进展

石油沥青（下文统称为"沥青"）是由多种复杂的烃类化合物及其氧、硫、氮等非金属衍生物组成的混合物，其主要组成元素为碳、氢、氧、硫和氮 5 种元素。通常，沥青的含碳量为 80％~87％，含氢量为 10％~15％，氧、硫和氮的总含量小于 3％。沥青的主要化学结构是由高度缩合的芳香环及带有若干环烷环、数目和长度不等的烷侧链组成。沥青作为沥青路面的胶结料应用广泛，但因沥青化学组分复杂，对其化学结构组成进行分析较困难，通常将沥青化分成四个组分[57~60]，如图 1.1 所示，四组分的划分有助于明晰沥青内部的成分，便于从微观和细观的角度揭示改性剂在石油沥青中的化学作用机理。

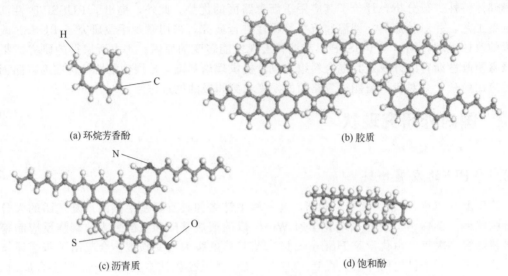

H
C
(a) 环烷芳香酚
(b) 胶质
N
O
S
(c) 沥青质
(d) 饱和酚

图 1.1 沥青四组分分子模拟

如图 1.1 所示，沥青四组分包括：饱和酚（少量极性分子和环烷环）、环烷芳香酚（含有少量的氧、硫和氮的高度缩合芳香环及带有若干环烷环、数目和长度不等的烷侧链）、胶质（极性芳香烃）、沥青质[61~63]。通过对沥青四组分进行分析发现，图 1.2 所示的沥青质中的酚、酸酐、羧酸等基团均可与 PU 中的异氰酸根发生化学反应[47]。但由于异氰酸根中的苯基为吸电子，在与酚发生化学反应时会表现出较低的活性，且生成物在温度达到 150℃时，还会影响产物的稳定性，分解式详见图 1.3（a）。进一步分析发现，PU 中脂族异氰酸根与沥青中脂族羧酸反应分为两步，首先生成不稳定的酸酐，随后分解成酰胺和二氧化碳，若 PU 中的异氰酸根或羧酸中含有芳香族化合物时，生成物极易分解成脲、羧酐和二氧化碳，如图 1.3（b）所示。此外，异氰酸根还能与酸酐反应生成酰亚胺，见图 1.3（c）。Liu 等[64] 研究发现，运用一种低分子量 PU 改性沥青时，沥青中的胶质对改性沥青的最终性能具有强烈影响，沥青中的水分子与游离异氰酸根反应，生成脲和二氧化碳，异氰酸根与助剂的作用效果，尤其是 PU 的化学结构，决定着沥青的改性程度。上述研究成果对如图 1.3（b）所

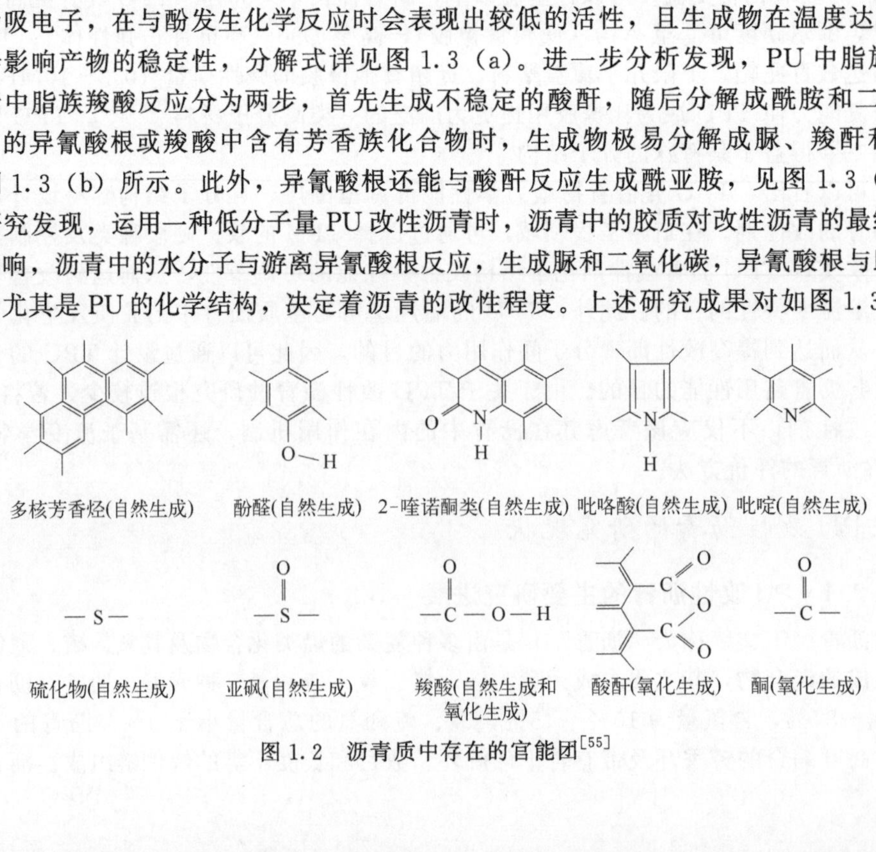

O—H
O
N
H
N
H
N
多核芳香烃(自然生成)
酚醛(自然生成)
2-喹诺酮类(自然生成)
吡咯酸(自然生成)
吡啶(自然生成)
—S—
O
—S—
O
—C—O—H
C
O
O
C
O
O
—C—
硫化物(自然生成)
亚砜(自然生成)
羧酸(自然生成和氧化生成)
酸酐(氧化生成)
酮(氧化生成)

图 1.2 沥青质中存在的官能团[55]

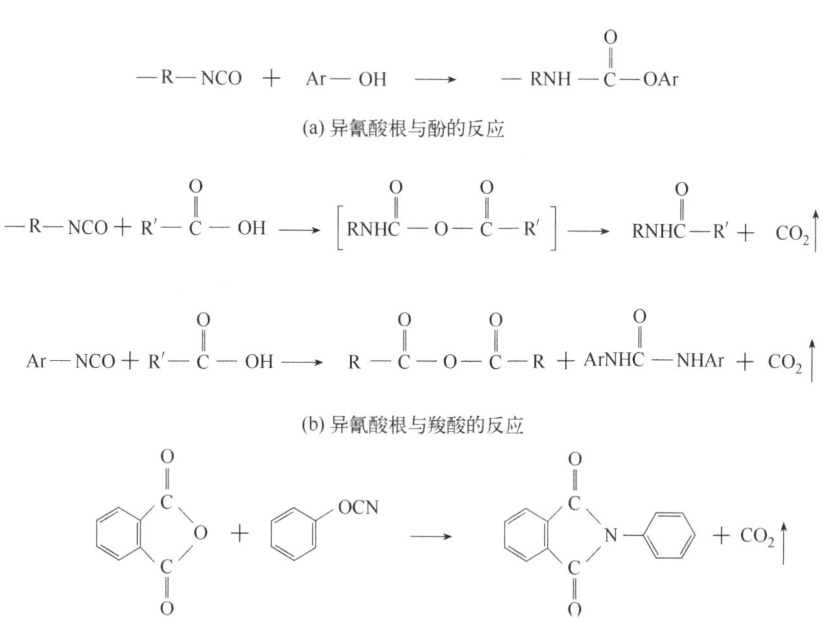

(a) 异氰酸根与酚的反应

(b) 异氰酸根与羧酸的反应

(c) 异氰酸根与酸酐的反应

图 1.3　反应方程式[55]

示的推测结果进行了佐证。

理论上，异氰酸根也可与沥青中的氮原子、氧原子反应产生氢键，起物理交联作用。陈大俊等[65]认为，TPU 中的氢键是在硬段附近形成的，氢键含量的增大会促使范德瓦尔斯力变强，以此来提高材料的强度和耐磨性，材料特性符合 Arrhenius 型的温度依赖性。赵孝彬等[66]发现，PU 的抗拉强度、抗撕裂强度和硬度等力学性能会随着分子量的增大而增加，其原因是 PU 中的微相分离程度有助于提高硬段的结晶度，同时软段的玻璃化转变温度也会降低，从而达到整体提高改性沥青物理力学性能的效果。

但遗憾的是，目前国内外均无 PU 改性沥青在实际工程中的应用报道，当前对 PU 改性沥青的研究仅停留在室内试验探索阶段。Sun 等[67]通过试验研究发现，PU 改性沥青混合料的油石比相较于传统 SBS 改性沥青混合料低 5%，PU 改性沥青混合料的低温性能也明显优于 SBS 改性沥青混合料，两种改性沥青的生产成本接近。Bazmara 等[68]研究发现，沥青中添加 PU 能够提高其抗低温变形能力，并经 FTIR 试验推断出 PU 作为改性剂与沥青反应后有新的化学键形成。Moran[69]发现异氰酸根能与基质沥青中的羧酸反应，从而使改性沥青的储存稳定性及黏度得到提升。翟洪金等[70]以丙烯醇作为引发剂制成含羟基的沥青，再加入异氰酸根，制得一种适用于严寒地区的 PU 改性沥青。张昊等[71]通过在基质沥青中掺入 PU 复合改性剂发现，路面抗车辙性能得到了大幅提高。陈利东等[72]制备的 PU/环氧树脂复合改性沥青混合料，其路用性能与抗疲劳性能表现优异。许涛等[73]发明了一种形状记忆 PU 改性沥青填缝料，解决当前填缝料缺少形状记忆功能、难以适应接缝宽度伸缩变化、弹性恢复与力学性能较差等问题。李璐等[74]在基质沥青中掺入 PU、环氧树脂、增容剂和增塑剂，通过剪切制得的 PU 改性沥青相较于基质沥青，其高、低温性能均得以提升。Hicks 等[75]制备出一种具有较高耐磨性和防滑作用的 PU 改性沥青。曹东伟等[76]针对钢桥面、水泥混凝土桥面铺装和沥青路面的铺筑与修补，以及用于交叉口、停车站特殊路段，制备了一种具有二次固化效果的 PU 改性环氧沥青混合料。刘颖等[77,78]利用聚醚多元醇和基质沥青反应，得到高模量 PU 改性沥青，通过试验确定出 PU 的适宜掺量为 4.27%，试验发现 PU 改性沥青的耐高温、耐老化、储存稳定性和水稳定性均高于传统聚合物改性沥青。舒睿等[79] 通过试验得出 PU 改性沥青的最佳制备工艺为：拌和温度 120℃，拌和时间 10min。试验结果显示，30% 的 PU 改性沥青路用性能优于 4% 的 SBS 改性沥青，随着 PU 掺量增大，高低温性能得到进一步提升，且远高于规范中的要求值。樊现孔等[80] 采用物理共混法将超支化 PU 分散于基质沥青中，通过测试发现超支化 PU 可以降低改性沥青的温度敏感性。曾保国[81] 通过沥青混合料试验发现，PU 的添加提高了沥青混合料的高、低温性能，但对混合料的水稳定性提高不明显。李彩霞[82] 通过试验发现，PU 改性沥青混合料的水稳定性较差。班孝义[83] 发现，当 PU 掺量为 11% 时，PU 改性沥青混合料的抗低温开裂性能最好，但其耐高温性能不如 SBS 改性沥青混合料，水稳定性胜于 SBS 改性沥青混合料。

综上可知，目前有关 PU 改性沥青的研究尚停留在浅显的制备工艺优化以及 PU 改性剂的掺量探究方面。当前的研究并未考虑基质沥青的化学结构特点，并有针对性地设计合成 PU 改性剂，通过对 PU 改性沥青的流变特性与化学微观的研究与实际路用性能指标建立影响关系，从而形成一套系统的 PU 改性沥青评价方法。

1.2.2.2　PU 改性沥青性能评价方法研究

截至目前，国内外尚未形成一套系统且完整的 PU 改性沥青技术评价体系，因此仅能参照国内外现行聚合物改性沥青的评价方法进行 PU 改性沥青性能评价。目前，我国对聚合物改性沥青的性能评价是通过进行"三大指标"测试，将测试值与规范要求值进行对比，以此判别改性沥青的改性效果。该方法的优点是操作便捷、测试周期相对较短，但缺点是难以真正模拟改性沥青在实际应用过程中受温度、负荷与时间影响的衰变规律[84]。沥青是具有典型流变特性的材料，仅靠常规路用性能无法全面地模拟其在实际应用过程中所面临的高、低温性状。美国公路战略研究计划（SHRP）编著的《Superpave 沥青胶结料规范》中所提出的沥青 PG 分级，一定程度上弥补了国内沥青路用性能评价方法的不足。

（1）PU 改性沥青的流变特性研究

《Superpave 沥青胶结料规范》最突出的特点是与各路用性能直接相关[85~87]。自"八五"开始，我国开始借鉴《Superpave 沥青胶结料规范》，从更贴近工程应用的角度出发，基于流变学特性研究沥青与沥青混合料的性能。

温度与时间是影响沥青流变特性的两个重要因素。Im 等[88] 认为，PU 的加入提高了原基质沥青的各项流变测试指标。Carrera 等[89] 通过研究发现，在 PU 改性沥青内部，异氰酸根与沥青中含有活性氢原子基团发生对位反应，在添加水后使改性沥青的黏度降低，PU 改性沥青的流变特性受 PU 分子量和异氰酸根含量影响。Singh 等[90] 证实了 PU 改性沥青内部的主要化学反应发生在—OH 和—NH 之间，并用 DSC 和 DSR 测试，发现掺入 PU 改性剂后，改性沥青的硬度与弹性均得到提升，且在低温下改性沥青无相分离现象。曾俐豪等[91] 基于正交设计，极、方差分析对比得出，对车辙因子（$G^*/\sin\delta$）的影响效应由大到小排序为：PU 掺量＞剪切温度＞剪切速率＞剪切时间。夏磊等[92] 采用蓖麻油基 PU 成功制备出掺量为 10%~30% 的改性沥青，试验发现，PU 掺量越大，改性沥青的高温性能越好，当改性剂掺量达到 30% 时，蓖麻油基 PU 改性沥青的 PG 高温分级温度为 88，此时的 $G^*/\sin\delta$ 为 1.44kPa。

对于冬季寒冷地区，低温开裂是沥青路面普遍存在的病害。依据《Superpave 沥青胶结料规范》可知，仅由 BBR 试验无法准确评价改性沥青实际的低温性能[93]。Hoare[94] 认为，可采用 BBR 和直接拉伸（DT）试验相结合的方式来评判改性沥青的低温性能。但 Bahia 等[95] 却认为不同类型的改性沥青 BBR 和 DT 试验结果无直接关联性，所以 BBR 和 DT 协同试验的方法还有待进一步探讨。范腾等[96] 借助 BBR 对 PU/胶粉复合改性沥青的低温流变特性进行测试，结果表明，在 $-16℃$ 时，PU/胶粉复合改性沥青的劲度模量（S）和蠕变速率（m）仍满足规范要求。卜鑫德等[97] 通过对 PU/环氧树脂复合改性沥青进行 DT 测试发现，随着 PU 掺量的增加，PU/环氧树脂复合改性沥青的抗拉强度有所下降，但下降趋势缓慢，且强度值大于 1.5MPa，符合技术规范要求，改性剂掺入量为 30% 的 PU/环氧树脂复合改性沥青混合料的最大弯拉应变与基质沥青相比提升了 1.5 倍，表明 PU 的掺入能够提高复合改性沥青的低温抗裂性能。

综上分析发现，美国《Superpave 沥青胶结料规范》中并未提及改性沥青微观结构对宏观性能的影响，也未揭示导致材料变形以及破坏的内在机制，从而无法从根本上给出预防沥青路面早期破坏方法。所以，针对沥青的微观和细观结构及对宏观性能方面的影响关系仍然是研究热点。

（2）PU 改性沥青的微观化学反应机理研究

若将微观形貌分析作为《Superpave 沥青胶结料规范》评价改性沥青路用性能的辅助手段，更有助于掌握改性沥青内部微观物理与化学变化规律对沥青与沥青混合料性能的影响关系。目前，国内外关于 PU 改性沥青微观化学反应机理的研究报道有限。舒睿[98] 运用布氏黏度计结合荧光显微镜的方式确定出 PU 改性沥青的拌和制备工艺。

采用 GPC 试验不仅可以获得聚合物改性沥青的分子量，而且可通过 GPC 谱图来定性分析改性沥青的化学组分[99,100]。王艳等[101] 发现采用 GPC 可以实时跟踪分析 PU 中甲苯二异氰酸酯（TDI）的合成过程。Jeics[102] 按改性沥青的淋出时间将 HP-GPC 谱图分为三等份：小分子区（SMS）、中分子区（MMS）、大分子区（LMS）。Glover 等[103] 证实了 LMS 含量与沥青质含量相关。Zenewitz 等[80] 研究发现，SMS 含量增加会对沥青温度敏感性与车辙的产生造成影响。近年来，还有研究者将 HP-GPC 谱图划分成八等份，从而建立起一套更加精确的数学模型，得出路用性能与 HP-GPC 谱图参数之间的数学关系，借鉴此分析方法，以此来评价 PU 改性沥青，从而建立 PU 改性沥青温度敏感性与车辙产生关系的影响[104]。

运用 DSC 试验可从能量变化的角度解释温度变化对改性沥青组分的影响[105]。改性沥青 DSC 曲线中所表现出吸收峰的峰值大小和位置变化，均能直接反映出改性沥青的化学成分微观特性。改性沥青 DSC 曲线中的吸收峰越大，表明改性沥青在该温度区间内所发生化学反应的组分越多，吸收峰面积越大，其热稳定性越差[106~108]。改性沥青的玻璃化转变温度（T_g）也可以通过 DSC 试验体现出来，通过 DSC 试验测试得出 PU 改性沥青的 T_g 在 $-15℃$ 附近。韩继成[109] 分别对经 PU 改性的韩国 SK 沥青、国创沥青和克拉玛依沥青乳化后，进行 DSC 测试发现，PU 改性 SK 沥青乳化后的 T_g 上升 2.7℃，PU 改性国创沥青乳化后的 T_g 上升 2.8℃，PU 改性克拉玛依沥青乳化后的 T_g 上升 4.7℃，上述变化趋势与 5℃ 延度的测试结果规律性一致，表明经乳化后的 PU 改性沥青的抗低温开裂性能变差。

利用 FTIR 可实现以图像和数据相结合的方式，全面且直观地获得沥青的化学反应程度以及氧化和老化规律[110]。由于酮和砜含量的变化容易打破原基质沥青胶体结构稳定性[111,112]，从而大幅度地降低沥青胶结料的使用性能，因此，基质沥青在氧化过程中主要表现在酮（特征峰值：$1700cm^{-1}$）和亚砜（特征峰值：$1030cm^{-1}$）这两个基团出现明显的消失或偏移[113,114]。利用 FTIR 可以定性、半定量地测定沥青老化后的特征官能团变化情况，从而对深入研究沥青老化过程、揭示沥青老化机理具有重要意义。Izquierdo 等[115] 通过研究聚四苯二苯甲烷二异氰酸酯（丙二醇）对沥青发泡产生的影响发现，泡沫 PU 改性沥青的流变特性与微观结构存在一定的关联性，PU 改性沥青的发泡程度与异氰酸根的反应活性成正比，在加水之后，泡沫 PU 改性沥青的化学凝胶结构显著增强。

综上所述，以上几种对于沥青的微观评价分析方法可以进一步提高改性沥青路用性能评价方法的准确性，对于 PU 改性沥青的反应机理的研究有着重要意义。

1.2.3 PCMs 沥青路面调温原理

相变材料（PCMs）的相变形式主要包括固-固相变、固-液相变、固-气相变和液-气相变四类。相是指体系中成分、结构相同的物质，物质在不同相态间转变称为相变[116,117]，具有主动自发的特点。相变产生的温度范围为相变温度区间，相变过程中储存或释放的热量为相变潜热[118]。沥青路面由沥青混合料铺装而成，其中沥青作为具有黏弹特性的感温性材料，环境温度对其路用性能的影响十分显著，当环境温度高于沥青软化点时容易产生高温车辙病害，快速降温会导致沥青在车辆荷载作用下更易收缩开裂，高低温交变则会使沥青路用性能的损失进一步加剧[119]。PCMs 应用于沥青路面，凭借其储能放热可以调节沥青路面的温度，从而减弱环境温度对沥青及其混合料路用性能的不利影响[120~122]。

PCMs 相变行为和储热特性对相变沥青路面的调温特性至关重要。PCMs 的相变行为是指 PCMs 在储热过程中相态的变化，目前常见的 PCMs 主要为固-固型和固-液型相变，出色的相态稳定性可以降低 PCMs 对沥青路面路用性能的影响。储热特性主要包括储热温度、潜热焓值和热导率等热物性，用于沥青路面降温的 PCMs 相变温度应低于或接近沥青的软化点，这能有效地减缓沥青的软化过程[123~125]。选取 PCMs 时应充分考虑当地的环境温度，以中国东北地区为例，夏季沥青路面温度区间为 25~55℃，最高温度持续时间接近 4h，故 PCMs 的相变起始温度应高于 25℃，更充分地发挥 PCMs 的储热特性[126,127]。PCMs 的潜热焓值越大，相同掺量下对沥青路面的调温效果越明显，而高热导率不利于 PCMs 在沥青路面中进行长期储能放热，不作为重点考量的对象[128]。

相变沥青路面的调温特性由相变材料的储热特性、路面系统的应用形式以及沥青和沥青混合料的热力学特性共同决定。根据 Si 等[129] 建立的相变沥青路面调温模型（图1.4），相变材料实现了沥青路面的温度调节，沥青路面的温度区间缩小，同时温度变化率降低，含有相变材料的相变沥青路面较普通沥青路面其温度-时间曲线更为平滑，表明相变沥青路面中沥青及混合料的温度更加平稳，延缓或减弱了环境温度对沥青路面路用性能的影响。

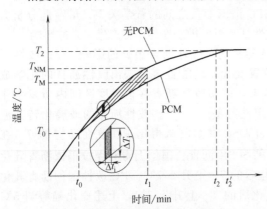

图 1.4 吸热过程中掺加和未掺加相变材料沥青路面的温度变化示意[129]

综上所述，PCMs 应用于沥青路面时通过储热特性赋予了沥青路面调温特性，从而减弱了环境温度对沥青及沥青混合料路用性能的影响。然而，应用于沥青路面的相变材料应具有适宜的相变行为和储热特性，包括稳固的相态、宽广的相变温度区间和较高的储热焓值，在维持沥青路面路用性能的前提下赋予其更强的调温特性，从而更显著地调节沥青路面的温度，减缓沥青路面温度病害的发生。

1.2.4 相变材料（PCMs）储热特性研究

PCMs 应用于沥青路面时应着重考虑其储热特性，其中熔融温度决定了 PCMs 的用途，储热焓值影响对基体材料的调温效果。用于沥青路面降温的 PCMs 熔融温度应低于沥青的软化点，相变起始温度处于 25～55℃ 的温度区间。依据相变温度区间可将 PCMs 分为高温相变材料（≥250℃）、中温相变材料（100～250℃）和低温相变材料（≤100℃）[130~134]。高温相变材料一般为无机熔融盐或金属合金等，中温相变材料包括结晶水合盐与有机物化合物等，低温相变材料主要是水及水凝胶等蓄冷材料，其中仅有低温相变材料适用于沥青路面的环境温度[135,136]。固-液型相变材料（S-LPCMs）种类繁多，是目前最常见的相变材料，大多数属于低温相变材料，契合沥青路面的环境温度；固-固型相变材料（S-SPCMs）的储能放热过程中相态和体积变化较小，相态转变始终维持固态，不具有流动性，S-SPCMs 凭借其出色的相态稳定性，较 S-LPCMs 对基体材料性能的影响较小，更适合应用于建筑材料[137~139]。

1.2.4.1　固-液型相变材料

固-液型相变材料通过固-液间的相态变化实现储能放热，由固态至液态为吸热过程，反之为放热过程。固-液型相变材料种类繁多，相变温度范围广，其中如石蜡、聚乙二醇（PEG）、正十四烷和脂肪酸等其相变温度适用于沥青路面的环境温度，同时具有较高的潜热熔值，从相变温度和储热熔值考虑，十分契合相变沥青路面的要求[140~142]。常用固-液型相变材料的储热特性见表 1.1。

表 1.1　常用固-液型相变材料的储热特性

固-液型相变材料	熔融温度/℃	吸热熔值/(J/g)	结晶温度/℃	放热熔值/(J/g)	分解温度/℃	热导率/[W/(m·K)]
石蜡	28.4	194.4	26.94	197.5	＞250	0.2756
PEG	52.54	172.13	35.93	168.09	190	0.3619
正十四烷	5.88	225.8	2.15	225.4	31.72	0.3790
月桂酸	44.32	179.85	41.72	180.51	—	0.2218
癸酸	32.14	156.40	32.53	154.24	—	0.2027
正辛酸	17	152.5	—	—	—	0.1720

石蜡种类由碳原子数决定[143,144]。石蜡（RT24）的熔融温度为 28.4℃，明显低于 SK 90# 沥青的软化点 47.1℃，熔融温度区间为 28.4～33.8℃，潜热熔值为 194.4J/g，可用于沥青及沥青混合料的降温[145~147]；而石蜡（RT42）的熔融温度可达 48.87℃，略高于沥青软化点[148]。Wang 等[149]通过二元复合调节石蜡的熔融温度，具有更广泛的温度区间，可控制在沥青混合料环境温度范围内，适用于沥青路面的降温，其结晶温度区间为 -5～5℃，不适用于沥青路面的升温和融雪。石蜡热分解温度为 250℃，高于沥青混合料的拌和温度，满足沥青混合料的热拌和要求[150,151]。由此可见，石蜡具有出色的储热特性，并能根据当地环境温度对储热特性进一步调节，适用于沥青路面的降温。

聚乙二醇（PEG）属于聚多元醇，与许多有机物组分有良好的相容性，除物理吸附外，还可通过化学键结合力的形式与载体材料复合。有学者认为，原子或分子间的化学作用能是物理作用能的 10～20 倍，较简单的物理吸附更为稳定[152~154]。胡曙光等[155]测试了 PEG 的相变特性，发现其熔融温度为 52.54℃，相变潜热为 172.13J/g，结晶温度为 35.93℃，相变潜热为 168.09J/g；其熔融温度与 RT42 接近，稍高于 SK 90# 软化点，为 40～60℃，较适用于低沥青标号的高温地区沥青路面降温[156]；同时其结晶温度过高，不能用于沥青路面升温和融雪，且热分解温度为 190℃，满足沥青混合料的拌和需求，热稳定性良好。因此，PEG 与石蜡类似，适用于沥青路面的降温，且更适用于采用低标号沥青的高温地区沥青路面。

正十四烷属于烷烃，可溶于乙醇，用于有机合成，有毒性，可采用载体物理吸附或微胶囊技术进行隔离使用。宋小飞等[157]测试得到正十四烷熔融温度为5.88℃，相变潜热为225.8J/g，结晶温度为2.15℃，相变潜热为225.4J/g。其熔融温度过低，不能有效对沥青路面降温，但在冬季低温时容易储能；结晶温度处于最佳温度区间为−5～5℃，用于沥青路面升温和融雪十分理想；潜热焓值很高，具有强大的储能放热能力，分解温度31.7℃，且低于混合料热拌温度，采用热拌沥青混合料会严重分解，因此正十四烷用于沥青路面时必须采用冷拌工艺。正十四烷可与其他S-LPCMs组成共融体系以调节相变特性。周孙希等[158]将正十四烷与正辛酸复合，复合材料结晶温度降为1℃，相变潜热降为190.7J/g，但循环稳定性却显著增强。由此可知，正十四烷适用于沥青路面的升温和融雪，但为了防止分解，用于沥青混合料时应采用复合工艺以提高分解温度，建议采用冷拌和的制备工艺制备沥青及沥青混合料。

脂肪酸是一端含有一个羧基的长脂肪族碳氢链有机物，最具代表性的是月桂酸、癸酸和正辛酸[159]。月桂酸熔融温度为44.32℃，潜热焓值为179.85J/g，结晶温度为41.72℃，潜热焓值为180.51J/g[160]；癸酸熔融温度为32.14℃，潜热焓值为156.40J/g，结晶温度为32.53℃，潜热焓值为154.4J/g[161]；正辛酸熔融温度为17℃，潜热焓值为152.5J/g[162]。三者熔融温度均低于SK 90#沥青的软化点，可用于沥青路面降温，其中正辛酸熔融温度相对较低，降温效果有限，结晶温度过高，不能用于路面的升温和融雪。脂肪酸类相变材料可通过复合方式调节相变特性。章学来等[163]将月桂酸和正辛酸复合，熔融温度降为7℃，潜热焓值为130.8J/g，具有良好的循环稳定性，可用于储冷。陈文朴等[164]采用癸酸和正辛酸制备了复合相变材料，其熔融温度降为1.5℃，潜热焓值为120.6J/g，也适用于储冷，但复合后熔融温度过低，不能作为沥青路用相变材料。可见，纯脂肪酸类相变材料具有较强的储能性能，适用于沥青路面的降温，但不宜复合使用。

综上所述，固-液型相变材料种类繁多，其相变温度区间和储热焓值具有明显的差异性，其中石蜡、聚乙二醇、脂肪酸等适用于沥青路面的降温和路面温度的调控，而正十四烷更适用于沥青路面的升温和融雪。此外，固-液型相变材料还可以通过共混制备两相相变材料，如石蜡和脂肪酸等通过共混实现了其相变温度区间和储热焓值的调整，具有可调控性的固-液型相变材料与基体材料具有更好的适应性。然而，固-液型相变材料应用于沥青路面仍存在不足，其相变行为较为剧烈，固相至液相的转变通常伴随着剧烈的体积变化，这会使沥青内部存在体积应力并导致沥青开裂，最终破坏沥青结构和性能。沥青材料作为具有黏弹性的复合材料，液化的固-液型相变材料也会对沥青的各组分进行侵蚀，因此，固-液型相变材料应用于沥青路面还需要防止其与沥青直接接触，从而避免或降低固-液型相变材料的相变行为对沥青路面性能的影响。

1.2.4.2 复合型相变材料

复合型相变材料（CPCMs）由作为芯材的固-液型相变材料与功能性材料作为支撑载体（support）复合而成，具有吸附S-LPCMs并提高结构稳定性的作用，可防止液相PCMs发生泄漏，从而消除或减弱其对沥青及沥青混合料路用性能的不利影响[165]。支撑载体一般采用多孔吸附性强、热导率高且具有一定机械强度的材料。

何丽红等[166]采用膨胀石墨（EG）作为支撑载体制备CPCMs，EG能通过自身孔张力将S-LPCMs束缚在孔结构中，防止其液化泄漏，可以有效限制液相S-LPCMs的流动，从而阻止沥青因S-LPCMs体积变化引起的微裂缝出现和扩展。钟丽敏等[167]以正硅酸乙酯为硅源制备了SiO_2基CPCMs，具有较好的热导率和较高的机械强度，且安全环保、无腐蚀性。陈娇等[168]以多孔Al_2O_3为载体制备了复合相变材料，研究发现，Al_2O_3多孔结构将

液相 $CaCl_2 \cdot 6H_2O$ 成功吸附，潜热焓值高达 99.1J/g，但存在明显的泄漏。Zhou 等[169] 以多孔陶瓷为支撑载体制备 CPCMs，研究发现，其对石蜡具有较高的吸附率，但由于孔径较小，仍容易泄漏液相 PCMs。马烽等[170] 将膨胀珍珠岩与烷类 PCMs 复合，研究表明，CPCMs 具有良好的相变特性和化学稳定，但仍存在泄漏的问题。Jin 等[171] 将硅藻土、膨胀珍珠岩、膨胀蛭石作为支撑材料使用，结果表明这三种材料由于吸附性和热物性较低而导致 CPCMs 相变效率较低，这无疑会增加混合料中 CPCMs 掺量，从而增加对沥青路面路用性能的影响。由此可见，CPCMs 会显著降低固-液型相变材料的储热特性，这意味着提高沥青及沥青混合料的调温特性需要更多的掺量，因此，CPCMs 应该具有出色的力学特性和结构稳定性，以及固-液型相变材料与载体间应具有较强的吸附性。

CPCMs 改进工艺主要包括沥青封装、环氧树脂封装、溶胶-凝胶法（sol-gel）包覆以及化学桥联工艺等[172,173]。其中封装工艺是对支撑载体空隙外侧进行封装，切断液相 PCMs 外泄路径的处理工艺，属于物理方法；化学桥联工艺在复合相变材料领域属于新兴工艺，是通过偶合剂的化学基团分别与支撑载体和 PCMs 内部基团反应形成分子桥实现的，属于化学方法。许子龙[174] 采用 DSC 和 TG 等热物性试验发现封装可以有效阻止液相 PCMs 的外渗析，显著提高 CPCMs 结构的稳定性和耐久性。但 CPCMs 的潜热焓值会显著降低（仅为 $29 \sim 50J/g$）。Zhang 等[175] 采用 KR-38S 型酞酸酯偶合剂对 PEG 和 EG 组成的 CPCMs 进行了桥联，提高 PCMs 与载体之间的结合力，从而解决液相 S-PCMs 泄漏的问题。Wang 等[176] 研究发现其中偶合剂中的烷氧基与 EG 中的羟基反应，在 EG 表面（m-EG）生成了单分子层，当 PEG 与 m-EG 混合时，KR-38S 与 PEG 端羟基又发生交换反应，KR-38S 在 EG 与 PEG 之间形成强力的分子桥。由此可见，化学桥联工艺可以较好地改善 CPCMs 泄漏的问题，但受限于载体和 PCMs 材料，桥联材料需与两者均发生化学反应，因此，需要对支撑载体、PCMs 和桥联材料三者成体系的选择，才能在建立分子桥的同时满足其路用需求。

1.2.4.3　相变微胶囊

微胶囊法是指利用成膜材料包裹固-液相变材料，形成具有壳-核结构的复合体系来实现相变材料的永久固态化。微胶囊的成型方法很多，包括化学法、物理法和物理化学法等。Su 等[177] 研究发现沥青路面骨料颗粒之间的沥青砂浆膜厚度约为 $50\mu m$，因此微胶囊粒径如果能够控制在 $50\mu m$ 以下，可以避免在混合料拌和及压实阶段挤压破碎的问题。由此可见，微胶囊粒径不仅影响微胶囊自身性能，还决定了其在沥青混合料中的受力状态，可能是微胶囊应用于沥青路面最显著的影响因素。微胶囊的相变特性受热导率影响的同时，也受渗漏率和包覆率的影响[178,179]。渗漏率指微胶囊经多次相变后出现泄漏的比例（%），通过相变前后微胶囊的潜热焓值变化评价，用于评价微胶囊的防泄漏性能。该指标值越低，其防泄性能越好，该指标对微胶囊的耐久性和使用价值有重要意义。包覆率指 PCMs 芯材占微胶囊的比例，直接反映微胶囊中有效 PCMs 材料的含量。由于相变微胶囊实际参与相变的只有内部 PCMs，该指标直接决定微胶囊初始潜热焓值，因此，理想的微胶囊在采用高热导率壁材和高潜热焓值 PCMs 芯材料的同时，还应保证高包覆率和低渗漏率，达到高热导率和潜热焓值的理想状态，这也是相变微胶囊技术一直在努力的方向。此外，微胶囊的制备工艺复杂，制备难度和成本极高，应用于沥青路面仍面临着诸多困难，最主要的是微胶囊破碎和量产等方面的问题。

1.2.4.4　固-固型相变材料

固-固型相变材（S-SPCM）通过可逆化学键的产生和断裂实现储能放热，因此相变温度较高[180,181]，如三羟甲基氨基甲烷（TAM）和季戊四醇（PE）等多元醇类，多元醇中的羟基数目越多，其相变温度和相变潜热越大，其原因在于多元醇分子中羟基的增多导致氢键数目增加，相态转变时所要求的能量也越大。其相变温度分别高达181℃和133.83℃[182,183]，不满足沥青路面温度需求。针对多元醇类S-SPCMs过高的相变温度，Wu等[184]将2-氨基-2-甲基-1,3-丙二醇（AMP）、PE分别与TAM混合，相变起始温度较纯TAM大幅降低，但仍显著高于沥青路面的环境温度。无机盐类固-固相变材料是通过物质不同晶形的变化实现储热或放热的材料，其相变温度一般很高，多用于高温状态下能量的储存与温度的调控。但是，无机盐类固-固相变材料的相变潜热一般较小，往往需要大量布置才能达到调温效果，这也限制了它的实际应用价值[185]。无机盐类固-固相变材料主要有层状钙钛矿、硫氰化铵、氟氢化锂、硫酸锂等物质。此类相变材料在相变时由低温有序向高温无序转变，相变可逆性好，相变温度一般为27～80℃，相变潜热明显低于多元醇类相变材料，但其化学稳定性更好。石蜡烃是不同种类直链烷烃的混合物，可用通式$n\text{-}C_nH_{2n+2}$进行表示，多数直链烷烃具有固-固相变行为，但相变潜热较低，较少被实际应用[186,187]，可见，纯S-SPCMs较难应用于沥青路面。

固-固型复合相变材料最具代表性的是纤维素基相变材料和聚氨酯相变材料。纤维素基相变材料具有绿色环保、相变温度适宜和耐高温等一系列优点，但相变潜热较低，仅约为30J/g，用于沥青路面相变效率过低，在相同调温效果下需要的掺量会更高，而这会增加对沥青路面性能的影响[188]。聚氨酯相变材料是以聚多元醇为软段，酯类及扩链剂为硬段的复合型固-固相变材料，其潜热焓值较高且相变温度区间较宽，同时其相变行为表现出固态-固态，具有出色的相态稳定性，因此具有良好的应用前景。

综上所述，固-液型相变材料的相变温度区间和储热焓值适用于沥青路面的降温和路面温度的调控，但其剧烈的相变行为和体积变化会使沥青内部存在应力并致使结构的破坏，损害沥青路面的路用性能。采用复合型相变材料可以防止内部固-液型相变材料与沥青直接接触，避免或降低其对沥青路面性能的影响，提高固-液型相变材料的路用价值，但同时会降低固-液型相变材料的储热特性，且存在严重的泄漏问题，这会降低沥青路面的调温效果，并缺乏调温耐久性。封装工艺虽然可有效地解决CPCMs的泄漏问题，同时弥补支撑载体吸附性的不足，但封装层会将CPCMs内部的S-LPCMs与外界完全隔离，影响其储热特性和热效率。储热效率较低。相变微胶囊由于其制备工艺及流程的复杂性，造价成本较高，其自身也存在破碎的可能性，应用于沥青路面还需要进一步考证。纯固-固型相变材料具有稳固的相态，但因其过高的相变温度或过低的储热焓值而难以应用于沥青路面，纤维素基相变材料的储热特性较弱，应用于沥青路面需要过高的掺量，聚氨酯固-固型相变材料凭借其出色的相态稳定性、较高的潜热焓值和广泛的相变温度区间，与沥青及沥青混合料等基体材料具有较强的适用性，满足沥青路面的需求。

1.2.5 PUSSP储热特性研究

聚氨酯固-固相变材料（PUSSP）由多元醇类S-LPCMs作为软段、预聚体和扩链剂为硬段经缩聚反应制备而成，属于对S-LPCMs的化学改性[189]。PUSSP通过其内部软段S-LPCMs实现储能的放热，由于PUSSP软段受限于硬段微区的约束作用，整体表现为由结晶态固相向半结晶态固相发生相态转变，因此不具有流动性，避免了S-LPCMs固液相变行为对沥青路面的不利影响[190]。PUSSP的相变行为、储热特性和力学特性可以通过控制软硬段比例进行调节，从而满足复杂环境下沥青路面的使用需求。

PUSSP的制备工艺以聚氨酯合成工艺为基础，主链上含有重复氨基甲酸酯基团

（—NHCOO—）的大分子化合物，由多元醇和多异氰酸酯反应而成，性能受两者共同影响，具有多样性，因此具有广阔的应用范围[191,192]。Sun 等[193] 和 Alva 等[194] 研究者以 4,4′-二苯基甲烷二异氰酸酯（MDI）作为扩链剂和交联剂制备了聚乙二醇基聚氨酯共聚物，产物具有较高的储热焓值，吸放热焓值分别为 144.14J/g 和 117.5J/g，相变温度分别为 55℃ 和 33℃，热分解温度为 200℃，可见，该 PUSSP 用于调节沥青路面温度稍高。Wei 等[195] 采用聚乙二醇（PEG）、MDI 和 4,4′-亚甲基二（2-氯苯胺）（MOCA）制备了 PUSSP，具体的合成路线见图 1.5，其吸热温度区间为 38.6～55.5℃，熔融焓值为 73.87J/g，放热温度区间为 16.5～2℃，结晶焓值为 71.68J/g，应用于沥青路面调温效果显著。

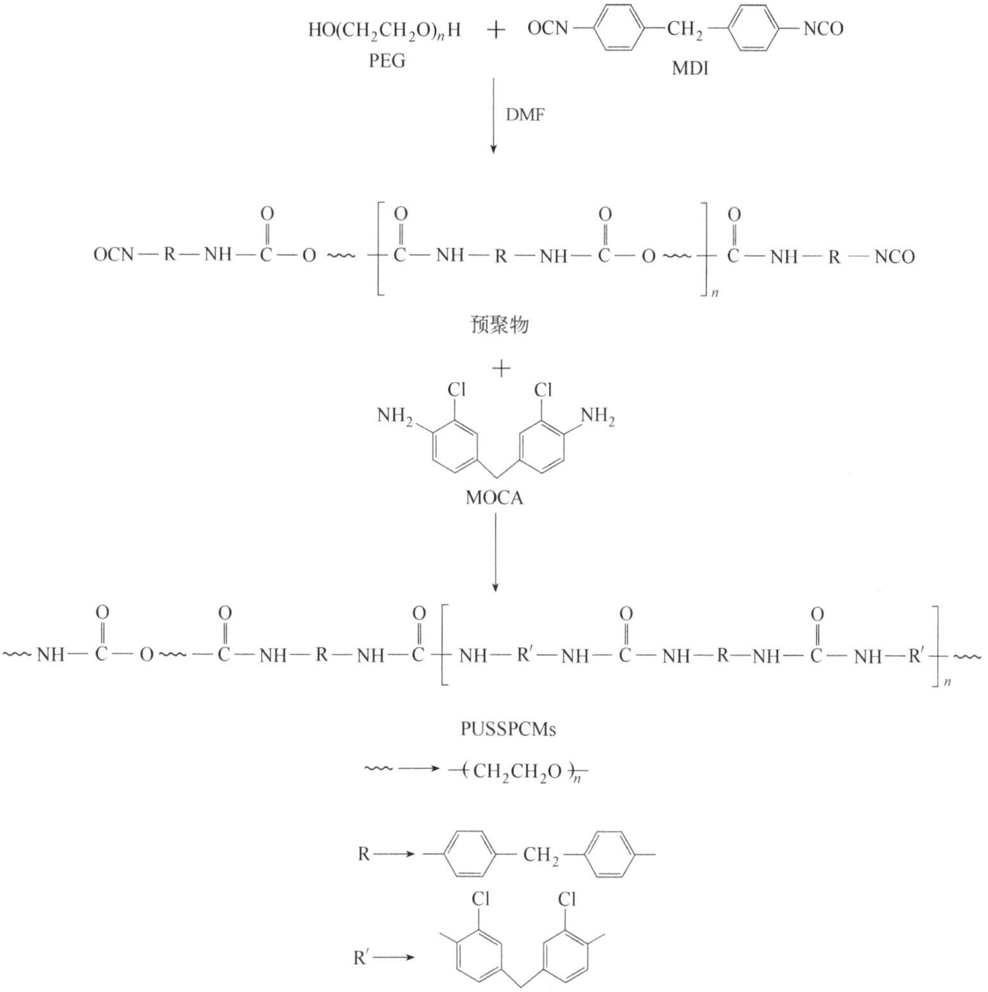

图 1.5　聚氨酯相变材料合成路线[195]

然而，聚氨酯的反应物具有较强的毒性，不利于身体健康和环境保护。针对这一问题，Lu 等[196] 采用 PEG 和六亚甲基二异氰酸酯三聚体（HDIT）合成了 PUSSP，不需要溶剂且可一步合成。该相变材料经 200 次 80℃ 热循环后无泄漏，相变温度、储热焓值和热效率分别为 65℃、136.8J/g 和 87.1%，具有较高的热稳定性、可重用性和相变效率，但其相变温度较沥青路面的环境温度过高，无法高效地调节沥青路面温度。Zhou 等[197] 通过添加 ZnO 和石墨烯等高热导材料，研发了石墨烯气凝胶 ZnO/聚氨酯相变材料，其热导率、相变潜热、热稳定性和结构稳定性提高，并具有导电性和高效的光电转化率。Tang[198] 及其团队在后续研究中向石墨烯气凝胶中加入多羟基碳纳米管，进一步改善了聚氨酯相变材料的热导率和相变潜热，提高了相变效率。此外，Taoufik 等[199] 将研究重点由改善 PUSSP 热导率转向与基体材料的组合上，认为 PUSSP 排列平面与基体材料通量和对角线平行时具有最好的热导率，PUSSP 应用于沥青路面时，应适当考虑以上研究成果。

PUSSP 作为相变材料应用于沥青路面时，具有相态稳固和体积变化微小的优势，相变温度区间也契合沥青及沥青混合料的环境温度，满足沥青路面对相变材料储热特性及相态稳定性的需求。然而，目前 PUSSP 的研究重点主要集中在储热特性上，包括储热焓值和热导率方面的研究，考虑到沥青路面在实际工作中会经历长时间的日照，过高的热导率反而会使相变沥青过早地结束储热过程，反而不利于路面长时间降温，因此相变沥青路面迫切需要 PUSSP 具有更强的储热和力学特性，为此，本书将着重于 PUSSP 储热特性和力学特性增强方面的研究。

1.2.6　PCMs 改性沥青调温特性研究

PCMs 在道路工程领域的应用目前尚处于探索阶段，并未有大规模实际应用的案例，这是由于 PCMs 应用于沥青及沥青混合料仍存在诸多问题，主要体现在相变材料储热特性、相态稳定性和力学特性的不足，以及对沥青及混合料路用性能的不利影响等方面。考虑到现有相变材料的特性，道路研究者尝试将其掺入沥青，首先制备相变改性沥青，然后以湿拌和的方式制备相变沥青混合料，从而实现相变材料的沥青路面应用[200~202]。

目前道路研究者对已有相变材料改性沥青的研究完成了前瞻性的工作，分析了部分相变材料改性沥青存在的优缺点，并对其可行性进行了展望。目前进行研究的相变材料主要为固-液型相变材料（S-LPCMs），S-LPCMs 应用于道路工程具有较高的储热焓值和适宜的相变温度区间，出色的储热特性使相变材料改性沥青表现出较好的储能和调温特性。谭忆秋等[203] 将棕榈酸和肉桂酸等相变材料掺入沥青，研究发现，沥青的温度敏感性显著降低，同时表现出较好的吸放热能力，但对沥青的基础物理性能损害严重，因此建议引入其他改性剂与固-液型相变材料复合改性沥青，从而在确保相变材料沥青路用性能的前提下保持其调温的功能性。甘新立等[204] 采用直掺法将聚乙二醇（PEG）加入沥青中，沥青的延度和针入度增大，软化点和温度敏感性降低。这是由于 PEG 在吸热后处于液态，具有流动性，会稀释沥青组分并软化沥青，破坏沥青的黏弹特性。当放热时，PEG 由液态变为固态，体积膨胀，使沥青内部出现微裂缝以致使低温开裂。因此，应避免 S-LPCMs 与沥青直接接触，防泄漏成为 S-LPCMs 在相变沥青路面应用的研究重点。闫瑾等[205] 将正十二烷、月桂酸甲酯等掺入沥青后发现，沥青的抗凝冰性能显著提高，这是由于在降温过程中相变材料达到相变起始温度后进行放热，减缓了沥青内部温度的降温速率，从而减小温度应力对沥青性能的影响。然而相变改性沥青的高低温流变特性较基质沥青明显降低，正十二烷、月桂酸甲酯对沥青的路用性能产生了不利影响。Dai 等[206] 认为相变材料改性沥青路用性能的损失主要来源于 S-LPCMs 相变过程中的体积变化，固化后 S-LPCMs 在沥青中不断析出，伴随着体积的扩张，致使沥青内部出现了大量的裂缝，从而引起沥青高低温性能的降低。可见，通过相变材料赋予沥青调温特性具有可行性，并能有效地调节沥青内部的温度，从而降低温度对沥青性能的影响。然而 S-LPCMs 对沥青路用性能的不利影响是急需解决的问题，这也是相变材料沥青路面应用的难点之一。

聚氨酯固-固相变材料（PUSSP）相较于 S-LPCMs 具有稳定的相变行为，在储能放热过程中均能保持稳定的固态，其储热特性可通过制备工艺的改变进行调节，其力学特性也会随之发生转变，因此，理论上通过调整合成工艺可以制备出具有适宜储热和力学特性的 PUSSP，用于制备相变改性沥青并实现沥青路面温度的调节。Wei 等[207] 研究发现，PUSSP 改性沥青中没有明显的浸渍现象，这意味着 PUSSP 在相变改性沥青的制备中保持着出色的相态稳定性。随后对其储热特性和路用性能测试发现，PUSSP 改性沥青具有一定的储热能力和稳定的相态。针入度降低而软化点提高，这说明 PUSSP 改善了沥青的高温性能，其路用性能较 S-LPCMs 改性沥青具有明显的优势。然而随着 PUSSP 掺量的增加，PUSSP 改性沥青的延度明显降低，这说明 PUSSP 可能对沥青的低温抗裂性能不利。马晶等[208] 研究发现，向沥青中加入 PUSSP 可减少沥青在加热和冷却过程中的温度变化，表现出较好的调温特性，但沥青的低温蠕变性能降低，这可能是由于 PUSSP 与沥青的相容性不足，离析后 PUSSP 出现了团聚的现象，造成了沥青内部结构的破坏。刘涛等[209] 研究了 PUSSP 改性沥青的路用性能和蓄热能力，发现掺入 PUSSP 会提高沥青的耐高温和储热特性，低温抗裂性能也受到了影响，较 S-LPCMs 改性沥青更适合用于沥青改性。可见，PUSSP 改性沥青较 S-LPCMs 改性沥青具有较好的路用性能，PUSSP 对沥青路用性能的破坏作用显著降低，但其储热特性较 S-LPCMs 也同样降低，降低幅度较大，这是由于现有 PUSSP 软段质量分数较低，这降低了 PUSSP 的制备难度，但也限制了储热特性[210]。

由此可见，固-液型相变材料对沥青性能的不利影响是其应用于沥青路面急需解决的问题，这也是相变材料难以应用于沥青路面的主要难点。PUSSP 应用于沥青路面的研究重点是持续改善 PUSSP 的储热特性和力学特性，这意味着更好的调温效果、更低的成本以及相变材料对沥青路面路用性能更小的影响，因此进一步开发 PUSSP 的储热特性和提高力学特性对其在沥青路面的应用至关重要，这需要深入探究 PUSSP 储热特性和力学特性的作用机理。目前道路研究者更侧重于 PUSSP 改性沥青储热特性和路用性能的研究，缺乏对 PUSSP 相变行为和储热特性作用机理的探究，这限制了现有 PUSSP 的储热特性和 PUSSP 改性沥青的调温特性。此外，PUSSP 虽然有助于改善沥青的高温抗车辙性能，但损害了沥青的低温蠕变性能，因此需要对 PUSSP 与沥青的改性机理进行分析，在根本上改善 PUSSP 改性沥青的调温和路用性能，推进相变材料在沥青路面工程领域的应用。

1.2.7 PCMs 沥青路用性能研究

相变沥青路面是指通过相变材料赋予调温特性的功能性路面，相变沥青路面通过相变材料的储能放热调节了沥青及沥青混合料内部温度，缩小了沥青及沥青混合料的温度区间，从而减弱了温度对沥青路面路用性能的影响，本小节对相变沥青路面的应用形式及相变沥青混合料的研究现状进行总结。

Bhagya 等[211] 以分层式和分布式两种相变沥青路面系统为研究对象，如图 1.6 所示，分析了相变改性沥青路面的传热原理和过程。研究发现，当 PCMs 层位于沥青混合料层的

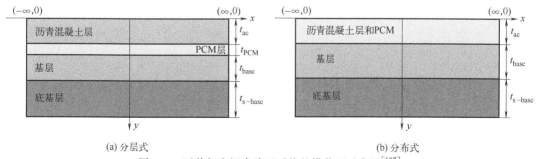

(a) 分层式   (b) 分布式

图 1.6　两种相变沥青路面系统的横截面示意图[137]

下方时，所组成的路面系统比不含 PCMs 层的路面系统具有更高的面层温度。当 PCMs 体积分数小于 60％时，分布式相变沥青路面系统的面层温度低于不含 PCMs 的面层温度，但 PCMs 体积分数超过临界体积分数时，分布式相变沥青路面系统仍具有较高的表面温度，其中面层的有效热导率对其温度分布具有显著的影响。由此可见，PCMs 作为沥青混合料面层的下面层会降低道路结构系统的温度传导，破坏各层的温度分布，使沥青混合料面层处于持续的高温状态而加快高温病害的发生。Bhagya 等认为，理论上应将 PCMs 层置于沥青路面的上面层，这可以较好地实现沥青路面的调温。然而，上面层作为路面磨耗层，PCMs 层不仅应具有足够的结构稳定性和储热特性，还需要受到车轮荷载和制动作用，面对磨光、水损害和高温车辙等病害，目前 PCMs 性能还不足以应对如此严苛的使用条件[212,213]。因此 PCMs 不宜采用分层式的相变沥青路面系统使用，而分布式相变沥青路面系统可以较好地解决上述问题，将 PCMs 添加到面层的沥青或沥青混合料中能更合理地发挥其调温特性。

边鑫[214] 等研究者研究了将固-液相变材料以直掺法、硅藻土加热导入法和多孔陶砂真空导入封装法掺入沥青，发现直掺法对沥青路面的路用性能的损害较为严重，后两种方法在无机材料的支撑作用下减弱了固-液相变材料对沥青及沥青混合料性能的影响，将其以等体积替代矿粉和细集料应用于沥青混合料中，当掺量为 5％时相变沥青混合料与基质沥青混合料室内最大温差为 7.6℃，室外最大温差为 3.4℃。Jin 等[215] 利用酚醛环氧树脂（NER）对 CPCMs 进行包覆，制备了以 PEG 和乙二醇双硬脂酸酯（GED）为芯材、瓷粒（CS）为支撑载体的包覆型复合相变材料（E-CPCMs），用于代替同粒径集料制备相变沥青混合料，相变沥青混合料升温速率明显减小，但其路用性能有所衰减。李文虎等[216] 将 PEG/SiO_2 定形相变材料以等体积法替代细集料（粒径≤0.6mm）应用于沥青混合料中，发现相变材料可降低沥青混合料的温度敏感性，且随着掺量的增大越加明显，在室外环境下可实现最大降温幅度达 5℃，但其同样会降低沥青混合料的路用性能。王慧茹[217] 将聚乙二醇/硅藻土应用于沥青及沥青混合料中，使沥青及沥青混合料具有自主调温的功能性，有效缓解了夏季沥青路面的温度。当 CPCMs 掺量在 4％ 左右时，改性沥青较基质沥青具有 9.0℃的温差，而改性沥青混合料试件的最高温度变化约为 7.3℃。

综上所述，利用相变材料储热与温度调控特性将其应用于沥青混合料中，使沥青路面温度长时间保持在合理范围内，达到减少沥青路面高温病害的目的，从理论及前期探索的结果上具有可行性，这对推进沥青路面的功能性和智能化具有积极作用。目前相变材料掺入沥青混合料的方式大体可以分为两类，其中集料代替的方式对混合料路用性能影响过大，而作为改性剂湿拌的工艺较为简单，但对相变材料性能的要求较高，将热力学特性不足的相变材料直接掺入沥青及其混合料中，会破坏沥青及其混合料的调温和路用性能。因此，研发储热和力学特性更强且适用于沥青路面的相变材料迫在眉睫，开展相变材料在沥青及沥青混合料中的应用研究，不仅可以实现调温沥青路面的自主创新，还可以拓宽相变材料中的应用领域，为相变材料在沥青路面工程的应用研究提供理论依据和技术支持。

1.3   本章小结

① TPU 作为一种新兴的高分子材料，凭借其配方灵活、性能可调范围宽而被广泛应用于诸多领域，但其作为沥青改性剂在道路工程领域的研究与应用报道较少。TPU 作为一种新型的沥青改性剂，对其研究不应局限于单质材料的性能和简单的掺配比例设计，而是应将不易捕捉且复杂多变的异相材料间界面相也作为研究对象

② 常用相变材料以固-液相变材料为主，该材料契合沥青路面环境温度需求，但其固-液

相变行为会侵蚀沥青组分并破坏沥青的内部结构和路用性能，需要以封装等工艺降低其对沥青路面性能的不利影响，致使其储热特性降低而制备成本提高，研发具有稳固相态的相变材料迫在眉睫。

③ 现有 PUSSP 具有稳固的相态和较低的储热焓值，这限制了 PUSSP 对沥青及沥青混合料的调温效果，此外，PUSSP 相变行为和储热特性的作用机理也尚未可知。深入探究机理有助于研发更适用于沥青路面的 PUSSP，通过控制合成工艺使 PUSSP 具有储热和力学特性的可调节性，提高 PUSSP 应用于沥青路面的泛用性。

④ 目前相变改性沥青调温特性的测试方法和评价指标不够完善，对相变改性沥青流变特性的研究尚处于探索阶段，相变材料大多会降低沥青的路用性能。现有 PUSSP 能提高沥青的调温特性和高温抗车辙性能，但会引起沥青低温蠕变性能的严重损失，因此研发 PUSSP 应以提高储热特性和降低对沥青低温蠕变性能的不利影响为目的。

⑤ 目前相变材料与沥青改性机理方面的研究较为缺乏，尤其缺少以微观角度揭示相变材料引起沥青宏观性能转变的原因，这限制了相变材料改性沥青储热特性和路用性能提升的理论支撑。通过分析 PUSSP 改性沥青的改性机理有助于改善沥青的低温蠕变性能，使 PUSSP 改性沥青的储热特性和路用性能得以完善。

⑥ 现有相变沥青混合料通过相变材料储热特性可以实现沥青路面的温度调节，使其较长时间保持在合理温度范围内，相变材料应用于沥青混合料主要包括集料代替和改性剂湿拌和法，集料代替的方式对混合料路用性能影响显著，采用湿拌和对相变材料改性剂性能的要求较高，适合 PUSSP 在沥青路面的应用。

第 2 章

TPU沥青改性剂的合成及物理化学性能表征

TPU 是一种由二元醇、二异氰酸酯和扩链剂共聚而成的嵌段聚合物[218]，由于多异氰酸根中含有二羟基或多羟基等活性官能团，能够与沥青中羧基等活性官能团发生反应形成新的化学键，因此，TPU 能够与基质沥青具有良好的相容性。尽管 TPU 性能优异，但迄今为止，对 TPU 改性沥青的研究多集中在沥青混合料的制备工艺优化[219]。在筑路工程领域，鲜有研究人员根据实际工程应用需求，自主设计及合成 TPU 沥青改性剂，并深入分析 TPU 沥青改性剂的化学结构、热性能和物理性能，建立三者间的相关性。为此，本章将通过对 TPU 沥青改性剂合成工艺的控制，实现化学结构及物理力学性能的可调控性，分析 TPU 沥青改性剂化学结构对其热性能与力学性能的影响，为后续研究 TPU 改性沥青的流变特性与改性机理奠定基础。

2.1 TPU 沥青改性剂的合成与表征

2.1.1 试验材料

本章合成 TPU 沥青改性剂所需的主要原料试剂名称、分子量和生产厂家如表 2.1 所示。

表 2.1 主要原料试剂名称、分子量和生产厂家

主要原料试剂名称	分子量	生产厂家
聚己二酸丁二醇聚酯二醇(PBA)	$M_n=2000$	烟台华鑫聚氨酯有限公司
聚四甲基醚二醇(PTMEG)	$M_n=2000$	上海阿拉丁生化科技股份有限公司
4,4'-二苯基甲烷二异氰酸酯(MDI)	$M_n=250.25$	上海阿拉丁生化科技股份有限公司
1,4-丁二醇(BDO)	$M_n=90.12$	上海阿拉丁生化科技股份有限公司
四氢呋喃(THF)	$M_n=72.11$	国药化工试剂有限公司
二甲基亚砜-d_6[d_6(DMSO)]	$M_n=84.1704$	迈瑞尔化学技术有限公司

2.1.2 TPU 沥青改性剂的合成参数设计

在 TPU 分子结构中，软段质量比能够占到 TPU 总质量的 $50\%\sim90\%$，而硬段质量比能够占 $10\%\sim50\%$，TPU 的材料特性源自严格的软硬段配比控制，见图 2.1。

通常 TPU 的硬段会选择具有环状、紧密、对称核的二异氰酸酯，其目的是使所合成的 TPU 硬段互相聚集密实，物理性能得到增强。为此，本书选择二苯基甲烷-4，4′-二异氰酸酯（MDI）作为硬段；软段低聚物二醇的分子量一般较高，为 500～4000，在实际生产中为了使 TPU 形成线型长链，往往选用分子量为 1000～2000 双官能团二醇，故本章选用分子量为 2000 的聚四亚甲基醚二醇（PTMEG）或己二酸丁二醇聚酯二元醇（PBA）；扩链剂 1，4-丁二

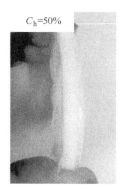

$C_h=20\%$ $C_h=50\%$

图 2.1　不同硬段含量（C_h）的 TPU

醇（BDO）的加入有利于促进硬段和氨酯基的聚集，在合成反应过程中的第二步加入 BDO 进行扩链反应能提高聚合反应效率。

TPU 硬段质量是二异氰酸酯和小分子二醇质量之和，C_h 为 TPU 中硬段含量，见式（2.1）；异氰酸根指数（r）是指二异氰酸根当量数与低聚物二醇和小分子二醇当量数之和的比，即 NCO/OH 比，通常 r 的设计范围为 0.9～1.4，见式（2.2）。本章选用的四种原料均为双官能团，所以 NCO/OH 也为摩尔比。

$$C_h=\frac{W_i+W_d}{W_i+W_d+W_g} \tag{2.1}$$

$$r=\frac{n_{NCO}}{n_{OH}}=\frac{\dfrac{W_i}{M_i}}{\dfrac{W_d}{M_d}+\dfrac{W_g}{M_g}} \tag{2.2}$$

式中，W_i、W_d 和 W_g 分别为 MDI、BDO 与 PBA 或 PTMEG 的质量；M_i、M_d 和 M_g 分别为 MDI、BDO 及 PBA 或 PTMEG 的分子量。

由式（2.1）和式（2.2）可得

$$C_h=\frac{r\dfrac{W_i}{M_i}M_i+\left(1+\dfrac{rM_i}{M_d}\right)W_d}{\left(1+\dfrac{rM_i}{M_d}\right)W_d+\left(1+\dfrac{rM_i}{M_g}\right)W_g} \tag{2.3}$$

TPU 按软段结构主要分为聚酯型 TPU（软段结构为 PBA）与聚醚型 TPU（软段结构为 PTMEG），为了探究影响 TPU 力学性能的因素，实现 TPU 沥青改性剂化学结构及力学性能的可调节性。本章分别选定分子量均为 2000 的 PBA 和 PTMEG 作为 TPU 的软段，C_h 设计为 20%、30% 和 40%，控制 r 为 0.95、1 和 1.05。以 100g 的 PBA 或 PTMEG 为基础进行计算，按照式（2.3）计算 BDO 的质量，将计算所得 BDO 的质量代入式（2.2）得到 MDI 的质量。聚酯型与聚醚型 TPU 沥青改性剂的具体设计方案分别见表 2.2 和表 2.3。

表 2.2　聚酯型 TPU 沥青改性剂的设计方案

编号	C_h/%	r	PBA 质量/g	MDI 质量/g	BDO 质量/g
1-1	20	0.95	100	21.39	3.607
1-2	20	1	100	21.69	3.309
1-3	20	1.05	100	21.97	3.032

续表

编号	C_h/%	r	PBA 质量/g	MDI 质量/g	BDO 质量/g
1-4	30	0.95	100	34.343	8.517
1-5	30	1	100	34.821	8.036
1-6	30	1.05	100	35.226	7.591
1-7	40	0.95	100	51.606	15.056
1-8	40	1	100	52.325	14.337
1-9	40	1.05	100	52.991	13.669

表 2.3　聚醚型 TPU 沥青改性剂的设计方案

编号	C_h/%	r	PTMEG 质量/g	MDI 质量/g	BDO 质量/g
2-1	20	0.95	100	21.39	3.607
2-2	20	1	100	21.69	3.309
2-3	20	1.05	100	21.97	3.032
2-4	30	0.95	100	34.343	8.517
2-5	30	1	100	34.821	8.036
2-6	30	1.05	100	35.226	7.591
2-7	40	0.95	100	51.606	15.056
2-8	40	1	100	52.325	14.337
2-9	40	1.05	100	52.991	13.669

2.1.3　TPU 沥青改性剂的合成工艺

对于 TPU 沥青改性剂的合成工艺，本章采用的是酯交换缩聚法，其过程见图 2.2。合成工艺如下：先将预先称量好的 PBA/PTMEG 置于 500mL 干燥的三口烧瓶中，通入干燥氮气（流量 20mL/min），搅拌器（型号 JJ-1A，海门天正实验仪器厂生产）转速调至 200r/min，在 110℃ 集热式恒温加热搅拌油浴锅（型号 DF-101S，巩义市予华仪器有限责任公司生产）内脱水 90min。随后，将体系的温度降至 80℃，加入已称量好的并在 80℃ 烘箱（型号 DZF-6050，上海申贤恒温设备厂生产）中已经熔化的 MDI，在保持温度和转速不变的情况下使其反应 2h，待体系黏度逐渐变大，此时，TPU 预聚体制备成功。然后，将温度降到 50℃，加入预先称量好的 BDO，搅拌器转速提高到 400r/min，快速搅拌 10min。然后停止搅拌，将所合成的 TPU 倒入内层涂覆聚四氟乙烯的物料盘中，放入 100℃ 的烘箱中熟化 24h 即得到所需 TPU。在合成 C_h 较高或 r 较大的样品中，加入 BDO 后体系黏度会迅速增大，为了便于出料，搅拌时间视黏度大小适当调整。为了进行力学性能测试，需将所合成的 TPU 倒入预先涂好脱模剂的模具中，待凝胶后合模，在平板硫化机（型号 XLB，青岛第三橡胶机械厂生产）上硫化 20～30min，开模取出样片，再将样片置于 100℃ 的燥箱中熟化 24h，室温静置一周后进行性能测试。

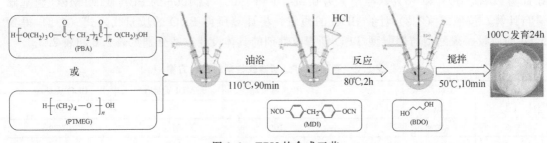

图 2.2　TPU 的合成工艺

2.2 TPU沥青改性剂的化学结构表征

2.2.1 FTIR分析

本小节利用日本岛津公司生产的IRT-100型红外光谱仪（图2.3）对合成TPU所需原材料及产物进行FTIR测试，采用衰减全反射（ATR）测试模式，测试条件：扫描范围$400\sim4000cm^{-1}$、扫描次数32次、分辨率$4cm^{-1}$。

如图2.4所示为合成TPU所需原材料的红外谱。如图2.4（a）所示为MDI的红外谱，在$2265cm^{-1}$处的强不对称伸缩振动与$1375\sim1395cm^{-1}$的弱对称伸缩振动均归属于—NCO；在$2900cm^{-1}$处显现的峰被认为是—CH的特征峰。而$1100cm^{-1}$和$650\sim900cm^{-1}$处强烈的宽频带属于苯环及其异氰酸根衍生物的振动[220~223]。BDO的红外谱图同样呈现出不同的吸收带。在$3291cm^{-1}$处出现了显著的宽频带，这是由于BDO分子间氢键和所对应—OH的伸缩振动；$2937cm^{-1}$和$2867cm^{-1}$处的两个吸收带分别归属于—CH的伸缩振动；而$1734cm^{-1}$、$1457cm^{-1}$和$1049cm^{-1}$处的峰归属羰基或酯基团，由于扩

图2.3 红外光谱仪

链剂分子的对称性，有利于硬段规则且紧密排列，但其加入后使得软段难以与硬段结合。因此，选用BDO作为扩链剂有助于改善TPU软段和硬段的微相分离程度[224,225]。

在PBA的红外谱图 [图2.4（b）] 中，$3531cm^{-1}$附近的峰归属于—OH的伸缩振动；CH_2中—CH的对称和非对称伸缩振动峰分别对应在$2956cm^{-1}$和$2875cm^{-1}$处[226]；$1360cm^{-1}$处的吸收峰属于CH_3中的—CH的对称弯曲振动；而$1250cm^{-1}$的峰值是酯类中C—O—C伸缩振动的特征吸收；$1725cm^{-1}$处的吸收峰归属于$C=O$的拉伸振动[227]。$1464cm^{-1}$和$1419cm^{-1}$处的两个吸收峰为$C=C$的苯环骨架伸缩振动。在$1150cm^{-1}$、$1060cm^{-1}$和$965cm^{-1}$处的吸收峰属于$=CH$在苯环表面上的内弯曲振动。此外，$731cm^{-1}$处的吸收峰也是$=CH$在苯环上的弯曲振动[228]。由于出现较强的羟基和酯基，证明了被测试样品中含有大量的羟基和酯基。而对于聚醚多元醇而言，羟基（—OH）和醚键（C—O—C）是聚醚多元醇分子的特征结构[229]。由PTMEG的红外谱图可以看出，在$3444cm^{-1}$处出现的特征峰归属于氨基甲酸乙酯基团带，这与—OH的重叠有关；CH_3或CH_2中—CH的非对称伸缩振动和对称振动的峰出现在$2861cm^{-1}$和$2890cm^{-1}$处；$1727cm^{-1}$处的吸收峰为$C=O$的伸缩振动；此外，$1300\sim1500cm^{-1}$范围内的吸收峰值是—OH的面内弯曲振动和面外弯曲振动，同时—CH变形引起的振动也在此阶段。PTMEG的红外谱中的其他吸收峰分别为：CH_2的伸缩振动峰出现在$1368cm^{-1}$处、$1250cm^{-1}$处的不规则伸缩振动归属于C—O—C[230~232]；在$1161cm^{-1}$和$1068cm^{-1}$处的吸收峰是由连接碳原子的C—O的伸缩振动引起的[233]。

在PBA的红外谱图 [图2.4（b）] 中，$3531cm^{-1}$附近的峰归属于—OH的伸缩振动；CH_2中—CH的对称和非对称伸缩振动峰分别对应在$2956cm^{-1}$和$2875cm^{-1}$处[226]；$1360cm^{-1}$处的吸收峰属于CH_3中的—CH的对称弯曲振动；而$1250cm^{-1}$的峰值是酯类中

C—O—C 伸缩振动的特征吸收；1725cm^{-1} 处的吸收峰归属于 C ==O 的拉伸振动[227]。1464cm^{-1} 和 1419cm^{-1} 处的两个吸收峰为 C ==C 的苯环骨架伸缩振动。在 1150cm^{-1}、1060cm^{-1} 和 965cm^{-1} 处的吸收峰属于 ==CH 在苯环表面上的内弯曲振动。此外，731cm^{-1} 处的吸收峰也是 ==CH 在苯环上的弯曲振动[228]。由于出现较强的羟基和酯基，证明了被测试样品中含有大量的羟基和酯基。而对于聚醚多元醇而言，羟基（—OH）和醚键（C—O—C）是聚醚多元醇分子的特征结构[229]。由 PTMEG 的红外谱图可以看出，在 3444cm^{-1} 处出现的特征峰归属于氨基甲酸乙酯基团带，这与—OH 的重叠有关；CH$_3$ 或 CH$_2$ 中—CH 的非对称伸缩振动和对称振动的峰出现在 2861cm^{-1} 和 2890cm^{-1} 处；1727cm^{-1} 处的吸收峰为 C ==O 的伸缩振动；此外，1300～1500cm^{-1} 范围内的吸收峰值是—OH 的面内弯曲振动和面外弯曲振动，同时—CH 变形引起的振动也在此阶段。PTMEG 的红外谱中的其他吸收峰分别为：CH$_2$ 的伸缩振动峰出现在 1368cm^{-1} 处、1250cm^{-1} 处的不规则伸缩振动归属于 C—O—C[230～232]；在 1161cm^{-1} 和 1068cm^{-1} 处的吸收峰是由连接碳原子的 C—O 的伸缩振动引起的[233]。

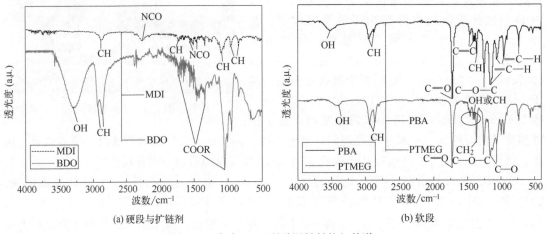

(a) 硬段与扩链剂   (b) 软段

图 2.4   合成 TPU 所需原材料的红外谱

聚酯型 TPU 的红外谱如图 2.5（a）所示，可以看出所有试样的峰形和出峰位置均相同，但峰值的大小略有差别，在 2956cm^{-1} 和 2817cm^{-1} 处较强的吸收峰分别归属 CH$_2$ 和 CH$_3$ 中—CH 的伸缩振动；1722cm^{-1} 处出现较强的吸收峰是酯羰基中 C ==O 的伸缩振动或酰胺 I 键中 C ==O 的伸缩振动；1538cm^{-1} 处则为酰胺 II 中 N—H 的变形振动；1149～1058cm^{-1} 处的峰归属于脂肪族中 C—O—C 的吸收峰；1722cm^{-1} 处出现的强吸收峰是酯羰基中 C ==O 伸缩振动或酰胺 I 键中 C ==O 的伸缩振动；1380cm^{-1} 处的峰归属 CH$_3$ 中—CH 的对称变形振动；816～712cm^{-1} 范围内的吸收峰是苯环上的—CH 弯曲振动；1380cm^{-1} 处的峰为芳香族环中 CH$_3$ 骨架的振动，其产生是 1,4-二取代芳香族环中 C—H 平面外弯曲振动的最显著特征[234]。

从图 2.5（b）可以看出，聚醚型 TPU 的峰形和出峰位置与聚酯型 TPU 基本相同，但峰值大小存在差异性。在 2948cm^{-1} 和 2853cm^{-1} 处出现了较强的吸收的峰，分别是由 CH$_2$ 和 CH$_3$ 中—CH 的伸缩振动引起的；1728cm^{-1} 处出现较强的吸收峰是酯羰基中 C ==O 的伸缩振动或是酰胺 I 键中 C ==O 的伸缩振动，当 C_h 大于 20% 时，在 1700cm^{-1} 处出现的峰归属于异氰脲酸酯三聚体中 C ==O；另在 1408～1430cm^{-1} 处出现峰也归属异氰脲酸酯三聚体；1520～1560cm^{-1} 处是酰胺 II 中 N—H 的变形振动；1227～1233cm^{-1} 处的吸收峰为

—OH 的变形振动；$1060 \sim 1150 \mathrm{cm}^{-1}$ 处为脂肪族键中的 C—O—C 吸收峰，在 $1110 \sim 1080 \mathrm{cm}^{-1}$ 范围内出现的峰主要是醚基中 C—O 的伸缩振动；而 $816 \sim 712 \mathrm{cm}^{-1}$ 范围内的峰均是苯环上—CH 的弯曲振动。

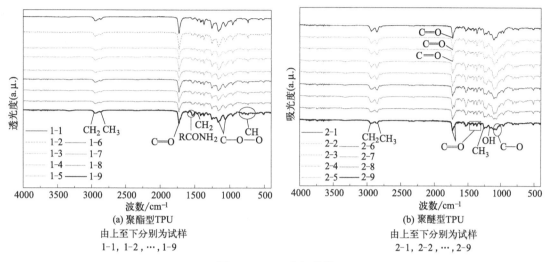

图 2.5　TPU 的红外谱

对比发现，聚酯型和聚醚型 TPU 经过 1,4-丁二醇扩链后，在 $2270 \mathrm{cm}^{-1}$ 附近均无—NCO 的特征吸收峰，说明—NCO 与—OH 反应完全。在 $3295 \mathrm{cm}^{-1}$ 和 $1536 \mathrm{cm}^{-1}$ 附近的峰属于 N—H 的特征吸收峰，而 $1725 \mathrm{cm}^{-1}$ 处为 C=O 的特征吸收峰（也有学者认为是不完全氢键化氨酯羰基[235] 或游离氨酯羰基[236] ），上述特征峰的出现表明本章所采用的制备方法可以得到预期的产物。

2.2.2　EA 分析

为了探明所设计 TPU 的 C_h 的可信度，可以采用燃烧法将各个元素转化成相应的燃烧产物后分离检测，直接分析出所合成 TPU 中的碳、氢、氮元素的含量，由于样品是在空气中燃烧，因此，氧元素的含量是用差减法得到的，为确保样品能充分燃烧，试样在测试前需为粉末状。利用德国 Elementar 公司生产的 Vario EL Ⅲ 型元素分析仪，获得所合成 TPU 的元素含量。

本章所合成的 TPU 硬段由 MDI 和 BDO 组成，与软段（PBA 或 PTMEG）共聚形成 TPU 嵌段共聚物。将 C_h 假设为 A，软段含量（C_r）设为 B，则 $A+B=100$。通过元素分析计算 A，如式（2.4）所示[220]。

$$A = \frac{E_{AB} - E_B}{E_A - E_B} \times 100\%$$

（2.4）

式中，E_{AB} 为 C 元素的含量，%；元素分析仪测定的 H 或 N 元素在 AB 中；E_A 和 E_B 分别为 A 和 B 的理论值。

由于 $A+B=AB$，因此，当某一元素在组成中的比例（%）为零（即 $E_B=0$）时，式（2.4）可简化为

$$A = \frac{E_{AB}}{E_A} \times 100\%$$

（2.5）

本章所合成的 TPU 反应类型属于加成聚合，软段（PBA 或 PTMEG）与硬段（MDI）

在扩链剂（BDO）的作用下发生嵌段共聚反应生成 TPU，符合 $A+B=AB$。通过 TPU 的化学结构式可知，由于软段缺少 N 元素，从而可以通过计算得出 N 元素的理论值，C_h 为 8.24%，因此，$E_A=8.24\%$，TPU 中的 C_h 计算式见式（2.5）。所合成聚酯型与聚醚型 TPU 的元素分析结果见表 2.4 和表 2.5。

表 2.4　聚酯型 TPU 的元素分析结果

C_h 配方设计值 /%	r	C 含量 /%	H 含量 /%	N 含量 /%	O 含量 /%	C_h 实测值 /%
	0.95	66.98	3.304	1.597	28.119	19.31
20	1	66.45	3.364	1.682	28.504	20.39
	1.05	66.88	3.593	1.711	27.816	20.76
	0.95	64.32	5.021	2.643	28.016	32.08
30	1	63.25	5.349	2.587	28.814	31.39
	1.05	62.11	6.271	2.786	28.833	33.81
	0.95	60.23	6.234	3.281	30.255	39.81
40	1	61.22	6.505	3.487	28.788	42.32
	1.05	60.04	6.387	3.256	30.317	39.51

表 2.5　聚醚型 TPU 的元素分析结果

C_h 配方设计值 /%	r	C 含量 /%	H 含量 /%	N 含量 /%	O 含量 /%	C_h 实测值 /%
	0.95	67.026	3.499	1.842	27.633	22.36
20	1	66.496	3.526	1.763	28.215	21.39
	1.05	66.926	3.585	1.707	27.782	20.71
	0.95	64.364	4.879	2.568	28.189	31.17
30	1	63.294	5.140	2.587	28.979	31.39
	1.05	62.153	5.231	2.491	30.125	30.24
	0.95	60.271	6.468	3.404	29.857	41.31
40	1	61.262	7.024	3.512	28.202	42.62
	1.05	60.081	7.001	3.338	29.580	40.51

如表 2.4 和表 2.5 所示，r 与 C_h 的设计值对聚酯型与聚醚型 TPU 的 C_h 的影响均不具有规律性，聚酯型与聚醚型 TPU 的 C_h 设计值与实测值误差范围不超过 1%，由此表明本书中参数设计方法的合理性以及合成 TPU 所采用合成工艺具有可靠性。

2.2.3　GPC 分析

本小节借助美国 AGILENT 公司生产的 PL-GPC50 型凝胶色谱仪对所合成的 TPU 进行分子量测定，以聚苯乙烯（PS）为标准样品，色谱级四氢呋喃（HPLC）为流动相，流速 1 mL/min，测试温度为 30℃。

若要确切描述聚合物试样的分子量，除应给出分子量的统计平均值外（包括：数均分子量 $\overline{M}_n$、重均分子量 $\overline{M}_w$、Z 均分子量 $\overline{M}_z$、黏均分子量 $\overline{M}_v$），还应给出试样的分子量分布指数（D）。

分子量的大小是影响 TPU 性能的关键指标。由表 2.6 可见，对于所合成的聚酯型 TPU，在当 C_h 一定时，随着 r 的增大，分子量和 D 均逐渐增大。当 r 保持不变时，随着 C_h 的增加，分子量逐渐减少，而分子量分布指数则变化无明显规律。当 $C_h=20\%$、$r=1.05$ 时，聚酯型 TPU 的 $\overline{M}_n$、$\overline{M}_w$、$\overline{M}_z$ 和 $\overline{M}_v$ 最大，分别为 161147、486596、123832 和 414624，D 也最大，为 3.02，由于聚合物有别于低分子量化合物，D 越大，分子量分布越宽，分子的多分散性程度也越大。当 $C_h=40\%$、$r=0.95$ 时，聚酯型 TPU 的 $\overline{M}_n$、$\overline{M}_w$、

$\overline{M_z}$ 和 $\overline{M_v}$ 最小，但 D 最大，其分子量分布越窄，分子的多分散性程度最小。这说明聚酯型 TPU 的分子量的大小和分子量分布指数成反比关系。

表 2.6　C_h 与 r 对聚酯型 TPU 分子量的影响

编号	C_h/%	r	$\overline{M_n}$	$\overline{M_w}$	$\overline{M_z}$	$\overline{M_v}$	$D=(\overline{M_w}/\overline{M_n})$
1-1	20	0.95	31464	60220	107687	54830	1.91
1-2	20	1	34320	62763	106643	57584	1.83
1-3	20	1.05	161147	486596	1238382	414624	3.02
1-4	30	0.95	19921	35867	59226	33008	1.80
1-5	30	1	33503	65132	114547	59330	1.94
1-6	30	1.05	78214	222388	566171	190372	2.84
1-7	40	0.95	18038	32361	53800	29759	1.79
1-8	40	1	29844	58710	104149	53367	1.97
1-9	40	1.05	64610	146932	290382	131132	2.27

由表 2.7 可见，聚醚型与聚酯型 TPU 的分子量及 D 的变化趋势基本一致。当 C_h 一定时，随着 r 的增大，分子量及 D 均逐渐增大。当 $C_h=20\%$、$r=1.05$ 时，聚醚型 TPU 的 $\overline{M_n}$、$\overline{M_w}$、$\overline{M_z}$ 和 $\overline{M_v}$ 最大，分别为 157362、510111、1484062 和 426633，D 也最大，为 3.24。然而，与聚酯型 TPU 不同，当 r 一定时，不同 C_h 的聚醚型 TPU 分子量大小排序为：$C_h=20\%>C_h=40\%>C_h=30\%$。当 $C_h=30\%$、$r=0.95$ 时，聚醚型 TPU 的 $\overline{M_n}$、$\overline{M_w}$、$\overline{M_z}$ 和 $\overline{M_v}$ 最小，D 为 1.91。当 $C_h=20\%$、$r=0.95$ 时，分子量分布最窄，为 1.89，说明其分子的多分散性程度最小。对比表 2.6 还可以发现，随着 r 的增大，聚醚型 TPU 的分子量逐渐增大，说明—NCO 含量的增加会增大 TPU 的分子量。

表 2.7　C_h 与 r 对聚醚型 TPU 分子量的影响

编号	硬段含量/%	r	$\overline{M_n}$	$\overline{M_w}$	$\overline{M_z}$	$\overline{M_v}$	$D=(\overline{M_w}/\overline{M_n})$
2-1	$C_h=20$	0.95	35049	66330	115125	60622	1.89
2-2	$C_h=20$	1	42159	82033	145939	74669	1.95
2-3	$C_h=20$	1.05	157362	510111	1484062	426633	3.24
2-4	$C_h=30$	0.95	22457	42907	73531	39225	1.91
2-5	$C_h=30$	1	38713	88280	178185	78512	2.28
2-6	$C_h=30$	1.05	58642	138433	292275	122292	2.36
2-7	$C_h=40$	0.95	23202	47824	85831	43334	2.06
2-8	$C_h=40$	1	39957	93278	187658	822903	2.33
2-9	$C_h=40$	1.05	81367	286026	924066	234759	3.51

综上分析可知，结合 FTIR 测试结果可定性地分出析出所合成产物具有 TPU 的特征官能团，进行 EA 测试发现 TPU 的 C_h 设计值与实测值之间误差范围较小，低于 1.5%，因此可以利用 GPC 测得的分子量对所合成 TPU 化学结构式进行推导。聚酯型 TPU 以 MDI 和 BDO 为硬段，PBA 为软段，聚酯型 TPU 合成化学方程如图 2.6 所示。

本小节选用分子量为 2000 的端羟基 PBA（$C_{12}H_{22}O_6$），其单体的分子量为 262，经计算可得出 $n=8$。其中，n 为软段的聚合度。

将通过元素分析计算出 C_h 的实测值，代入式（2.6）。

$$M_{nh}=M_{ns}\frac{C_h}{C_s} \tag{2.6}$$

式中，$M_{ns}=2000$，经计算当 $C_h=19.31$ 时，$M_{nh}=478.62$，硬段的分子量为 340，则可计算出 $m=1$，依此计算出其他 8 种设计比例不同的 TPU 结构中 $m=2$、2、3、3、3、4、

4、4。依据表 2.6 中 $\overline{M}_n$ 测试结果，推断在不同 C_h 与 r 时，聚酯型 TPU 的化学结构式如图 2.7 所示。其中，m 为硬段的聚合度。

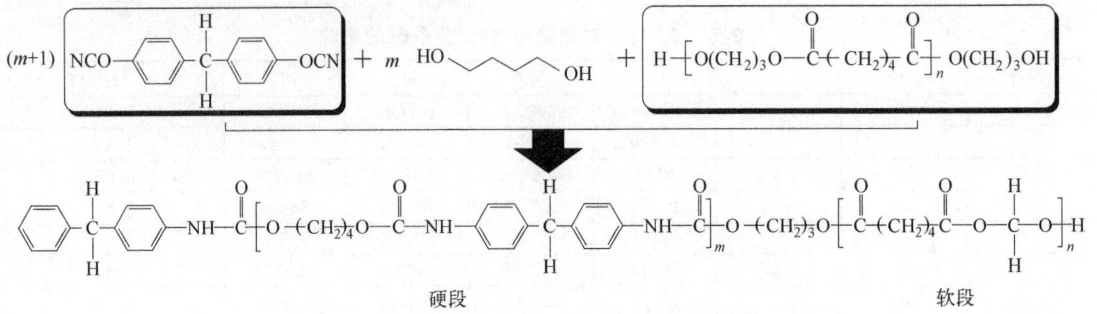

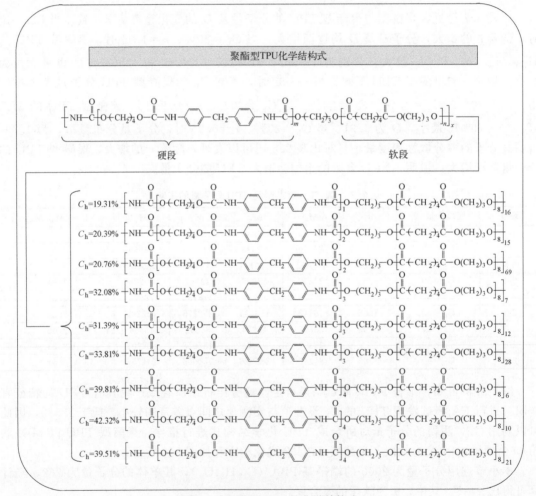

图 2.6　MDI、BDO 和 PBA 之间的化学反应方程式

图 2.7　聚酯型 TPU 的化学结构式

聚醚型 TPU 以 MDI 和 BDO 为硬段，PTMEG 为软段，其合成化学方程见图 2.8。本小节所选用分子量为 2000 的端羟基 PTMEG（$C_4H_{10}O_2$）。单体分子量为 90，$n=22$。代入式（2.6），其余 8 种聚醚基 TPU 结构中，m 分别 $=2$、2、2、3、3、3、4、4 和 4。依据表 2.7，推导出聚醚型 TPU 的结构方程，如图 2.9 所示。

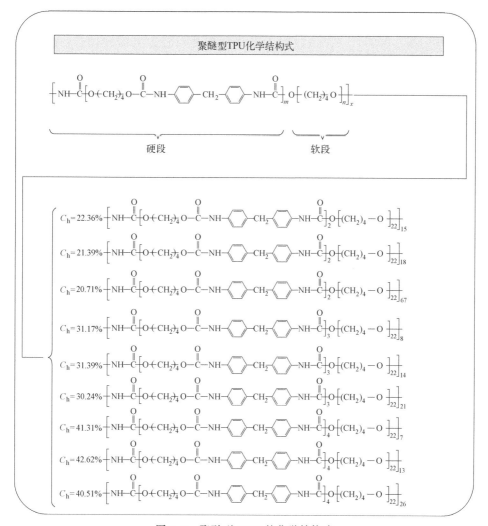

图 2.8　MDI、BDO 和 PTMEG 之间的化学反应方程式

图 2.9　聚醚型 TPU 的化学结构式

2.2.4　NMR 分析

为对所合成 TPU 的结构进行进一步解析，以氘带二甲基亚砜为溶剂，利用 ^{1}H-NMR 对试样中氢原子的种类及分布进行定量检测，利用 ^{13}C-NMR 对试样分子的化学结构进行定性解析。通过德国 BRUKER 公司生产的 AVANCE Ⅲ HD 500 型核磁共振设备，测试 ^{1}H-NMR 和 ^{13}C-NMR 谱图，测试温度为 25℃，在工作频率为 400 MHz 的傅里叶变换模式下进

行试验。

如图 2.10（a）所示为聚酯型 TPU 的 ^{13}C NMR 谱图，参照不同 C 原子的化学位移（δ）值对 TPU 结构的影响。羰基信号峰出现的两个位置分别在 148.67×10^{-6} 和 171.68×10^{-6}，原因是氢键的形成导致羰基上的碳原子的化学位移。结合峰面积比较，推断出 171.68×10^{-6} 和 168.25×10^{-6} 处是硬段中的 HN—C＝O；148.67×10^{-6} 处是—O—C＝O 或 —C＝O[237]。在 $(115 \sim 140) \times 10^{-6}$ 处的信号为 MDI 中苯环上的 C[238]。$(58 \sim 70) \times 10^{-6}$ 处是在硬段和软段界面上的 C—O 或 C；$(20 \sim 40) \times 10^{-6}$ 处的特征峰为软段的亚甲基[239]，由此表明聚酯型 TPU 的相分离程度较好。

如图 2.10（b）所示的聚酯型 TPU 的 ^1H NMR 谱图显示了脂肪族质子和芳香族质子的化学共振分别在 1.26×10^{-6} 处为—C—CH$_2$—C—；在 2.12×10^{-6} 处为 C＝O—CH$_2$[240]；0.87×10^{-6} 处归属—(CH$_2$)—；CH—N 的化学位移突变值为 4.67×10^{-6}，出现在硬度段处；在 7.67×10^{-6} 和 7.02×10^{-6} 处的信号分别为 MDI 中苯环上的 H；0.5×10^{-6} 的特征峰归属于软段的 R—OH[241,242]。

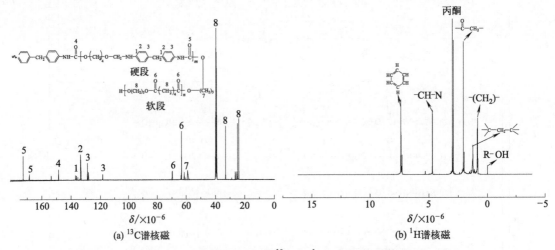

图 2.10　聚酯型 TPU 的 ^{13}C 与 ^1H NMR 核磁谱图

从图 2.11 可以看出，聚醚型 TPU 的 ^{13}C NMR 谱显示，在 153.52×10^{-6} 处归属于

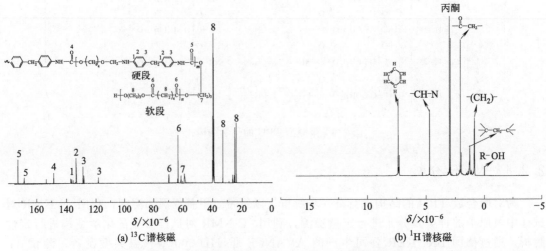

图 2.11　聚醚型 TPU 的 ^{13}C 与 ^1H NMR 核磁谱图

4,4′-甲基二苯二异氰酸酯（MDI）中的 HN—C＝O；在 MDI 的苯环上，（118～137）× 10^{-6} 的信号是 C；（20～40）× 10^{-6} 为软段中的亚甲基（CH$_2$）；峰值在 63.25× 10^{-6} 处为硬段或软段上的 C—O—和 C。

聚醚型 TPU 的 ^{1}H NMR 谱图显示，C—CH$_2$—C 和 O＝CH 分别在 3.36× 10^{-6} 和 9.69× 10^{-6} 处；一个微弱的特征信号出现在 9.59× 10^{-6} 处，属于氨基甲酸酯中的 NH；硬段中 R-NH 的化学位移出现在 4.44× 10^{-6} 处；在 7.67× 10^{-6} 和 7.02× 10^{-6} 时的信号分别属于 MDI 中苯环上的 H；而软段中的 R-OH 则出现在 0.5× 10^{-6} 处。

聚酯型和聚醚型 TPU 的 ^{13}C 和 ^{1}H NMR 谱图显示出不同的脂肪族及芳香族化学共振，与谱中标记的样品结构相对应[243]。需要指出的是，聚酯型 TPU 的 ^{1}H NMR 谱表现出与 PBA 和 MDI 相关的化学位移。而聚醚型 TPU 的 ^{1}H NMR 谱显示出与 PTMEG 和 MDI 相关的化学位移。可以推断聚酯型与聚醚型 TPU 的 TPU 分子之间均形成氢键，即聚酯型和聚醚型 TPU 都含有大量的极性基团。如图 2.10 和图 2.11 所示，聚酯型与聚醚型 TPU 的 ^{13}C 和 ^{1}H NMR 谱图均标记了所有的化学位移。由 NMR 测试结果发现，硬段为 MDI 型 TPU 的软段和硬段能形成微相区并产生微相分离。聚酯型和聚醚型 TPU 均含有大量极性基团，并且聚酯型与聚醚型 TPU 的分子之间均有氢键生成，因此进一步表明具有线型结构的分子可以通过氢键与含有活性基团的物质进行物理交联。

上述测试结果表明，可以通过 NMR 测试对 EA 和 GPC 试验所推测的 TPU 化学结构式进行验证。NMR 试验发现综合利用 EA 和 GPC 试验所推测的 TPU 化学结构式具有较高的准确性。

2.3 TPU 沥青改性剂的热性能与物理力学性能表征

2.3.1 VST 分析

本节按《热塑性塑料维卡软化点（VST）的测定》（GB/T 1633—2000）中的要求进行 VST 试验测试，即在规定条件下刺入试样 1mm 时的温度（单位℃）。以硅油为升温介质，采用中国台湾 GOTECH 公司生产的 WXB-300C 型测试仪对 TPU 的热性能进行评价。每个样品的尺寸为 80mm×10mm×4mm，加载质量为 1000g，从 25℃加热到维卡软化温度，速率为 50℃/h。

材料的 VST 即维卡软化点与其耐热性密切相关，耐热性可以反映分子链段的移动能力。VST 测试结果不能直接用来评价材料的实际温度，但可以用来指导材料的质量控制，也可以作为材料耐热性的评价标准[244]。

由图 2.12 可见，在相同的制备条件下，聚酯型 TPU 的 VST 要高于聚醚型 TPU 的 VST，但聚酯型与聚醚型 TPU 的 VST 测试结果变化趋势相似。当 C_h 一定时，随着 r 的增大，聚酯型与聚醚型 TPU 的 VST 均逐渐上升。当 r 一定时，随着 C_h 的增大，聚酯型与聚醚型 TPU 的 VST 也会逐渐上升。与 r 相比，C_h 对 TPU 耐热性则有更为重要的影响[245]。当 C_h 增加至 10% 时，聚酯型 TPU 的 VST 较聚醚型 TPU 提高 45% 左右。说明聚酯型 TPU

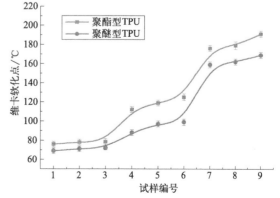

图 2.12 聚酯型与聚醚型 TPU 的 VST 对比

在高温下分子链段柔顺性较小，不易于运动，故其在恒力作用下，随着 C_h 的增加，体系刚性增大，变形趋于困难，VST 也随之升高。当 C_h 保持不变时，分子量和 VST 均随着 r 的增加而增大；反之，当 r 为固定值时，随着 C_h 的增加，TPU 的分子量下降，而 VST 结果仍呈上升趋势，说明分子量对 TPU 的耐热性影响不大。

2.3.2 TG

热失重测试就是通过对物质加热，使物质逐渐挥发、分解，从而获得材料随温度升高的质量变化曲线，即材料的热分解温度。为了测试所合成 TPU 的热分解温度，本小节使用美国 TA 仪器公司生产的 Q 50 型热失重分析仪，对 TPU 热分解温度进行测试，选取一个铂坩埚为参考，待测物样品的质量为 3～5mg，加热速率为 20℃/min，从 25℃升至 800℃，使用氮气（N_2）作为保护气体。

同时，采用热重分析法（TGA）和微商热重法（DTA）对 TPU 的热稳定性进行研究。从图 2.13（a）可以看出，所有聚酯型 TPU 试样的 TG 曲线均出现两个热分解过程。在 290～410℃范围内，当 C_h 分别为 20%、30% 和 40% 时，聚酯型 TPU 的失重率约占总质量的 20%、30% 和 40%。410～500℃的失重是由于 TPU 软段聚酯基发生热裂解，产生小分子气体和大分子挥发性组分，因此这一阶段的失重最为明显。500℃后，每个样品的残渣慢慢分解。试验结果表明，软、硬段的热质量损失比与 TPU 的总质量比一致[246]。这意味着聚酯型 TPU 中硬段的热分解的失重温度为 290～410℃。DTA 结果如图 2.14（a）所示，详细的热降解参数见表 2.8。

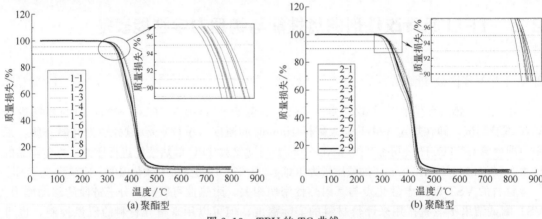

(a) 聚酯型   (b) 聚醚型

图 2.13 TPU 的 TG 曲线

表 2.8 聚酯型 TPU 的热降解温度和残碳量

编号	$T_{5\%}^{①}$/℃	$T_{10\%}^{②}$/℃	$t_D^{③}$/℃	$T_{max}^{④}$/℃	残碳量/%
1-1	350.7	359.5	354.7	414.3	2.43
1-2	349.5	364.6	358.6	419.4	3.07
1-3	344.6	354.3	346.4	414.3	2.39
1-4	333.6	347.6	341.3	414.5	2.24
1-5	334.8	354.1	352.8	419.5	3.01
1-6	329.5	345.9	340.9	414.2	2.43
1-7	324.6	344.5	331.2	413.9	2.44
1-8	329.2	347.1	334.7	414.6	3.39
1-9	328.1	336.2	335.9	413.7	4.09

① 5%失重率。
② 10%失重率。
③ 外推起始温度。
④ 最大失重率的温度。

聚醚型 TPU 的 TG 曲线如图 2.13（b）所示，DTA 曲线如图 2.14（b）所示，其热分解温度与残差量对比见表 2.9。聚醚型 TPU 试样出现两个明显的热失重阶段，C_h 较高的聚醚型 TPU 具有较低的外推起始温度与热稳定性。在热分解的第一阶段，最大失重温度为 278～380℃，聚醚型 TPU 与聚酯型 TPU 的热失重曲线相似，这一阶段在 410℃ 左右结束。第二阶段失重发生在 420～440℃，与软段含量和分子量无关，是由于软段聚醚热裂解产生小分子气体和大分子挥发性组分造成的[247]。在 450℃ 后，残余质量缓慢分解，并在 800℃ 时保持不变。

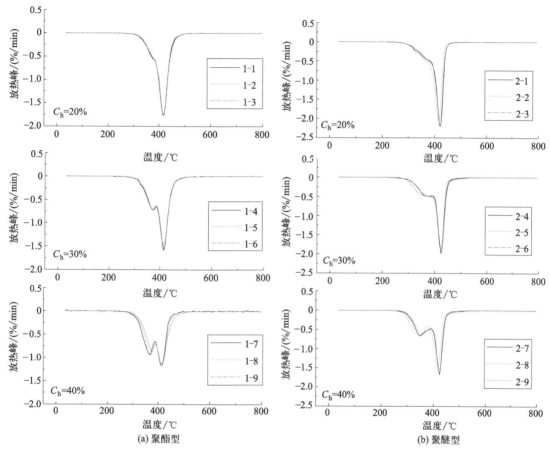

图 2.14　TPU 的 DTA 曲线

由表 2.8 可以看出，在相同 C_h 时，$T_{5\%}$ 和 $T_{10\%}$ 会随着 r 的增大而减小。而当 r 一定时，随着 C_h 的增加，$T_{5\%}$ 和 $T_{10\%}$ 也会减小。在一定的 C_h 范围内，$T_{5\%}$ 和 $T_{10\%}$ 随分子量的增加而降低。通过比较 C_h 与 r 可以发现，分子量对聚酯型 TPU 的热失重影响较小。

表 2.9　聚醚型 TPU 的热降解温度和残碳量

编号	$T_{5\%}^{①}$/℃	$T_{10\%}^{②}$/℃	$t_D^{③}$/℃	$T_{max}^{④}$/℃	残碳量/%
2-1	324.5	334.9	329.6	429.5	0.79
2-2	324.7	340.7	334.2	419.5	0.92
2-3	329.7	350.6	339.9	424.6	0.89
2-4	325.5	334.1	330.2	419.4	1.28
2-5	327.1	345.8	331.7	424.8	0.91
2-6	317.9	333.6	329.8	420.5	1.32

续表

编号	$T_{5\%}^{①}/℃$	$T_{10\%}^{②}/℃$	$t_D^{③}/℃$	$T_{max}^{④}/℃$	残碳量/%
2-7	308.8	329.6	289.4	419.4	1.33
2-8	306.3	319.7	284.7	419.2	1.65
2-9	320.1	335.5	289.6	424.9	2.21

① 5%失重率。

② 10%失重率。

③ 外推起始温度。

④ 最大失重率的温度。

由表2.8和表2.9可知，聚醚型与聚酯型TPU的$T_{5\%}$、$T_{10\%}$、t_D和T_{max}的变化趋势基本一致，但聚醚型TPU的残余质量分数明显小于聚酯型TPU的残余质量分数，说明聚醚型TPU比聚酯型TPU燃烧得更充分，聚酯型TPU的热稳定性略优于聚醚型TPU的热稳定性，这与VST分析结果相一致。

2.3.3 DSC分析

本小节DSC试验采用美国TA仪器公司生产的Q20型差示扫描量热分析仪进行测试。由于DSC试验对样品精度要求较高，一般不超过（5±1）mg，因此称重采用1/10000g的天平进行测量。N_2作为保护气体，样品从室温加热到200℃，其中加热速度为10℃/min，并恒定2min，再以10℃/min的速率冷却到-75℃，保持恒温1min，然后，以10℃/min的速率升至225℃，得到DSC曲线。通过DSC测试曲线可以得到玻璃化转变温度（T_g）。聚合物的结晶是大分子链从不规则排列到紧密规整排列的过程，可以通过DSC曲线中吸热峰和放热峰的位置来判断TPU的结晶状态[248~250]。TPU的DSC曲线可以表现含有软段和硬段单独嵌段聚合物的结构特征，DSC测试结果不仅可以表征嵌段共聚物的微相分离行为，而且可以表征TPU的T_g。由于TPU的结晶直接影响着微观相的混合与分离，因此研究TPU的结晶行为，对于了解其结构与性能之间的关系具有重要意义。

图2.15和图2.16分别给出了聚酯型和聚醚型TPU的降温曲线和二次升温曲线，聚酯型与聚醚型TPU的热转变和相对结晶度分别见表2.10和表2.11。熔融峰的峰值温度被定义为熔点（T_m），结晶峰的峰值温度被定义为结晶温度（T_p），峰面积分别代表结晶焓（ΔH_c）和熔融焓（ΔH_m）。在本小节中，所合成聚酯型与聚醚型TPU的TPU的硬段成分（MDI和BDO）均相同。为了分析TPU的C_h对结晶度的影响，TPU的硬段结晶度（X_{hs}）

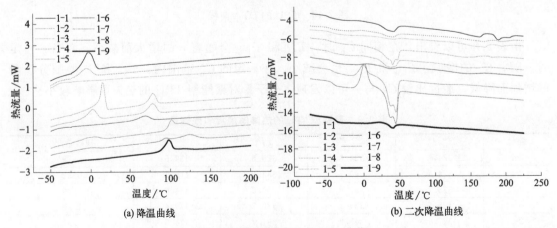

(a) 降温曲线   (b) 二次降温曲线

图2.15 聚酯型TPU的DSC曲线

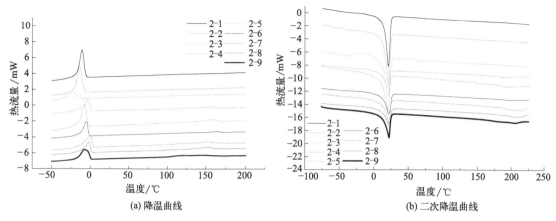

图 2.16 聚醚型 TPU 的 DSC 曲线

可以根据相对结晶度的方程计算，见式（2.7）。

$$X_c = \frac{\Delta H_m - \Delta H_{max}}{\Delta H_{max}} \times 100\% \qquad (2.7)$$

式中，ΔH_{max} 的熔化焓是 100%，100% 的硬段熔化焓为 $150.6 \mathrm{J/g}$[55]。

表 2.10 聚酯型 TPU 的热转变和相对结晶度

编号	$\Delta H_m /(\mathrm{J/g})$	$T_m /℃$	$\Delta H_c /(\mathrm{J/g})$	$T_p /℃$	$X_{hs} /\%$	$T_g /℃$
1-1	44.67	48.1	7.18	2.3	24.89	−57.9
1-2	63.67	48.4	10.64	4.6	35.21	−57.2
1-3	14.18	43.8	7.19	7.9	4.64	−53.6
1-4	155.06	45.1	68.37	−2.5	57.56	−54.5
1-5	157.01	45.9	55.97	−5.2	67.09	−53.9
1-6	39.35	43.8	13.57	−6.3	17.11	−51.8
1-7	119.47	46.6	31.42	14.7	58.47	−52.4
1-8	123.67	47.9	21.28	2.4	67.98	−52.1
1-9	37.91	42.9	9.96	1.5	18.56	−50.7

　　一般所合成 TPU 中的分子链越有序，其对称性和结晶度越好，结晶速率越快[251]。结合图 2.15 和表 2.10 可以看出，随着 C_h 的增加，聚酯型 TPU 的 ΔH_m 明显增大。当 $r=1$ 时，硬段结晶度从 35.21% 提高到 67.98%。这是由于硬段分子量增加，硬段相纯度提升，相分离效果更好。对于 C_h 相同的聚酯型 TPU 的 ΔH_m，先增加再下降，峰面积变得更大，而随着 r 的增大，T_m 和峰面积变小。与此同时，结晶峰面的积减小，T_p 明显下降，峰值与峰面积略有增大。这主要是由于随着 r 的增大，分子量逐渐增大，分子量分布变宽。

　　在大量引入—NCO 后，聚酯型 TPU 分子链的对称性和规律性均被打破，导致其结晶能力先增强后逐渐减弱。同时，T_g 逐渐升高，这主要与分子链上的—CH$_2$ 排列不规则有关。所合成 TPU 在所设计的 C_h 范围内，T_g 为 $-47.92 \sim -40.74℃$。此外还发现，聚酯型 TPU 的 T_g 随 C_h 的增加呈现略微上升的趋势，在 Illinger 等[252] 的研究中也提出了类似的结论。当 $C_h > 30\%$ 时，聚酯型 TPU 的 DSC 曲线在 $75 \sim 120℃$ 出现了一个位移峰，随着 C_h 增加，位移峰逐渐下降，并向温度升高的方向移动。Schollenberger 等[253] 将此现象归因于玻璃化转变和硬段相的塑化。这一现象的发生也可能是硬段相从有序态过渡到无序态。C_h 增加，硬段的平均长度逐渐增加，聚合过程中硬段之间的分子间作用力逐渐加强，这表明随聚酯型 TPU 的 C_h 增加，其分子内部两相混容的程度和微相分离逐渐增强。当温度升高到足以破坏硬段之间的聚集力时,有序态就会分解为无序态。聚醚型 TPU 的解离温度有明显的漂移峰,且解离温度向高温偏移。由此可知,随着 C_h 增加,聚酯型 TPU 的结构更加规则,更容易结晶,且结晶度对 T_g 基本没有影响,这与 Seefried 等[254] 的研究结果一致。

由图 2.16 及表 2.11 所示,聚醚型 TPU 的熔融峰和结晶峰呈现尖峰,且其结晶的速率更快,这归因于聚醚型 TPU 内部分子链中的—CH$_2$ 规整排布的结构。当 $r=1$ 时,硬段的结晶度从 56.28% 增加到 59.46%,这是由于 C_h 增大,致使其具有更高的含量和更好的相分离性。ΔH_m 和 X_{hc} 均随 r 的增加而先增大后减小,同时在相同的 C_h 下主链也能保持较好的对称性和规律性。

表 2.11 聚醚型 TPU 的热转变和相对结晶度

编号	$\Delta H_m/(J/g)$	$T_m/℃$	$\Delta H_c/(J/g)$	$T_p/℃$	$X_{hs}/\%$	$T_g/℃$
2-1	162.62	24.86	89.69	−10.99	48.41	−74.7
2-2	171.92	25.68	87.16	−14.31	56.28	−72.6
2-3	148.67	21.98	68.95	−24.98	52.93	−68.3
2-4	143.95	25.49	69.95	−5.46	49.65	−72.9
2-5	157.57	26.54	70.99	−7.40	57.49	−70.4
2-6	139.34	22.26	58.99	−17.25	53.35	−67.7
2-7	139.29	25.76	57.61	0.02	54.24	−71.9
2-8	146.65	26.93	57.10	−2.23	59.46	−69.6
2-9	143.11	23.32	62.29	−8.02	53.67	−66.2

在本小节中,PBA 和 PTMEG 的分子量均为 2000,即使部分硬段相溶解到软段相中,对整个长软段分子的移动能力影响也较弱。换而言之,硬段对软段的锚固作用不明显。在 r 一定时,随着 C_h 增大,熔峰强度减小,峰形变宽,T_m 和 T_p 均增大,而熔峰和结晶峰面积呈现变小的趋势。随着 C_h 增大,X_{hs} 逐渐增加,T_g 逐渐降低。在氢键较多的聚酯型 TPU 中,PBA 作为软段,不能有效地形成微观相分离结构,因此,硬段的熔化位移温度较低。而对于聚醚型 TPU,PTMEG 的掺入破坏了分子链原有的有序排列,但却能有效地形成微观相分离结构,此时硬质段呈现出较高的熔融转变温度,这与 TGA 的分析结果相一致。随着 C_h 增加,聚酯型和聚醚型 TPU 的 T_g 均呈上升趋势。因为 C_h 越高,分子量越低,分子链的刚性越大。在相同条件下,聚酯型 TPU 硬段的相对结晶度明显高于聚醚型 TPU 硬段的相对结晶度,且其 T_g 也明显高于聚醚型 TPU 的 T_g。说明聚酯型 TPU 的热稳定性略优于聚醚型 TPU 的热稳定性,但聚醚型 TPU 的低温性能更优越。

2.3.4 物理力学性能测试

(1) 硬度测试

本书进行的硬度测试采用上海双旭电子有限公司生产的 HT-6510C 型硬度计,按《硬质橡胶 硬度的测定》(GB/T 1698—2003) 中的要求,试样为表面光滑且平整的薄板,尺寸为 50mm×50mm,试样厚度 4mm,取 10 次有效试验的算术平均值作为硬度值,测试结果见表 2.12。

(2) 冲击测试

本书进行的冲击测试,采用中国台湾 GOTECH 公司生产的 XJV-22 型悬臂冲击测试仪,按《塑料 悬臂梁冲击强度的测定》(GB/T 1843—2008) 中的要求,测定试样为带有 V 形缺口的标准样条。摆锤能量为 2.75J,试验结果取 5 个试样的算术平均值,测试结果见表 2.12。

表 2.12　聚酯型 TPU 的物理力学性能

编号	C_h /%	r	邵氏硬度 (A)	冲击强度 /(kJ/m²)	抗拉强度 /MPa	撕裂强度 /(kN/m)	300%定伸 应力/MPa	断裂伸长率 /%
1-1	20	0.95	48	17.6	8.25	67.2	2.71	740
1-2	20	1	51	17.3	8.37	68.1	3.05	732
1-3	20	1.05	52	16.9	8.98	68.9	3.39	728
1-4	30	0.95	81	15.3	25.82	90.1	5.26	581
1-5	30	1	82	15.3	26.51	90.4	5.85	575
1-6	30	1.05	85	14.7	27.09	91.6	5.97	579
1-7	40	0.95	91	9.6	35.41	109.1	8.04	441
1-8	40	1	93	8.7	35.72	114.3	8.73	435
1-9	40	1.05	95	8.5	36.32	115.6	9.15	407

（3）拉伸测试

本书进行的拉伸测试，采用美国 INSTRON 公司生产的 5900 型电子万能试验拉伸机，按《硫化橡胶或热塑性橡胶拉伸应力应变性能的测定》（GB/T 528—2009）中的要求，起始测量长度为 50mm，测试环境为室温（25℃），拉伸速率为 50mm/min，试验结果取 5 个试样的算术平均值，测试结果见表 2.12。

（4）撕裂测试

本书进行的撕裂测试，采用美国 INSTRON 公司生产的 5900 型电子万能试验拉伸机，按《硫化橡胶或热塑性橡胶撕裂强度的测定》（GB/T 529—2008）中的要求，测定试样为直角形，厚度为 2mm，试验结果取 5 个试样的算术平均值，测试结果见表 2.12。

由表 2.12 可知，在 C_h 一定时，聚酯型 TPU 的分子量随着 r 的增加而逐渐增大，邵氏硬度、抗拉强度、撕裂强度和 300%定伸应力也均呈出上升的趋势。但试样的冲击强度和断裂伸长率均呈下降趋势。当 r 不变时，聚酯型 TPU 的分子量随 C_h 的增加而降低，邵氏硬度、抗拉强度、撕裂强度和 300%定伸应力均呈上升趋势，而冲击强度和断裂伸长率呈下降趋势。结果表明，分子量并非是影响聚酯型 TPU 力学性能的主要因素。

由表 2.13 可以看出，当 C_h＝20% 时，由于材料的韧性较大，所有试件经过 2.17 J 的摆锤均未发生断裂现象。通过对比发现，聚醚型 TPU 与聚酯型 TPU 的物理力学性能变化趋势具有一致性。这是由于两者的硬段结构相同，当 C_h 增加时，TPU 的内聚能增大，有助于提高硬段之间的氢键形成，从而增大 TPU 分子间作用力，导致抗拉强度增加；断裂伸长率降低则是由于降低了 TPU 软链段含量，影响了其内部分子链的自由旋转；硬度的增加是由于 TPU 分子中氨基甲酸乙酯等极性基团含量的增加，导致交联密度增加。

表 2.13　聚醚型 TPU 的物理力学性能

编号	C_h /%	r	邵氏硬度 (A)	冲击强度 /(kJ/m²)	抗拉强度 /MPa	撕裂强度 /(kN/m)	300%定伸 应力/MPa	断裂伸长率 /%
2-1	20	0.95	39	—	5.48	20.2	0.28	1258
2-2	20	1	40	6.21	20.9	0.39	1137
2-3	20	1.05	40	—	6.44	21.6	0.40	1000
2-4	30	0.95	64	27.4	8.53	32.7	0.77	900
2-5	30	1	66	23.5	9.67	34.9	0.86	916
2-6	30	1.05	69	21.9	9.10	38	0.95	854
2-7	40	0.95	79	18.9	21.34	49.8	1.27	769
2-8	40	1	83	17.3	22.15	49.8	1.39	747
2-9	40	1.05	85	16.2	22.76	52.1	1.51	739

2.4　TPU 沥青改性剂的物化性能与热性能的关联分析

聚酯型和聚醚型 TPU 的性能比较如表 2.14 所示。

表 2.14　聚酯型 TPU 和聚醚型 TPU 的性能比较

测试项目	性能比较
邵氏硬度(A)	聚酯型 TPU>聚醚型 TPU
冲击强度	聚酯型 TPU < 聚醚型 TPU
抗拉强度	聚酯型 TPU>聚醚型 TPU
撕裂强度	聚酯型 TPU>聚醚型 TPU
300% 定伸应力	聚酯型 TPU>聚醚型 TPU
断裂伸长率	聚酯型 TPU < 聚醚型 TPU

在 C_h 相同的条件下，随着 r 的增加，聚酯型与聚醚型 TPU 表现出相似的物理力学性能变化趋势，即抗拉强度均增大，断裂伸长率降低。这是由于 $r>1$ 时，过量的异氰酸根基团与氨基甲酸酯基团上的氢原子发生反应，导致 TPU 分子链发生轻微交联。聚酯型 TPU 的抗拉强度较聚醚型 TPU 的抗拉强度更优，是由于其内部包含更多的极性聚酯多元醇，酯基增大了分子间作用力[255]。同时，邵氏硬度、抗拉强度和抗撕裂强度均会增大，但酯基增加到一定数量，TPU 主链的有序结构会被打破，因此，导致冲击强度和断裂伸长率降低。

分子量对 TPU 的力学性能影响较小，而硬段结晶度对 TPU 的力学性能影响较大。聚酯型 TPU 的硬段结晶度为 49.64%～67.98%，邵氏硬度（A）为 48～95，抗拉强度为 8.28～36.2MPa，撕裂强度为 67.2～115.6kN/m，300%定伸应力为 2.71～9.15MPa。而聚醚型 TPU 的硬段结晶度为 48.41%～59.46%，邵氏硬度（A）为 39～85，抗拉强度为 5.48～22.76MPa，撕裂强度为 20.2～52.1kN/m，300%定伸应力为 0.28～1.51MPa。造成这一现象的原因是，聚醚型 TPU 链段的柔顺性较大，且其硬段比聚酯型 TPU 形成了多而小的硬段微相结构，且其比表面积大，可以有效地限制软段基体的变形，防止裂纹的扩展，进而提高其低温抗变形能力。但聚酯型 TPU 的硬段结晶度较聚醚型 TPU 的硬段结晶度更为优异，因此，在硬度、撕裂强度和抗拉强度等物理力学性能方面聚酯型 TPU。

由表 2.12 和表 2.13 物理力学性能的测试结果可以看出，聚酯型 TPU 的耐磨性、抗撕裂性以及抗拉和抗撕裂强度均优于聚醚型 TPU。聚酯型 TPU 在油、酯和水中的溶胀性也比较小，但其在耐水解、耐微生物降解性和低温、柔顺性等方面不具备聚醚型 TPU 的优势，因此在对上述性能要求较高时，推荐使用聚醚型 TPU，表现得更为突出。

在聚酯型 TPU 中，由于聚酯多元醇分子链中存在大量的极性基团（酯基），并且在软段相的各个部分与硬段之间形成更多的氢键，使得分子间作用力增大，同时增加了软段与硬段的相容性。这是因为聚酯多元醇中含有大量的高极性酯基，这不仅使硬段之间的氢键形成增多，增大分子间作用力，而且可以促使硬段相更均匀地分布于软链段相内，使聚酯多元醇形成更多的软段晶体，增加物理交联程度。另外，聚醚型 TPU 的硬段相会更加均匀地分布在其软段相中，使其微相分离程度更低。因此，聚醚型 TPU 具有更大的内热产生、动态特性和耐低温性能。

2.5　本章小结

为了实现 TPU 沥青改性剂化学结构及力学性能的可调节性，明确 TPU 沥青改性剂设计的有效性和适用性，本章提出了 TPU 沥青改性剂的合成设计方案及工艺，采用 FTIR、EA、GPC、NMR、TG、DSC、伺服万能试验机等设备对所合成 TPU 沥青改性剂的物理化学性能进行分析，建立了 TPU 沥青改性剂物化表征与热性能的关系，得出如下结论。

① 以软段结构、C_h 和 r 作为主要合成参数，采用酯交换缩聚法设计合成聚酯型 TPU 与聚醚型 TPU，通过红外光谱测得聚酯型 TPU 在 $1300 \sim 1000 cm^{-1}$ 处出现了酯基特征峰，聚醚型 TPU 在 $1270 \sim 1010 cm^{-1}$ 范围内出现了醚基特征峰，由此证明得到了目标产物。根据 EA 测试结果计算出 C_h 的设计值与实测值误差范围为 $0.12\% \sim 0.79\%$。借助 EA 和 GPC 测试推测出聚酯型与聚醚型 TPU 化学结构特点。

② 利用 ^{1}H-NMR 对聚酯型与聚醚型 TPU 中氢原子的种类及分布进行了定量检测；利用 ^{13}C-NMR 对聚酯型与聚醚型 TPU 分子的化学结构进行了定性解析，由 NMR 谱图测试结果证实了通过 EA 与 GPC 测试设备所推导出的 TPU 化学结构式具有较高准确性，此外还发现，聚酯型与聚醚型 TPU 具有线性结构的分子可以通过氢键与含有活性基团的物质进行物理交联。

③ 聚酯型和聚醚型 TPU 的 C_h 和 r 对其耐热性有显著影响。当 C_h 增加 10% 时，聚酯型和聚醚型 TPU 的 VST 均增加 45% 以上，分子量对聚酯型和聚醚型 TPU 的耐热性影响较弱。聚酯型 TPU 的热分解温度略高于聚醚型 TPU，且聚醚型 TPU 的燃烧充分程度更高。C_h 越大，分子量越低，分子链的刚性越大。在相同条件下，聚酯型 TPU 硬段的相对结晶度明显高于聚醚型 TPU，但聚醚型 TPU 的 T_g 明显优于聚酯型 TPU 的 T_g，聚酯型与聚醚型 TPU 的硬度、抗拉强度、和撕裂强度等物理力学性能变化趋势一致。

④ C_h 和 r 对 TPU 的耐热性影响显著。硬段结晶度对 TPU 的力学性能影响胜于分子量。$C_h = 40\%$ 时，聚酯型 TPU 比聚醚型 TPU 具有更高的硬度、强度和耐热氧老化性能，但聚醚型 TPU 的耐低温变形能力更为优异。聚酯型 TPU 在油、脂和水中的溶胀性也比较小，但其在耐水解、耐微生物降解性和低温、柔顺性等方面却不具备聚醚型 TPU 的优势，因此在对上述性能要求较高时，推荐使用聚醚型 TPU。

⑤ 通过增大 C_h 和 r 均可有效提高 TPU 的硬度、强度和耐热氧老化性能。软段结构为 PBA 时，可以增大 TPU 的硬段结晶度，使分子内部形成更多的氢键，从而提高 TPU 的高温性能。聚醚型 TPU 内部会发生交联反应，提高 TPU 的高温性能，同时聚醚多元醇的链段柔顺性较高，其可以有效抵消因 C_h 增大对 TPU 耐低温性能的不利影响。综上分析可知，通过对软段结构的选择以及对 C_h 和 r 的设计，可以改变 TPU 的化学结构，实现 TPU 沥青改性剂力学性能的可调节性，使 TPU 沥青改性剂在设计方法上具有更明确的针对性和有效性。

第3章

TPU沥青改性剂的主要合成参数及掺量对改性沥青路用性能影响

TPU 沥青改性剂与基质沥青的相容性关系到 TPU 改性沥青的低温抗裂性能和高温存储稳定性，如何提高相容性是制备 TPU 改性沥青首先要解决的关键问题。由于传统聚合物改性剂与基质沥青在结构、极性等方面存在较大差异，从而导致改性剂与沥青发生热力学不相容或出现改性剂在沥青中自发进行凝聚、分层离析活动倾向，从而形成一种混容体系[256,257]。TPU 作为一种新型高分子材料，十分有必要深入研究其分子结构组成与分子量的变化对改性沥青胶结料宏观性能的影响，而且不同种类 TPU 沥青改性剂的掺量对胶结料的作用机理及性能影响同样值得探讨。为此，本章提出 TPU 改性沥青的制备工艺，利用第 2 章所获得的 TPU 沥青改性剂，采用物理共混法分别以反应温度、剪切时间、剪切转数作为影响因素，并通过灰色关联分析探讨 TPU 改性沥青的最佳制备工艺。利用针入度、软化点、延度和旋转黏度试验优化 TPU 的掺配方案。主要采用傅里叶红外光谱（FTIR）、荧光显微镜、扫描电镜（SEM）、原子力显微镜（AFM）、差式扫描量热仪（DSC）和热重分析仪（TG）分别对 TPU 改性沥青的化学性质与微观结构进行分析与研究。

3.1 TPU 改性沥青的制备

3.1.1 试验材料

(1) 基质沥青（BA）

本章采用辽河 A-90 道路石油沥青（表 3.1），其性能符合《公路沥青路面施工技术规范》（JTG F40—2004）（简称《规范》）对 2-2 区 A 级沥青的性能要求。

表 3.1 基质沥青的技术性能

技术指标	检测值	《规范》要求	参照规范（JTG E20—2011）
25℃针入度/×0.1mm	80	80～100	T 0604—2011
软化点/℃	48	≥44	T 0606—2011
5℃延度/cm	9	—	T 0605—2011
密度/(g/cm³)	1.003	实测记录	T 0603—2011

技术指标		检测值	《规范》要求	参照规范(JTG E20—2011)
闪点/℃		254	≥245	T 0611—2011
C_2HCl_3 溶解度/%		99.87	≥99.5	T 0607—2011
RTFOT 残留物	质量损失/%	0.05	≤±0.8	T 0610—2011
	25℃ 针入度/×0.1mm	73.2	≥57	T 0610—2011
	5℃ 残留延度/cm	2.3	≥8	T 0610—2011

（2）TPU 沥青改性剂

由第 2 章制备所得聚酯型与聚醚型 TPU 沥青改性剂，力学参数指标详见表 2.12 和表 2.13，其外观形貌如图 3.1 所示。

3.1.2　TPU 改性沥青的制备工艺

采用 BME 100L 实验室专用剪切设备对 TPU 改性沥青进行制备，制备流程如图 3.2 所示。首先，将预设添加量的 TPU 沿陶瓷缸侧壁缓慢倒入已预热至 T_1（℃）

(a) 聚酯型TPU　　　　(b) 聚醚型TPU

图 3.1　自制 TPU 沥青改性剂外观形貌

（添加 TPU 前的反应温度）的 BA 中，然后在剪切转数为 S_1（r/min）（添加 TPU 前的剪切转数）下，剪切 t_1（h）（添加 TPU 前的剪切时间）。充分剪切后，加入预设比例的 TPU，使整个体系保持在 T_2（℃）（添加 TPU 后的反应温度），将转数调至 S_2（r/min）（添加 TPU 后的剪切转数），剪切 t_2（h）（添加 TPU 后的剪切时间）。停止剪切后，制备得到 TPU 质量分数为 n（%）的 TPU 改性沥青，随后将制备好的试样放置在样品架内，待测使用。

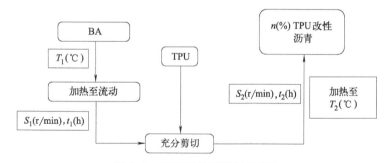

图 3.2　TPU 改性沥青制备流程

3.1.3　基于正交设计法与灰色关联度的 TPU 改性沥青制备参数确定

本章分别以反应温度、剪切时间和剪切转数为控制因素，每项控制因素取三个水平，采用 $L_9(3^4)$ 正交表，具体正交试验设计方案见表 3.2。以常规性能测试结果和 PG 连续分级的高温分级温度为依据确定 TPU 改性沥青适宜的制备工艺参数。在试验中，TPU 的添加量分别为 10%，PG 连续分级的高温分级温度严格按照《测定性能分级（PG）沥青胶结料的连续分级温度和连续分级的标准操作规程》（ASTM D7643-10）执行。

通过常规性能测试，获得了 TPU 改性沥青的针入度、软化点、5℃ 延度和 PG 连续高温分级温度，以此评价不同制备工艺条件下 TPU 改沥青的物理性能变化，试验结果和高温分级温度分别如图 3.3 和图 3.4 所示。

表3.2　正交试验3因素3水平

因素分类		A 反应温度/℃	B 剪切时间/h	C 剪切转数/(r/min)	水平组合
试验编号	1	T_1:145　T_2:150	t_1:0.5　t_2:0.5	S_1:5000　S_2:3000	A1B1C1
	2	T_1:145　T_2:150	t_1:1　t_2:0.5	S_1:3000　S_2:3000	A1B2C2
	3	T_1:145　T_2:150	t_1:1　t_2:1	S_1:5000　S_2:5000	A1B3C3
	4	T_1:155　T_2:160	t_1:0.5　t_2:0.5	S_1:3000　S_2:3000	A2B1C2
	5	T_1:155　T_2:160	t_1:1　t_2:0.5	S_1:5000　S_2:5000	A2B2C3
	6	T_1:155　T_2:160	t_1:1　t_2:1	S_1:5000　S_2:3000	A2B3C1
	7	T_1:165　T_2:170	t_1:0.5　t_2:0.5	S_1:5000　S_2:5000	A3B1C3
	8	T_1:165　T_2:170	t_1:1　t_2:0.5	S_1:5000　S_2:3000	A3B2C1
	9	T_1:165　T_2:170	t_1:1　t_2:1	S_1:3000　S_2:3000	A3B3C2

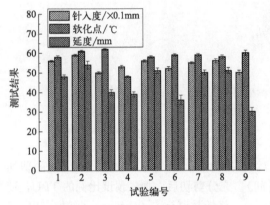

图3.3　TPU改性沥青实验结果　　　　图3.4　TPU改性沥青高温分级温度

为了确保沥青有良好的流动性且适于加工，选定的初始反应温度为145℃，由图3.3可知，随反应温度升高，TPU改性沥青试样的延度呈下降的趋势，软化点先上升后下降，最后趋于平缓，针入度则无明显变化规律。

随着剪切时间增加，TPU改性沥青试样的针入度和延度均先上升后下降，软化点上升，由此说明，剪切时间过短，改性剂作用效果不明显；剪切时间过长，会导致热沥青与氧气接触时间过长，从而加速沥青的老化[258]，并且还会造成改性剂的细化程度增大，从而对TPU改性沥青的低温性能产生影响。由图3.4可知，PG连续高温分级温度随反应温度升高，先上升，后下降，最后趋于平稳。通过试验发现，当 S_1 为3000r/min 与5000r/min 时，对TPU改性沥青试样的性能影响不明显；当 S_2 为5000r/min 时，在TPU掺入后，反应温度会明显升高，改性沥青的针入度和延度会略有下降。说明沥青在高速剪切时，温度迅速升高，剪切速率太快会导致温度急剧上升，加速沥青老化[259]。

① 确定参考数列及比较数列。针对反应温度、剪切时间和剪切转数三个考察因素及其水平变化中提取相应的实验数据，分析指标包括：针入度、软化点、5℃延度和高温分级温度，作为比较数列 X_i。

$$X_i = [x_i(1), x_i(2), \cdots, x_i(k)] \tag{3.1}$$

式中，$i=1, 2, \cdots, $m；$k=1, 2, \cdots, n$。

式中，i 为影响因素的种类；k 为影响因素的水平，利用均值法，见式（3.2），使变量无量纲化，详见表3.3。

$$x_i(k) = \frac{x_i(k)}{\dfrac{1}{m}\sum\limits_{k=1}^{m} x_i(k)} \tag{3.2}$$

$$X_0 = [x_0(1), x_0(2), \cdots, x_0(k)] \tag{3.3}$$

式中，$i=1, 2, \cdots, m$；$k=1, 2, \cdots, n$。

以 $\{x_0\} = \{59\ 62\ 54\ 79\}$ 作为参考数据。

表 3.3   数据无量纲化处理

试验编号	针入度/×0.1mm	软化点/℃	延度/cm	高温分级温度/℃
1	56	58	48	75.4
2	59	61	54	78.5
3	50	62	40	78.7
4	53	48	39	74.6
5	56	58	51	75.9
6	52	59	36	76
7	55	59	50	76.7
8	56	58	51	76.1
9	50	60	30	77.5

② 依据式 (3.4)，逐个计算每个被评价对象的数据列与参考数据列对应的绝对差值[260]，详见表 3.4。

$$\Delta_i(k) = |x_0(k) - x_i(k)| \tag{3.4}$$

表 3.4   绝对差值

试验编号	针入度/×0.1mm	软化点/℃	延度/cm	高温分级温度/℃
1	3	4	6	3.6
2	0	1	0	0.5
3	9	0	14	0.3
4	6	14	15	4.4
5	3	4	3	3.6
6	7	3	18	3
7	4	3	4	2.3
8	3	4	3	2.9
9	9	2	14	1.5

③ 求差序列，根据差序列求两极最大差与最小差。

$$M = \max_i \max_k \Delta_i(k) \tag{3.5}$$

$$m = \max_i \max_k \Delta_i(k) \tag{3.6}$$

式中，$i=1, 2, \cdots, m$；$k=1, 2, \cdots, n$。

④ 求关联系数及关联度，如表 3.5 所示。

关联系数为

$$\gamma_{0i}(k) = \frac{m + \rho M}{\Delta_i(k) + \rho M} \tag{3.7}$$

式中，$\rho = 0.5$，$i=1, 2, \cdots, m$；$k=1, 2, \cdots, n$。

关联度为

$$\gamma_{0i} = \frac{1}{n} \sum_{k=1}^{n} \gamma_{0i}(k) \tag{3.8}$$

式中，$i=1, 2, \cdots, m$。

⑤ 关联度排序：$\gamma_2 > \gamma_3 > \gamma_9 > \gamma_6 > \gamma_4 > \gamma_1 > \gamma_7 > \gamma_8 > \gamma_5$。

综上可知，2 号的关联度最大，结合表 3.2，确定的制备工艺参数为：T_1 和 T_2 分别为 145℃ 和 150℃；t_1 和 t_2 分别为 1h 和 0.5h；S_1 和 S_2 分别为 3000r/min 和 3000r/min。

表 3.5　关联系数与关联度

试验编号	针入度/×0.1mm	软化点/℃	延度/cm	高温分级温度/℃	关联度
1	0.422	0.345	0.253	0.373	0.348
2	1.000	0.600	1.000	0.759	0.838
3	0.542	1.030	0.343	1.000	0.729
4	0.501	0.750	0.143	0.578	0.493
5	0.143	0.111	0.143	0.139	0.134
6	0.517	0.714	0.294	0.714	0.559
7	0.175	0.221	0.175	0.269	0.210
8	0.155	0.121	0.155	0.159	0.148
9	0.443	0.518	0.333	0.871	0.616

3.2　TPU 改性沥青路用性能影响因素分析

　　为全面地评价 TPU 改性沥青的性能，以针入度、5℃延度及软化点等沥青路用性能测试结果为控制指标，且所有试验均严格按照《公路工程沥青及沥青混合料试验规程》（JTG E20—2011）（简称《规程》）中的试验方法进行。其中，旋转黏度试验采用 Brookfield 黏度计，依次在 135℃和 175℃下进行沥青黏度测试，其测试方法亦详见《规程》。其中，由于沥青 5℃延度测试结果一般较小，测定误差大，试验难度也大，在 5℃延度测试过程中，为了保证所测试的样条尽可能受力均匀，选定的拉伸速率为 1cm/min。

3.2.1　软段结构、C_h、r 及 TPU 掺量对 TPU 改性沥青路用性能影响

　　如图 3.5～图 3.9 所示，所制备的 TPU 改性沥青试样的测试结果均符合《公路沥青路

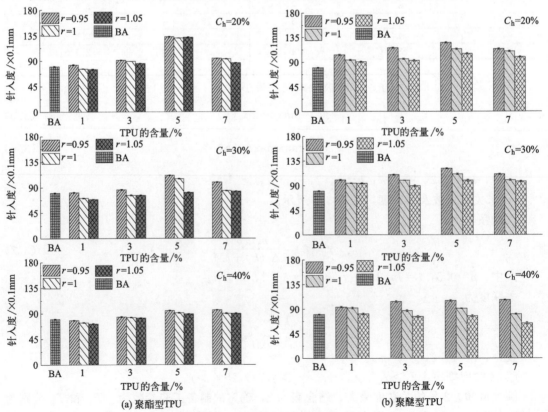

(a) 聚酯型TPU　　　　　　　　　　(b) 聚醚型TPU

图 3.5　TPU 改性沥青的针入度

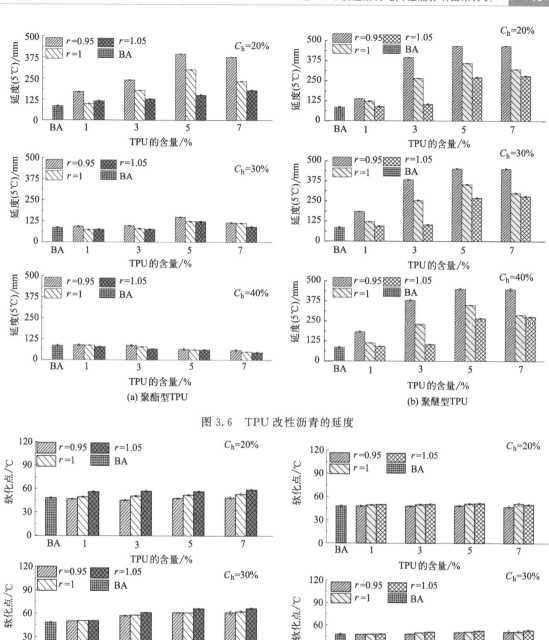

图 3.6 TPU 改性沥青的延度

图 3.7 TPU 改性沥青的软化点

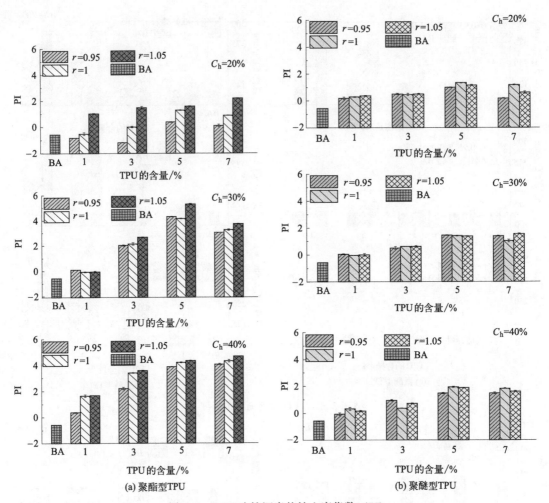

图 3.8   TPU 改性沥青的针入度指数（PI）

面施工技术规范》（JTG F40—2004）的技术要求，图中基质沥青均被简称为 BA。

　　针入度不仅是确定沥青稠度的方法，也是反映沥青流变特性的一种指标，适用于中、低交通量的道路石油沥青。如图 3.5 所示，当 r 与 C_h 一定时，随着聚酯型 TPU 掺量的增加，针入度呈现先增大后趋于平缓的变化趋势；当聚酯型 TPU 掺量与 C_h 一定时，随 r 的增大，针入度逐渐减小；而当聚酯型 TPU 掺量与 r 值一定时，随 C_h 的增大，针入度也减小。聚醚型与聚酯型 TPU 改性沥青基的针入度变化趋势本相同，但聚醚型 TPU 改性沥青的针入度略高于聚酯型 TPU 改性沥青的针入度。由此表明，对于硬段结构为 MDI 的 TPU 沥青改性剂，C_h 与 r 的增大，均使改性沥青的硬度增大，从而提升基质沥青的高温抵抗变形能力。

　　当聚酯型 TPU 掺量与 C_h 一定时，随 r 的增大，5℃延度逐渐减小。与聚酯型 TPU 掺量与 r 一定时，随着 C_h 的增大，其 5℃延度也减小。上述分析表明聚酯型 TPU 掺量的增大，改变了基质沥青的黏、弹比例，使沥青组分的相态转变加快，玻璃化转变组分增加，也使沥青分子链之间更容易发生断裂。聚酯型 TPU 内部含极性较大的酯基，不仅硬段间能够形成氢键，而且软段上的极性部分基团也能与硬段上的极性基团形成氢键，使硬段相更均匀地分布于软段相中形成软相结晶，导致沥青材料变得硬而脆，从而影响沥青的力学性能。而聚醚型 TPU 软段则极性较弱，分子主链结构上含有醚键、端基带有羟基的醇类聚合物或低

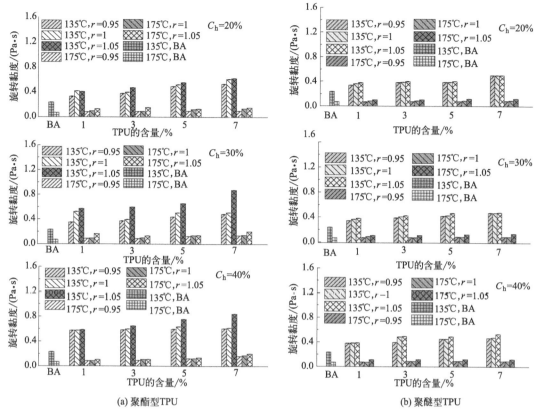

(a) 聚酯型TPU   (b) 聚醚型TPU

图 3.9 TPU 改性沥青的旋转黏度

聚物。因其结构中醚键内聚能低，并易于旋转，故其低温柔顺性较好，但力学性能方面聚酯型 TPU 改性沥青更优。上述分析表明，聚酯型 TPU 的加入一定程度上影响了基质沥青的低温性能，而聚醚型 TPU 则能更好地弥补聚酯型 TPU 沥青改性剂低温性能的不足。

软化点表示沥青的可塑流动性，可反映出沥青的高温稳定性。如图 3.7 所示，当 r 与 C_h 一定时，随着聚酯型 TPU 掺量的增加，软化点逐渐增大；当聚酯型 TPU 掺量与 C_h 一定时，随 r 的增大，软化点略有上升；而当聚酯型 TPU 掺量与 r 一定时，随 C_h 的增大，软化点出现上升趋势。对于聚醚型 TPU 改性沥青，改性剂掺量对其软化点的改善效果有限，但随着 r 和 C_h 的增加，改性沥青的软化点则逐渐提高。软化点测试结果说明：随着聚酯型 TPU 添加量的增大，改变了基质沥青原有的配伍性，同时，聚酯多元醇的内聚能较大，加热熔融后黏度较大，会进一步提升沥青黏度，限制沥青的流动性，增强改性沥青的热稳定性，因此软化点呈逐渐递增趋势。而聚醚型 TPU 改性沥青的软化点受 C_h 和 r 的影响有限，对于聚醚二元醇来说，醚基的极性较弱，聚醚软段分子量的增加，醚基也增加，抵消了软段增加、硬段较小对温度的影响。由此看出，聚酯型 TPU 与聚酯型 TPU 均能在一定程度上改善基质沥青的高温性能。

综上所述，对比针入度、5℃延度及软化点测试结果不难发现，当 TPU 沥青改性剂的掺量为 5% 时，聚酯型与聚醚型 TPU 改性沥青的性能最为优异。

25℃针入度是测定沥青稠度的一种方法，也是侧面反映沥青流变特性的一种方式。由针入度值和软化点计算得到沥青的针入度指数见式（3.9）。

$$PI = \frac{1952 - 500\lg P_{25} - 20T_{R\&B}}{5\lg P_{25} - T_{R\&B} - 120} \tag{3.9}$$

式中，$\lg P_{25}$ 为针入度对数；$T_{R\&B}$ 为软化点。

由图 3.8 可知，当聚酯型 TPU 的 C_h 为 20% 和 30% 且在沥青中的掺入量大于 3% 时，其改性的沥青 PI>2，此时的沥青类型属于凝胶型，此种沥青的弹性效应更大，显示出典型的触变性。聚醚型 TPU 改性沥青的 PI 指数范围为 -2~2，其胶体类型为溶-凝胶型[261]。该类型沥青体现出一定的弹性恢复能力，此类型的改性沥青存在一定的触变性。但其胶体结构类型极易受温度影响，因其在软化点以上的高温区域可能会呈现凝胶型，由此证明该类型的改性沥青具有非牛顿（复合）流动特性。表明聚醚型 TPU 改性沥青的胶体结构类型与针入度指数 PI 值会随温度的变化而变化。

沥青是一种温度敏感性材料，不同温度下呈现不同的性质，PI 越大，证明沥青对温度的敏感性越小。通过对 PI 图进行分析发现：r、改性剂掺量及 C_h 的增加，均使聚酯型 TPU 改性沥青的 PI 呈增大的趋势，当 C_h 超过 20%，且改性剂的掺量高于 3% 时，聚酯型 TPU 改性沥青的类型由溶胶-凝胶型变为凝胶型沥青；而聚醚型 TPU 改性沥青随改性剂掺量的增大，PI 呈先上升后下降的趋势，r 对 PI 的影响效果并未呈现出规律性，随 C_h 的增大，改性沥青的 PI 略有上升，但改性剂的加入并不会改变沥青的类型。虽然聚酯型 TPU 的加入能更好地降低沥青的温度敏感性，但由于溶胶-凝胶型沥青是介于溶胶型沥青与凝胶型沥青之间的一种中间类型，沥青质含量较为适中，并有相当数量的胶质形成胶团，而分散于油分介质中其具有弹性，没有明显的屈服点。因此聚醚型 TPU 更适于作为沥青的改性剂。

由图 3.9 可以看出，聚酯型 TPU 改性沥青与聚醚型 TPU 改性沥青的黏度变化趋势一致，两者的黏度均会随 r、C_h 以及改性剂掺量的增加而增大；与聚酯型 TPU 改性沥青相比，聚醚型 TPU 改性沥青黏度增加不明显。通过对照我国《公路沥青路面施工技术规范》（JTG F40—2004）与 SHRP 沥青胶结料标准规范发现，聚合物改性沥青 135℃旋转黏度试验结果一般不超过 3Pa·s[262]，由此可知，聚酯型与聚醚型 TPU 改性沥青均满足规范要求。从而反映出上述配方的改性沥青在受外部荷载作用时，其抗流动变形能力均较强。

TPU 的加入可以增加沥青胶浆流动时其内部分子间摩擦阻力，而聚醚型 TPU 的加入对改性沥青内部分子间摩擦阻力不及聚酯型 TPU 改善效果明显。聚酯型和聚醚型 TPU 改性沥青的黏度均随着温度升高而降低，在相同温度下，聚酯型 TPU 改性沥青具有更高的黏度，并且在 135℃时，两者的黏度差异达到最大，但在 175℃时，两者的黏度差异变小，这表明聚醚型 TPU 改性沥青具有更好的温度敏感性。但由于高温段的黏度特性对沥青的泵送和混合料的拌和、碾压等施工性能有重要影响，因此沥青在使用温度范围内必须有合适的黏度。基于胶体结构理论，在 TPU 改性沥青中，分散相为 TPU，TPU 添加量越大，体积浓度系数越大。聚酯型 TPU 会使分散介质中的轻质组分（烷烃、环烷烃、芳烃）在沥青中的含量降低，从而增大沥青的黏度，导致整个分散介质的黏度明显增大。综合考虑搅拌、运输、泵送与施工和易性等因素，聚酯型与聚醚型 TPU 的适宜掺量均为 5%。

3.2.2　分子量对 TPU 改性沥青路用性能影响

不同分子量聚酯型与聚醚型 TPU 改性沥青旋转黏度结果如图 3.10 所示。随着分子量的增大，135℃聚酯型 TPU 改性沥青的旋转黏度先增大再减小，随后又继续增大，而后再减小，当其分子量为 58642 时，聚酯型 TPU 改性沥青黏度最大为 0.754Pa·s；而 135℃聚醚型 TPU 改性沥青的旋转黏度先减小再增大，随后继续减小，当其分子量为 58642 时，聚酯型 TPU 改性沥青黏度最大为 0.463Pa·s。在 175℃时，聚酯型与聚醚型 TPU 改性沥青的黏度随分子量的逐渐增大，其变化浮动范围较小。

　　不同分子量的聚酯型与聚醚型 TPU 改性沥青的物理性能如图 3.11 所示。随着分子量的增大，聚酯型 TPU 改性沥青的针入度先升高，后降低；延度先升高，后降低，再升高；软化点先升高，再降低，随后继续升高；PI 呈现先上升后下降的趋势。随着聚醚型 TPU 分子量的增大，其改性沥青的针入度先升高，后降低；延度先升高，后降低；软化点先降低，再升高，随后继续降低；PI 呈现先下降后上升的趋势。

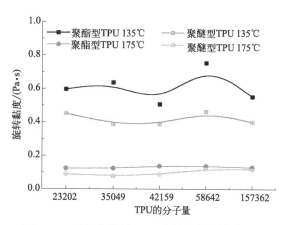

图 3.10　不同分子量 TPU 改性沥青的旋转黏度

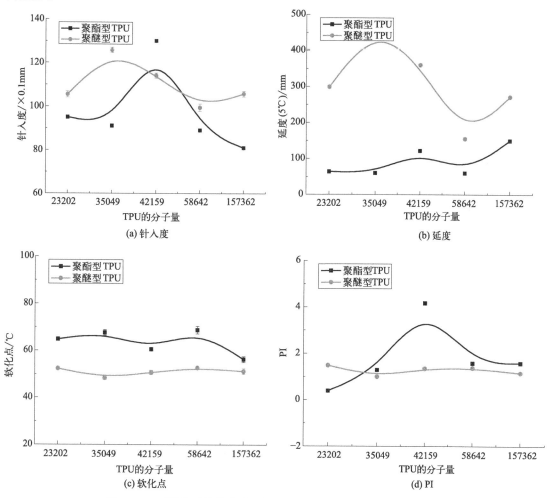

(a) 针入度

(b) 延度

(c) 软化点

(d) PI

图 3.11　不同分子量的聚酯型与聚醚型 TPU 改性沥青的物理性能

　　聚酯型与聚醚型 TPU 改性沥青的物理性能指标变化受分子量大小的影响均未呈现明显的规律性，这是由于在制备过程中改性剂经过剪切机高的速剪切后，使其细化程度加大，从而导致大分子链段遭到破坏。

3.3 TPU改性沥青的改性机理研究

3.3.1 FTIR分析

本小节采用日本 SHIMADZU 公司生产的 IRTracer-100 型 FTIR 进行测试,测试范围为 $400\sim4000cm^{-1}$、扫描次数为 32 次,分辨率为 $4cm^{-1}$,试样测试采用 ATR 模式。

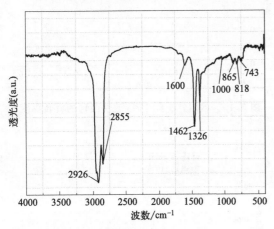

图 3.12　基质沥青的红外光谱

在有机物分子中,组成化学键或官能团的原子处于不断振动的状态,其振动频率与红外光的振动频率相当。所以,用红外光照射有机物分子时,分子中的化学键或官能团可发生振动吸收,不同的化学键或官能团吸收频率不同,在红外光谱上将处于不同位置,从而可获得分子中含有何种化学键或官能团的信息。基质沥青的红外光谱如图 3.12 所示,基质沥青红外光谱特征峰的波数、化学键以及相对应的官能团如表 3.6 所示。

表 3.6　基质沥青红外光谱吸收峰

波数/cm^{-1}	化学键	官能团
2922	—CH 伸缩振动	亚甲基
2850	—CH 伸缩振动	环和烷烃
2724	—CH 伸缩振动	醛基
1700	C=O 伸缩振动	芳香酮
1600	C=C 伸缩振动	芳香烃
1460	C—H 不对称曲振动	烷基(CH_2 和 CH_3)
1376	CH 对称弯曲振动	烷基(CH_3)
1306	CH 面内弯曲振动	烷烃
1155	S=O 对称弯曲振动	砜
1030	S=O 伸缩振动	亚砜
865~720	—CH 伸缩振动	烷烃(苯环)

聚氨酯分子中存在的特征基团分别为:氨酯基、苯基、酯基、醚基、异氰酸根基、脲基、酰胺基、缩二脲基等[263]。聚酯型和聚醚型 TPU 的红外谱图结果如图 3.13 所示,对于聚酯型 TPU,在 $1727cm^{-1}$ 左右为 C=O 的伸缩振动;在 $1365\sim1058cm^{-1}$ 处为 C—O 的伸缩振动,$1365cm^{-1}$ 处对应了酯基特征吸收。聚醚型 TPU 沥青改性剂在 $1725cm^{-1}$ 左右为 C=O 的伸缩振动;在 $1316\sim1000cm^{-1}$ 范围内为 C—O—C 的伸缩振动,在 $1101cm^{-1}$ 附近出现了氨酯基中—O—(醚

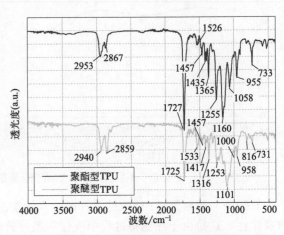

图 3.13　两种改性剂的红外光谱

基）的特征峰。1457~1580cm^{-1} 处的吸收峰主要为氨酯基、脲基或酰胺基中的羰基 C＝O 振动；1375cm^{-1} 则为酯基中 C—O 键、羟基与 C 连接的吸收峰；在指纹区域 500~900cm^{-1} 范围内多处吸收峰为异氰酸根中苯环的振动。

由图 3.14（a）可见，C_h 与 r 对聚酯型 TPU 改性沥青峰形和出峰位置无影响，在 3343cm^{-1} 处出现的特征峰归属于氨基甲酸乙酯基团带；2917cm^{-1} 和 2847cm^{-1} 处较强的吸收峰是由于 CH$_3$ 或 CH$_2$ 的不对称伸缩振动和对称振动；2159cm^{-1} 处的吸收峰为—NH（仲胺）的特征吸收峰；在 1717cm^{-1} 为 C＝O 的伸缩振动；1375cm^{-1} 处属于酯基的特征峰；1126cm^{-1} 附近的吸收峰与 S＝O 键化合物的振动模式相对应；在指纹图谱区域，500~900cm^{-1} 范围内多处吸收峰为异氰酸根中苯环的振动。

聚醚型 TPU 改性沥青的红外谱图结果如图 3.14（b）所示，所有试样的峰形、峰值大小及出峰位置均无差别，3362cm^{-1} 处出现的特征峰归属于氨基甲酸乙酯基团带，这与—OH 的重叠有关；在 2918cm^{-1} 和 2847cm^{-1} 处较强的吸收峰是由于 CH$_3$ 或 CH$_2$ 的不对称伸缩振动和对称振动；在 2358cm^{-1} 和 2341cm^{-1} 处的弱峰是由于空气中 CO$_2$ 的相关振动峰[264]，其属于干扰峰；在 1729cm^{-1} 为 C＝O 的伸缩振动；1578~1457cm^{-1} 处的吸收峰为—NH（仲胺）的特征吸收峰；1150cm^{-1} 附近的峰为氨酯基中—O—（醚基）的吸收峰；1109cm^{-1} 附近的吸收峰与 S＝O 键化合物的振动模式相对应；在指纹图谱区域，500~900cm^{-1} 范围内多处吸收峰为异氰酸根中苯环的振动。

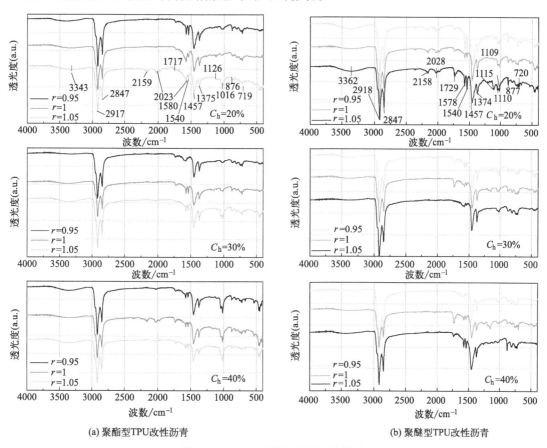

(a) 聚酯型TPU改性沥青　　(b) 聚醚型TPU改性沥青

图 3.14　TPU 改性沥青的红外谱图

聚酯型和聚醚型 TPU 的化学组成和结构对其改性沥青的性能有极其重要的影响。聚酯型和聚醚型 TPU 改性沥青在 $3343\sim2847cm^{-1}$ 处的吸收峰相似，而与基质沥青不同，说明此处是 TPU 改性沥青生成的特征峰；对于聚酯型 TPU 改性沥青而言，$1375cm^{-1}$ 处为酯基特征吸收；而聚醚型 TPU 在 $1150cm^{-1}$ 附近出现了氨酯基中—O—（醚基）的吸收峰[265]。通过对比聚酯型与聚醚型 TPU 改性沥青的红外谱图发现，—NHCO—特征峰分别出现在 $1717cm^{-1}$ 及 $1729cm^{-1}$ 处；这是由于在 TPU 沥青改性剂的合成过程中，—NCO 基团本身过量，而在其改性沥青的红外谱图中并未有明显的异氰酸根特征峰出现，出现了新的—NHCO—特征峰，说明聚酯型和聚醚型 TPU 均能与基质沥青中如羧酸等活性官能团发生化学反应，生成新的化合物。

　　TPU 的加入并未使—NH（$3078cm^{-1}$）吸收峰消失，与基质沥青相比，在 $2913cm^{-1}$ 和 $2842cm^{-1}$ 处，—CH₃ 和—CH₂ 的对称与不对称伸缩振动吸收峰略有偏移；同时，稠环芳香烃（$1572cm^{-1}$）减少，其为稠环芳香烃 C=C 键伸缩振动峰和稠环芳香烃 C—C 骨架振动；$1590cm^{-1}$ 附近的与 $1572cm^{-1}$ 附近的吸收峰均为 C—H 面内弯曲振动吸收；在 $1119cm^{-1}$ 处会出现—C=O 的伸缩振动吸收峰，一般有两个，原因是异氰酸根与酚的反应活性较低。这是因为苯基为吸电子基，推测反应方程式如图 3.15 所示，说明 TPU 与基质沥青发生了化学反应。

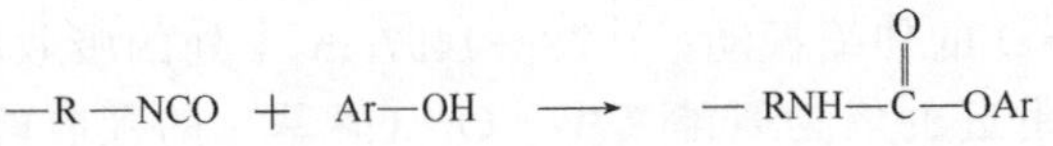

—R—NCO ＋ Ar—OH ⟶ —RNH—C(=O)—OAr

图 3.15   异氰酸根与酚的反应方程式

　　与基质沥青胶浆相比，TPU 改性沥青在 $1012cm^{-1}$ 处的吸收峰明显增大，其原因主要为 TPU 是侧链含有大量的苯环线型结构，随着 TPU 沥青改性剂的加入使原基质沥青中苯环的含量增大；峰值在 $1000cm^{-1}$ 以下主要是不饱和苯环中 C—H（=C—H）面外弯曲振动吸收峰。从而得知，辽河 90# 石油沥青分子主要由羰基化合物、芳香烃、不饱和与饱和烃以及少量含硫化合物结构组成。这可以推测出反应方程式，如图 3.16 所示。

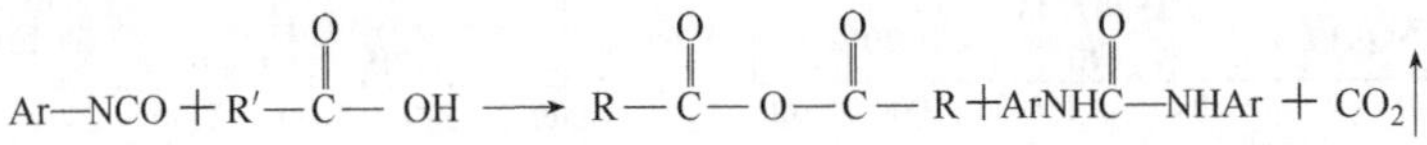

Ar—NCO ＋ R′—C(=O)—OH ⟶ R—C(=O)—O—C(=O)—R ＋ ArNHC(=O)—NHAr ＋ CO₂↑

图 3.16   异氰酸根与羧酸的反应方程式

　　$477cm^{-1}$ 处为二硫醚 S—S 弱的吸收峰，掺入 TPU 沥青改性剂后，$453cm^{-1}$ 处的特征峰变大。由此推测，可能是由于 TPU 中不饱和沥青中的 S—S 键发生加成反应，最终形成大分子间的交联。S_x 中的 x 为 1~2，因为 2 个以上的硫原子的硫桥是很难形成的，具体反应方程式如图 3.17 所示。

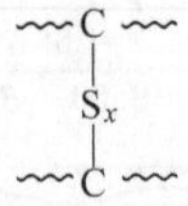

　　由图 3.17 可见，在制备 TPU 改性沥青制备过程中，由于伴随着热氧的共同作用，使芳香酚与苯环相连的烷基被氧化，且存在缩合脱氢反应，使芳香酚不断向胶质转变。沥青中各组分的含量与沥青的性质有一定的联系。TPU 的加入会增加饱和分的含量，降低沥青的黏性，增大胶质的含量，从而提高沥青的塑性。氨酯基与热沥青混容反应后内部能出现微丝状联结，其原因是 TPU 中的不饱和键会与沥青中的 S—S 键相互结合，形成立体交联网状结构，TPU 裹覆着沥青，折叠交在一起，因而扩大了黏弹域范畴，从而提高了沥青的耐低温开裂能力。交联网络结构强烈的作用约束了沥青间的转移，限制着沥青胶体的流动性，增强了抵抗外力的能力，只有施加较大的外力，才能使沥青产生相对位移。异氰酸根与基质沥青内的自由基发生链式聚合反应，在链终止阶段，基质沥青中酚、羧酸两个自由基会同时消失，体系自由基浓度降低，双基终止主要为偶合终止和歧化终止。从能量的角度看，偶合终止为异氰酸根和酚、羧酸结合成一个稳定的分子，反应活化能

图 3.17   TPU 改性沥青内部交联反应方程式

低，甚至不需要活化能；歧化反应涉及 S═O 键的断裂，反应活化能较偶合终止高一些。高温时有利于 TPU 改性沥青的歧化终止的发生，低温时有利于 TPU 改性沥青的偶合终止的发生。

3.3.2　荧光扫描分析

本小节采用日本 Olympus Corporation 公司生产的 BX41 型荧光倒置显微镜（图 3.18），研究改性沥青的微观结构特征。通过聚合物改性剂在荧光光源照射下发出的光的波长范围的不同，将聚合物相与沥青相进行区分，进而观察聚合物相在沥青中的真实相结构。

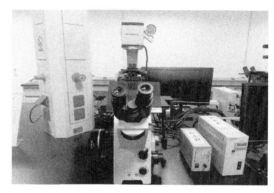

通过荧光倒置显微镜分别观察聚酯型和聚醚型 TPU 在沥青中分布的形态、相态和结构，目的是更有效地评价两种改性沥青的力学性能，从而建立起 TPU 改性沥青的微观结构与宏观力学性能之间的关系。

通过荧光倒置显微镜观察 TPU 在基质沥青中的分布情况可见，聚酯型与聚醚型 TPU 的改性沥青均未出现"离析"现象，说明聚酯型与聚醚型 TPU 的改性剂在基质沥青中均具有较好的储存稳定性。TPU 与

图 3.18　荧光倒置显微镜

沥青是两相连续结构，随 TPU 沥青改性剂含量的增大，其在基质沥青内部的分布面积逐渐增大。由图 3.19 可见，在基质沥青中聚酯型 TPU 颗粒均匀，改性剂溶胀效果和分散性较好，沥青相与 TPU 相互贯穿，形成一个交织的空间网络结构，属于典型的两相连续结构。由此，证明了 TPU 改性制备工艺能够使 TPU 具有较好的分散性。

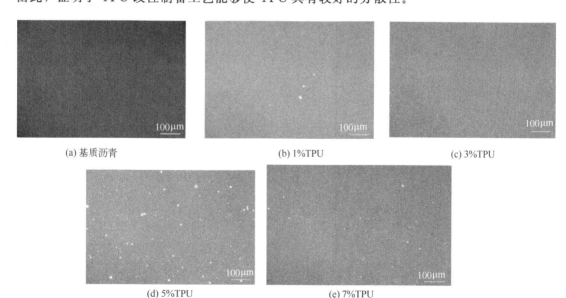

(a) 基质沥青　　　　　　　　　(b) 1%TPU　　　　　　　　　(c) 3%TPU

(d) 5%TPU　　　　　　　　　(e) 7%TPU

图 3.19　不同掺量聚酯型 TPU 改性沥青荧光扫描

从图 3.20 可以看出，聚酯型 TPU 均匀地分散于基质沥青中，且无明显的团聚现象。随着 C_h 和 r 的增大，聚酯型 TPU 沥青改性剂颗粒的细化程度降低，大颗粒明显增多，说

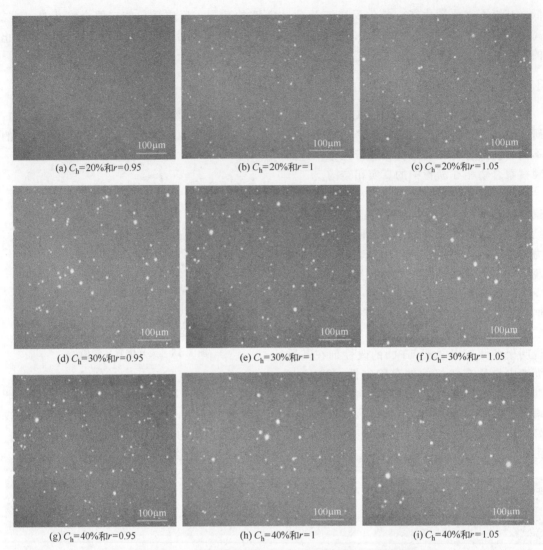

(a) C_h=20%和r=0.95　　　　　　(b) C_h=20%和r=1　　　　　　(c) C_h=20%和r=1.05

(d) C_h=30%和r=0.95　　　　　　(e) C_h=30%和r=1　　　　　　(f) C_h=30%和r=1.05

(g) C_h=40%和r=0.95　　　　　　(h) C_h=40%和r=1　　　　　　(i) C_h=40%和r=1.05

图 3.20　不同合成参数聚酯型 TPU 改性沥青荧光扫描

明聚酯型 TPU 分子之间的附着力远远大于沥青的渗透力，颗粒抱团游离在沥青中，根据红外光谱测试结果推测，聚酯型 TPU 表面能强化了沥青轻质组分向聚酯型 TPU 颗粒靠拢的趋势，并随着温度的升高收缩为能量状态相对稳定的球状，这些特性使其具有相对较优的高温性能[266]。

聚醚型 TPU 的荧光扫描结果与聚酯型 TPU 改性沥青的荧光扫描结果相似（图 3.21）。聚醚型 TPU 改性沥青中，随改性剂掺量的增大，聚醚型 TPU 的分布面积逐渐增大。但当聚醚型 TPU 的掺量大于 3% 时，其颗粒原本均匀分散的小颗粒状态聚集成相对较大的团状，由此证明改性剂中的有机分子链可以嵌入层状结构中，促进了聚醚型 TPU 的交联结构的形成，从而提升沥青胶结料的耐低温性能。

如图 3.22 所示，随着 C_h 和 r 的增大，聚醚型 TPU 改性沥青内部大颗粒明显增多，但小颗粒物质并未见减少，证明聚醚型 TPU 中的聚醚多元醇会抑制 MDI 含量增大对结晶度的提升。因此，与聚酯型 TPU 改性沥青相比，聚醚型 TPU 在改善基质沥青高温性能的同时，也提高了耐低温性能。

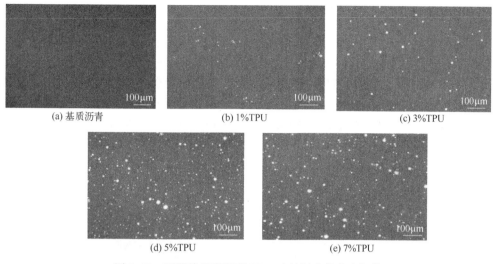

图 3.21　不同掺量聚醚型 TPU 改性沥青的荧光扫描

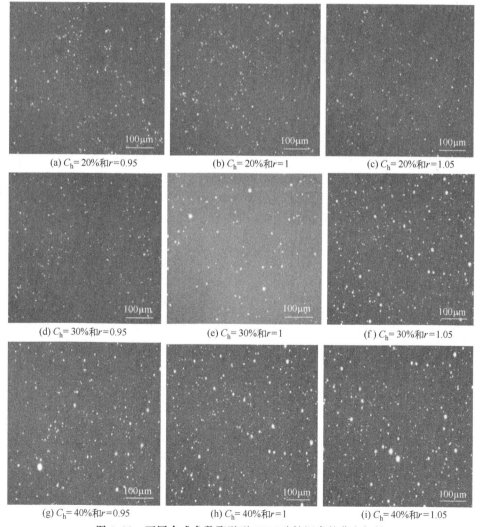

图 3.22　不同合成参数聚醚型 TPU 改性沥青的荧光扫描

3.3.3   SEM 分析

为了观察 TPU 改性沥青内部的微观形貌，本小节利用德国 ZEISS 公司生产的 SUPRA 55 SAPPHIRE 型扫描电镜（SEM）进行试验 [图 3.23（a）]。

由于沥青是非导电材料，所以对待测样品预先进行了喷金处理，测试条件为：在 5kV、5mA 真空衍射镀膜机中喷金 8min，随后进行 SEM 测试，获得 SEM 显微图像。其中，样品的制备方法如图 3.23（b）所示：将试样浇覆在准备好的边长为 10mm 的薄钢片上，薄钢片上需预先均匀涂抹一层隔离剂，待沥青完全固化后，用镊子夹取待测试验样品并浸入盛有液氮的容器中 3～5s 后，取出沥青试样并轻轻折断，选取最为平整的断面进行测试。

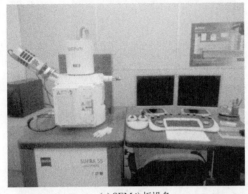

（a）SEM分析设备   （b）样品制备

图 3.23   SEM 分析设备与样品制备

为了更好地观测 TPU 改性沥青的表面形态，可利用 SEM 图像对 TPU 改性沥青微观形貌进行观测，结果如图 3.24 和图 3.25 所示。发现基质沥青的微观组分发生了很大改变，有大量聚集块均匀分布在沥青中。结合化学分析结果推测，这些聚集块是异氰酸根与沥青质中的芳香族化合物之间加成反应的产物，这种聚集块的存在大幅提高了 TPU 改性沥青的复数模量，使得 TPU 改性沥青具有优异的高温抗车辙性能。

（a）放大500倍   （b）放大5000倍

图 3.24   聚酯型 TPU 改性沥青的 SEM 图像

从图 3.24 可以看到，聚酯型 TPU 改性沥青受外力后的断裂形式属于脆性断裂，界面无任何堆积物，5000 倍下，颗粒表面相对平整、解理清晰，且有细小颗粒团簇附着。部分改性剂颗粒裸露在外部，不能被基质沥青完全包裹，这是由于过量的聚酯型 TPU 的加入造成界面的黏结变差，从而降低了改性沥青的低温性能。

(a) 放大500倍　　　　　　　　　　　　　　(b) 放大5000倍

图 3.25　聚醚型 TPU 改性沥青的 SEM 图像

如图 3.25 所示，聚醚型 TPU 沥青改性剂掺入基质沥青后，其体积发生了膨胀，从而有效改善了基质沥青的工作性能，聚醚型 TPU 在沥青中形成网络结构，从而有助于改善沥青的低温性能。在 5000 倍率下发现，聚醚型 TPU 改性沥青表面比较粗糙，分布细小的纹路和白色块体，聚醚型 TPU 与热沥青混容反应后出现微丝状联结，其中有一些柔顺卷曲的 TPU 支链相互结合，形成立体交联网状结构，又裹覆着沥青折叠交联在一起，因而扩大了黏弹域范畴，从而提高其强度。网络强烈的作用约束了沥青间的转移，限制着沥青胶体的流动性，增强了抵抗外力的能力，只有施加较大的外力，才能使沥青产生相对位移，因而沥青的低温抗裂性能将得到显著提升。

3.3.4　AFM 分析

利用原子力显微镜（AFM），通过分析试样内分子和原子间的相互作用力来表征材料微观形貌。本小节采用德国 BRUKER 公司生产的 MultiMode 8 型扫描探针 AFM，扫描模式为峰值力轻敲模式，在测试微观形貌的同时可获取力学反馈，参考点 0.75V，探针最大共振振幅 1.3V，扫描速率为 1Hz，扫描面积为 $15\mu m \times 15\mu m$，所成像像素为 512×512，室温中观测，采用的分析软件为 NanoScope Analysis。

AFM 以纳米尺度观测沥青的微观结构并获取力学特性，运用 AFM 可以为沥青所表现的宏观性能寻求合理的微观机理解释。采用 AFM 对基质沥青、TPU 改性沥青的微观结构进行观测，从微观层面展示 TPU 作为沥青改性剂对沥青微观结构及力学特性的影响，揭示 TPU 改性沥青的改性机理，并充分考虑聚氨酯自身软硬段含量、异氰酸根指数等因素对沥青微观结构的影响，从微观角度合理解释 TPU 改性沥青宏观性能所产生的一系列变化。AFM 的工作原理如图 3.26 所示。

利用 AFM 对所掺入的聚酯型与聚醚型 TPU 改性沥青微观结构进行观测，采集扫描后的形貌图和杨氏模量分布图，观测的沥青试样为基质沥青、聚酯型与聚醚型 TPU 改性沥青（考察因素包括：改性剂掺量、C_h 和 r）。

图 3.27 中基质沥青"蜂状结构"面积大小不一，但分布较为均匀，未出现明显的团聚现象，有两个大"蜂状结构"和若干个小"蜂状结构"结构，"蜂状结构"之间未出现叠加的状态，杨氏模量（E）分布直方图主要分布在 0.25～0.9GPa，通过读取和计算，基质沥青均方根粗糙度（S_q）和 E 分布直方图分别为 5.04GPa 和 44.3GPa。由此推测改性沥青通过 AFM 测试所得的形貌图和 E 分布图之间存在较好的关联性。

通过 AFM 对掺量分别为 1%、3%、5%和 7%的聚酯型 TPU 改性沥青微观表征进行观

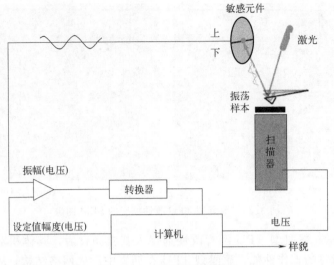

图 3.26   AFM 的工作原理

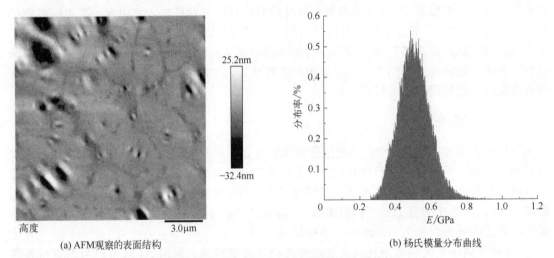

(a) AFM 观察的表面结构

(b) 杨氏模量分布曲线

图 3.27   基质沥青 AFM 微观形貌及力学特性

测，测试结果如图 3.28 和图 3.29 所示。

从图 3.28 可见，聚酯型 TPU 改性沥青微观指标 S_q 依然可以保持一定的变化规律，并与沥青宏观性能变化趋势有较好的关联性[267]。不同掺量的聚酯型 TPU 改性沥青的 S_q 分别为 5.37nm、5.99nm、6.84nm 和 5.33nm，均高于基质沥青 S_q 为 5.04nm。由此表明，随着聚酯型 TPU 掺量的增加，改性沥青 S_q 逐渐增加，沥青的表面越加粗糙，较大的 S_q 意味着较为多样且复杂的微观结构，而这一结构有助于提高沥青自身的黏结性能，提高改性沥青自身的黏附力和高温稳定性。

图 3.29 为不同掺量聚酯型 TPU 改性沥青的 E 分布直方图。由图 3.29 可见，聚酯型 TPU 改性沥青的 E 分布直方图总体接近正态分布规律。当改性剂掺量为 1％时，改性沥青的 E 分布直方图主要分布在 0.25～1.75GPa；当改性剂掺量为 3％时，改性沥青的 E 分布直方图位于 0.3～1.75GPa；聚酯型 TPU 掺量为 5％时，改性沥青的 E 分布直方图位于 0.75～2.75GPa；当改性剂掺量为 7％时，改性沥青的 E 分布直方图位于 0.6～2.5GPa。聚酯型 TPU 改性沥青的 E 分布情况总体呈现逐渐增大的变化趋势，上升幅度较低，聚酯型

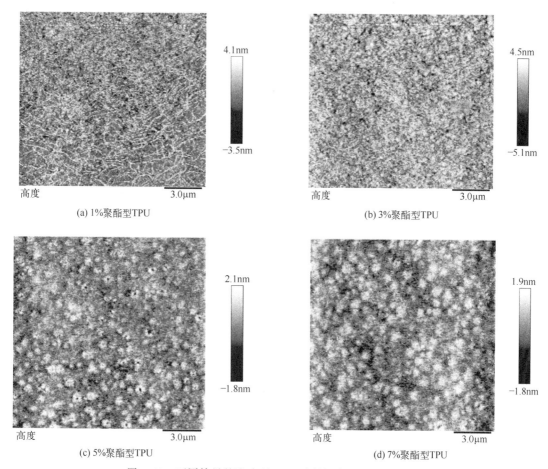

图 3.28　不同掺量的聚酯型 TPU 改性沥青 AFM 微观形貌

TPU 在 5% 与 7% 掺量下改性沥青的 E 分布直方图比较接近。通过计算图中分布数据，得出不同聚酯型 TPU 掺量的改性沥青 E 分布直方图分别为 62.98GPa、84.09GPa、133GPa 和 105GPa。随着聚酯型 TPU 掺量的增加，改性沥青的 E 分布直方图显著提高，抵抗形变的能力逐步提高，宏观表现为高温稳定性增强。基质沥青的 E 分布直方图位于 44.3GPa。可见，聚酯型 TPU 改性沥青的 E 均高于此值，表明聚酯型 TPU 的加入改善了基质沥青的抵抗变形能力，宏观表现为高温稳定性和抗疲劳性能的提高，这与聚酯型 TPU 改性沥青宏观性能试验表现的规律相一致。

对 r 分别为 0.95、1、1.05 的聚酯型 TPU 改性沥青的微观表征进行 AFM 观测，其结果如图 3.30 和图 3.31 所示。

由图 3.30 可见，不同 r 的聚酯型 TPU 改性沥青 AFM 微观形貌图呈现的微观形貌相近，表明 r 对沥青微观形貌的影响与掺量的影响并无较大的变化。通过测算，$r=0.95$ 时，聚酯型 TPU 沥青的 S_q 为 4.95nm，$r=1.0$ 和 1.05 时，S_q 分别为 5.04nm 和 5.26nm，呈现增长的趋势，表明聚酯型 TPU 改性沥青微观结构更加复杂并更具多样性，而这一变化有助于提高沥青微观的黏附性能。聚酯型 TPU 改性沥青 S_q 的增加与沥青宏观高温性能的提高有关联性，有助于提高沥青的黏度和微观稳定性。聚酯型 TPU 改性沥青宏观高温稳定性随 r 增大而提高，与沥青微观形貌参数 S_q 的规律具有一致性，这也说明对于聚酯型 TPU 改性沥青，S_q 与沥青高温性能的是正相关的，但 S_q 的变化幅度较小，可见通过调整 r 对沥

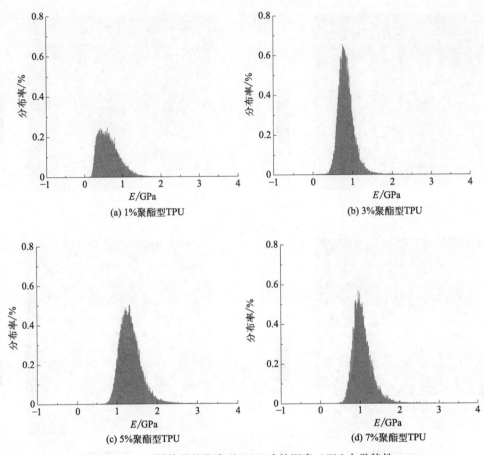

图 3.29　不同掺量的聚酯型 TPU 改性沥青 AFM 力学特性

图 3.30　不同 r 的聚酯型 TPU 改性沥青 AFM 微观形貌

青微观表征的影响较弱，而这一变化规律在沥青宏观高温性能上也有所体现。

由图 3.31 可见，$r=0.95$ 时，聚酯型 TPU 改性沥青的 E 分布直方图主要位于 0.9～2.5GPa；$r=1$ 时，聚酯型 TPU 改性沥青的 E 分布直方图位于 0.9～3.5GPa；$r=1.05$ 时，聚酯型 TPU 改性沥青的 E 分布直方图位于 1.0～5.0GPa。聚酯型 TPU 改性沥青的 E 分布直方图整体分布呈现逐渐增大的趋势，通过测算，不同 r 下改性沥青的 E 分布直方图分别位于 133GPa、176GPa 和 204.3GPa。可见，随着 r 逐渐增大，聚酯型 TPU 改性沥青的 E 分布直方图呈现逐步提高的趋势，提升幅度较大，说明 r 对沥青抗变形性能的影响显著，可有效提高沥青微观结构的抗裂性能和稳定性，从而有助于提高沥青的高温稳定性。这与聚酯型 TPU 改性沥青宏观高温稳定性随 r 变化所表现的规律一致，沥青微观力学特性随 r 变化的规律与宏观高温性能具有良好的关联性。

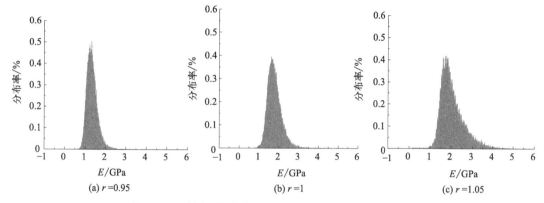

图 3.31　不同 r 的聚酯型 TPU 改性沥青 AFM 力学特性

通过 AFM 对 C_h 为 20%、30%、40%的三种聚酯型 TPU 改性沥青进行 AFM 观测，测试结果如图 3.32 和图 3.33 所示。

图 3.32　不同 C_h 的聚酯型 TPU 改性沥青 AFM 微观形貌

图 3.32 中均未出现"蜂状结构"，不同 C_h 的聚酯型 TPU 改性沥青的微观形貌较为接近，沥青微观指标表面 S_q 也有明显变化，S_q 分别为 5.04nm、5.26nm 和 6.47nm。可见随着 C_h 提高，聚酯型 TPU 改性沥青的微观表面越加粗糙，呈现增长的趋势，沥青微观表面的多样性和黏结性能逐渐增加，高温稳定性有所改善。在 C_h 为 40%时，粗糙度较 C_h 为 30%时有大幅提高，表明改性沥青微观表征对 C_h 的影响变化并非线性，而是在 C_h 较高时，粗糙度大幅增加，而这一规律在 C_h 对聚酯型 TPU 改性沥青宏观高温性能的变化规律中也有所体现，C_h 为 40%时，聚酯型 TPU 改性沥青的高温性能大幅增加，这与微观均方根粗糙度 S_q 的剧烈转变规律相一致。

如图 3.33 可知，当 C_h 为 20%时，聚酯型 TPU 改性沥青的 E 分布直方图位于 0.75~3.5GPa；C_h 为 30%时，聚酯型 TPU 改性沥青的 E 分布直方图位于 0.5~4.2GPa；C_h 为 40%时，聚酯型 TPU 改性沥青的 E 分布直方图位于 1.1~7.5GPa。聚酯型 TPU 改性沥青的 E 分布直方图总体呈现随 C_h 增大逐渐提高的规律，通过计算，聚酯型 TPU 改性沥青的 E 分布直方图分别位于 176GPa、204.3GPa 和 234.631GPa。由此可见，随着 C_h 逐渐增大，改性沥青的 E 分布直方图呈现逐步提高的趋势，提升幅度较大，这表明随着聚酯型 TPU 中

C_h 的提高，改性沥青的 E 分布直方图大幅提高，其对沥青的微观力学特性影响显著，较高的 E 分布直方图代表着材料较高的抵抗变形能力，宏观表现为较好的抗变形性能和高温稳定性，这与聚酯型 TPU 改性沥青宏观高温性能随 C_h 的变化规律一致，而这一规律形成的原因，可以通过其他微观测试得出，即聚酯型 TPU 的 C_h 与沥青之间形成氢键，有助于沥青抵抗变形，高温性能及沥青的稳定性均得以提高。

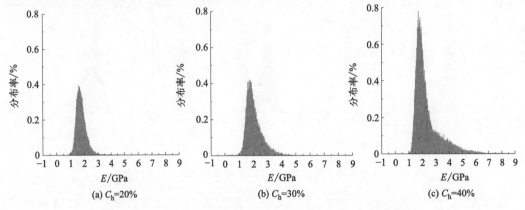

(a) C_h=20%   (b) C_h=30%   (c) C_h=40%

图 3.33   不同 C_h 的聚酯型 TPU 改性沥青 AFM 力学特性

借助 AFM 对掺量分别为 1％、3％、5％ 和 7％ 的聚醚型 TPU 改性沥青的微观表征进行观测。图 3.34 中出现明显的"蜂状结构"，蜂状结构中白色区域为高峰，黑色区域为谷底，

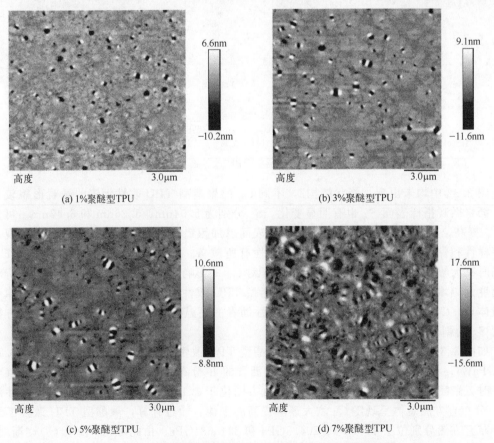

(a) 1%聚醚型TPU   (b) 3%聚醚型TPU

(c) 5%聚醚型TPU   (d) 7%聚醚型TPU

图 3.34   不同掺量的聚醚型 TPU 改性沥青 AFM 微观形貌

呈现了改性沥青极具特点的结构形态。当改性剂掺量为 1% 时，改性沥青呈现的"蜂状结构"面积较小，黑白相间的次数较少，但相较于平面谷地区域十分明显；当改性剂掺量为 3% 时，改性沥青中"蜂状结构"的面积显著增大，黑白相间的次数明显增多；当改性剂掺量分别为 5% 和 7% 时，改性沥青中"蜂状结构"的面积进一步增大，同时数量也逐渐增加。AFM 微观结构这一显著变化是沥青中沥青质增多引起的，同时伴随着沥青轻质组分的减少。图 3.34 中"蜂状结构"周围位于谷底处的分散相呈现扩大的趋势，该变化有利于提升沥青的低温蠕变性能。由此可见，从 AFM 微观表征可以推断随着聚醚型 TPU 掺量的增加，改性沥青的高温性能和低温蠕变性能均有所提高。

不同掺量下聚醚型 TPU 沥青改性剂的 S_q 分别为 5.55nm、6.24nm、7.18nm 和 7.90nm，呈现逐步提高的变化趋势，这一规律说明改性沥青微观结构多样性和黏附性能增加，有助于沥青宏观高温稳定性的提高。相较于基质沥青的 5.05nm，聚醚型 TPU 改性沥青的 S_q 进一步增加，说明聚醚型 TPU 改性沥青较基质沥青具有更为丰富的微观结构多样性，并伴随着黏附性能的增加，改善了基质沥青的高温稳定性，这与聚酯型 TPU 对基质沥青高温性能的改性作用相一致。

如图 3.35 所示，当聚醚型 TPU 掺量为 1% 时，改性沥青的 E 分布曲线主要位于 0.25~1.0GPa；当聚醚型 TPU 掺量为 3% 时，改性沥青的 E 分布曲线位于 0.25~1.75GPa；当聚醚型 TPU 掺量为 5% 时，改性沥青的 E 分布曲线位于 0.25~1.75GPa；当聚醚型 TPU 掺量为 7% 时，改性沥青的 E 分布曲线位于 0.25~1.5GPa。E 分布曲线的分布情况呈现逐渐增大的趋势，上升幅度总体不大。通过计算，E 分布曲线分别位于 52.9GPa、61.9GPa、66GPa 和 79.4GPa，呈现逐渐上升的变化趋势，而基质沥青杨氏模量

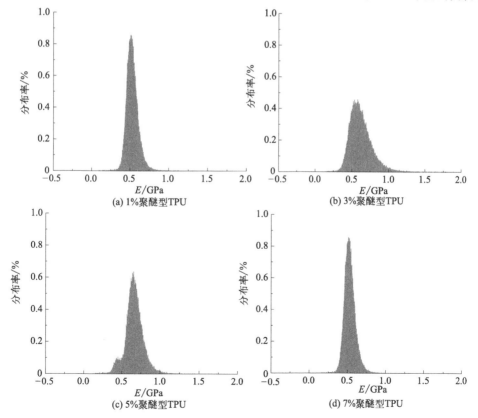

图 3.35　不同掺量的聚醚型 TPU 改性沥青的 AFM 力学特性

E 分布曲线位于 44.3GPa，说明通过添加聚醚型 TPU 可提高沥青的弹性模量，并随着聚醚型 TPU 掺量的提高而进一步增加。沥青微观抵抗变形的能力增强，有助于提高沥青宏观的高温稳定性，聚醚型 TPU 对沥青微观弹性模量的提高幅度较聚酯型 TPU 略高，这与上述的微观形貌变化也是吻合的。由此可见聚醚型 TPU 可提高沥青的抗变形性能和高温稳定性，且强于聚酯型 TPU 的改性效果。而这一规律与两种 TPU 材料对沥青宏观高温性能的改善效果相似。

　　r 分别为 0.95、1.0、1.05 时，通过 AFM 观测聚醚型 TPU 改性沥青的微观表征，测试结果如图 3.36 和图 3.37 所示。

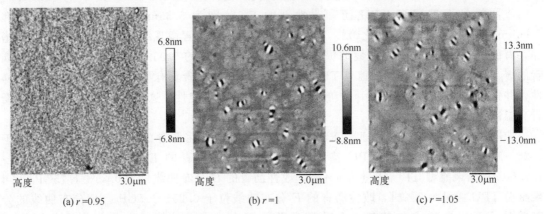

(a) $r=0.95$　　　　(b) $r=1$　　　　(c) $r=1.05$

图 3.36　不同 r 的聚醚型 TPU 改性沥青 AFM 微观形貌

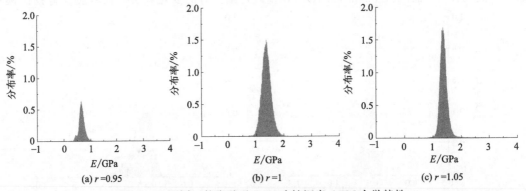

(a) $r=0.95$　　　　(b) $r=1$　　　　(c) $r=1.05$

图 3.37　不同 r 的聚醚型 TPU 改性沥青 AFM 力学特性

　　由图 3.36 可知，当 r 为 0.95 时，未出现明显的"蜂状结构"；当 $r=1$ 时，改性沥青出现"蜂状结构"，分布均匀清晰可见；当 $r=1.05$ 时，改性沥青中"蜂状结构"的大小和数量逐渐增多，"蜂状结构"整体变化规律为从无到有，并逐渐增多。而"蜂状结构"是沥青质逐渐增多的一种微观形貌变化，表明随着 r 增大，聚醚型 TPU 改性沥青内部沥青质逐渐增多，可能是因为聚醚型 TPU 与沥青的反应引发的沥青轻质组分向沥青质转化，沥青微观结构的稳定性和多样性逐渐提高，有助于沥青抵抗高温变形。通过测算，$r=0.95$、1 和 1.05 时，AFM 形貌图均方根粗糙度 S_q 分别为 7.18nm、8.99nm 和 9.27nm；聚醚型 TPU 掺量从 1% 提高到 3% 时，沥青微观结构的粗糙度显著增加，这印证了上述变化规律，而该规律与沥青宏观高温性能随 r 的变化规律是相似的。

　　由图 3.37 可见，当 r 为 0.95 时，聚醚型 TPU 改性沥青的 E 分布曲线位于 0.2～1.25GPa；当 r 为 1 时，聚醚型 TPU 改性沥青的 E 分布曲线位于 0.8～1.75GPa；r 为 1.05

时，聚醚型 TPU 改性沥青的 E 分布曲线位于 0.9～2.5GPa。E 分布曲线随 r 的增大，整体分布呈现逐渐增大的趋势。经计算 E 分布曲线分别位于 66GPa、109GPa 和 138GPa，上升幅度较大，随 r 的增大对聚醚型 TPU 改性沥青抗变形能力提升显著，说明通过提高 r 可有效提高沥青的弹性模量。随着 r 的增加，弹性模量进一步增大，这一变化有助于提高沥青微观的抗变形性能，宏观表现为沥青具有更高的弹性和稳定性，由此获得更好的抗变形性能和高温稳定性。而这一力学特性参数随 r 的变化规律与宏观高温性能试验所表现的规律基本一致，两者具有良好的相关性，可见 r 设计值的调整对聚醚型 TPU 改性沥青宏微观性能影响较大，这与聚酯型 TPU 对沥青的影响有所差异。通过提高 r 可进一步提高聚醚型 TPU 改性沥青的高温稳定性并改善其微观抗裂性能。

通过 AFM 对 C_h 为 20％、30％和 40％的聚醚型改性沥青的微观表征进行观测，测试结果如图 3.38 和图 3.39 所示。

图 3.38（a）和图 3.38（b）出现明显的"蜂状结构"，且"蜂状结构"的面积和数量逐渐增加，这一变化说明沥青质随着 C_h 增大而增加，沥青变硬，弹性和抗变形性能逐渐增加。而图 3.38（c）中"蜂状结构"逐渐消失，伴随着周边谷底的高低起伏，沥青的微观形貌急剧变化，可以推测沥青微观粗糙度进一步增加。经测算各图的 S_q 分别为 8.99nm、9.27nm 和 9.86nm，可见随着 C_h 增大，聚醚型 TPU 改性沥青的 S_q 增大，沥青微观结构多样性增加，黏附能力和稳定性随之增加，沥青高温性能进一步提高。

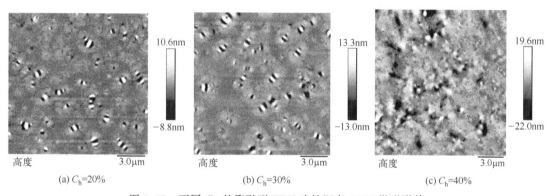

图 3.38　不同 C_h 的聚醚型 TPU 改性沥青 AFM 微观形貌

图 3.39 为不同 C_h 的聚醚型 TPU 改性沥青的 E 分布直方图。如图 3.39 所示，当 C_h 为 20％时，聚醚型 TPU 改性沥青的 E 分布曲线位于 0.75～2.5GPa；当 C_h 为 30％时，聚醚型 TPU 改性沥青的 E 分布曲线位于 1.1～4GPa；当 C_h 为 40％时，聚醚型 TPU 改性沥青的 E 分布曲线位于 1.5～5.5GPa。C_h 为 40％的聚醚型 TPU 改性沥青黏弹性分布范围大幅提高，总体呈现的分布规律为：随着 C_h 逐渐增大，改性沥青的 E 分布曲线逐渐提高；C_h 为 40％的聚醚型 TPU 改性沥青弹性模量大幅提高，这与图 3.39 中微观"蜂状结构"的消失和谷底的剧烈变化的规律相对应，可能是在较高 C_h 时，聚醚型 TPU 改性沥青中形成了新的微观结构，而这一结构具有更高的弹性和抗变形性能，由此表现为 E 分布曲线的显著提高。经测算，各聚醚型 TPU 改性沥青的 E 分布曲线分别为 109GPa、128GPa 和227GPa，C_h 在 20％和 30％之间的变化幅度较小，而 C_h 为 40％时，聚醚型 TPU 改性沥青的杨氏模量增加了近 1 倍。总体来说，聚醚型 TPU 改性沥青的微观抗变形性能随着 C_h 的增大显著提高，宏观表现为高温稳定性的逐步提高。而根据聚醚型 TPU 改性沥青的宏观高温性能随 C_h 增加的试验结果，与沥青微观力学特性 E 分布曲线展示的规律基本一致，两者具有良好的关联性。

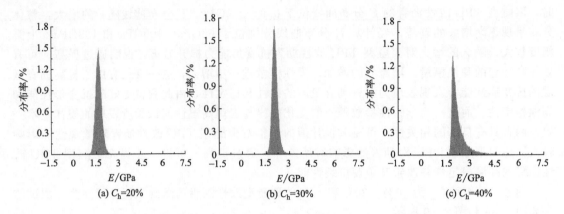

图 3.39　不同 C_h 的聚醚型 TPU 改性沥青 AFM 力学特性

由此可见，聚醚型和聚酯型 TPU 改性沥青的 AFM 微观形貌和力学特性与沥青宏观高温性能和抗变形能力联系紧密，可相互结合，对比分析两种 TPU 改性沥青的宏微观性能，并为两种 TPU 材料对沥青宏观高温性能产生的影响进行微观作用机理的分析和解释，为两种 TPU 改性沥青的微观表征和性能研究提供了新的依据和研究思路。

3.4　TPU 改性沥青的热性能研究

3.4.1　TG 测试

本小节采用了美国 TA 公司生产的 Q50 型热重分析仪进行测试，如图 3.40 所示。每个样品的质量为 3～5mg，从室温以 20℃/min 的速率升温至 800℃，以氮气（N₂）为保护气体。

差示扫描量热仪如图 3.41 所示。试验得到的聚酯型 TPU 与聚醚型 TPU 改性沥青的 TG 曲线如图 3.42 所示。从图 3.42（a）聚酯型 TPU 改性沥青可以看出，所有试样的 TG 曲线都呈现相似的失重特征，均只存在一次失重过程。对于聚酯型 TPU 改性沥青而言，在 0～240℃温度范围内，其质量几乎不发生变化。这表明在这个温度范围相对稳定，没有发生物质的分解；在 240～500℃时，质量逐渐减轻，这主要是沥青中的轻分子量逐渐溢出所致；500℃各沥青试样分解结束，TG 曲线逐渐趋于稳定。

图 3.40　热重分析仪

图 3.41　差示扫描量热仪

如图 3.42（b）所示，聚醚型 TPU 与聚酯型 TPU 改性沥青的质量损失随温度变化趋势具有相似性，由此说明，对于相同硬段结构的 TPU 沥青改性剂对基质沥青改性的本质原理具有相似性。但聚醚型 TPU 相比于聚酯型 TPU 改性沥青，其热分解温度要略低，热稳定性稍差，其在 0～200℃时，质量几乎不发生变化，在 200～300℃时，质量发生轻微变化；在 300～500℃时，质量损失最快；500℃之后，质量损失曲线趋于平缓。

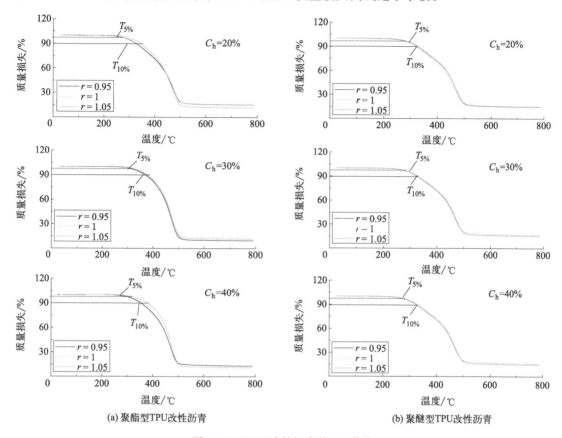

(a) 聚酯型TPU改性沥青　　　　　　　　　　　　(b) 聚醚型TPU改性沥青

图 3.42　TPU 改性沥青的 TG 曲线

由 TG 曲线得到的聚酯型 TPU 改性沥青的 $T_{5\%}$、$T_{10\%}$ 如表 3.7 所示。由表 3.7 可以看出，聚酯型 TPU 改性沥青的 $T_{5\%}$ 和 $T_{10\%}$ 均随 C_h 或 r 的增加而逐渐升高，这表明在聚酯型 TPU 沥青改性剂中，MDI 含量的增大可以有效提高其改性沥青的热稳定性。

表 3.7　聚酯型 TPU 改性沥青的 $T_{5\%}$ 和 $T_{10\%}$

$C_h/\%$	r	$T_{5\%}/℃$	$T_{10\%}/℃$	残碳量/%
20	0.95	297.4	327.5	15.23
	1	299.5	329.6	15.11
	1.05	317.38	343.8	11.68
30	0.95	337.8	368.9	9.58
	1	344.4	375.6	13.14
	1.05	348.8	378.3	11.48
40	0.95	333.7	363.8	13.01
	1	345.5	376.9	10.95
	1.05	349.2	378.8	11.27

由 TG 曲线得到的聚醚型 TPU 改性沥青的 $T_{5\%}$、$T_{10\%}$ 如表 3.8 所示。聚醚型 TPU 的 $T_{5\%}$ 和 $T_{10\%}$ 结果与聚酯型 TPU 改性沥青的变化趋势相同，由此证明所合成 TPU 沥青改性

剂中的 MDI 含量是影响改性沥青高温稳定性的重要因素。聚酯型 TPU 沥青改性剂的热分解温度明显优于聚醚型 TPU 沥青改性剂的热分解温度。

表 3.8   聚醚型 TPU 改性沥青的 $T_{5\%}$ 和 $T_{10\%}$

C_h/%	r	$T_{5\%}$/℃	$T_{10\%}$/℃	残碳量/%
20	0.95	282.9	321.2	14.36
	1	291.4	322.3	14.63
	1.05	294.6	323.4	16.07
30	0.95	285.3	323.3	13.87
	1	291.2	325.1	16.66
	1.05	293.8	326.9	16.11
40	0.95	292.3	327.1	14.78
	1	294.7	327.3	15.59
	1.05	299.11	327.7	14.99

3.4.2   DSC 测试

本小节采用美国公司生产的 Q20 型差示扫描量热仪，对 TPU 改性沥青的热流曲线进行测试。由于样品的质量要求为（5±1）mg，故采用 1/10000g 天平称重。以氮气（N_2）作为保护气体，将样品从室温以 10℃/min 加热到 130℃，恒温 2min，然后以 10℃/min 降温至 0℃，再恒温 1min，随后以 10℃/min 升温至 150℃，得到试样的热流曲线。通过 DSC 测试结果分析玻璃化转变，通过 TPU 改性沥青的 DSC 测试曲线可以得到玻璃化转变温度（T_g），T_g 的确定方法如图 3.43 所示。

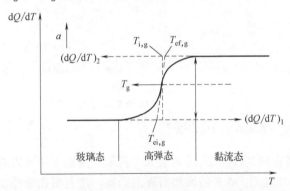

图 3.43   DSC 测试曲线中玻璃化转变温度的测试原理

在小节中，测试玻璃化转变温度（T_g）采用的方法如图 3.43 所示，为等距法确定的玻璃化转变温度 $T_{1/2g}$。其中，$T_{i,g}$ 表示拐点法；a 表示吸热；dQ/dt 表示热流速率；T_g 表示玻璃化转变温度；T 表示温度；$(dQ/dt)_1$ 表示热流率低于 T_g；$T_{ei,g}$ 表示玻璃化转变的起始温度；$(dQ/dt)_2$ 表示热流率高于 T_g；$T_{ef,g}$ 表示玻璃化转变的终止温度。

沥青的分子量一般不会超过 6000，由于分子量较小，因此分子间的联系较弱，在力的作用下难以维持原态。而且沥青是种复杂的混合物，发生形态变化时往往不在同一温度。从 T_g 的大小可以看出沥青中饱和分与沥青质的比例分配，饱和分越多，沥青质越少，则 T_g 越低，而 T_g 能够反映整个玻璃态转变区域的平均情况，因此部分选取 T_g 进行玻璃化转变分析，目的是考察聚氨酯改性剂的设计参数对沥青热性能的影响。

随温度的升高，聚酯型与聚醚型 TPU 改性沥青均开始吸热，DSC 试验曲线上出现了峰值，说明链段开始运动，随温度继续升高，材料开始熔融，说明所有改性沥青的相态均发生了改变。沥青是由多种繁杂成分组成的物质，不同成分具有不同的相态转变温度、峰值大小和温度区间。从热特理论解释，温度致使沥青中不同的分子和分子结构的各组成部分的聚集态从玻璃态转化为橡胶态，最后成为黏流态。由图 3.44（a）聚酯型 TPU 改性沥青的 DSC 曲线可以看出，当 C_h=20% 和 C_h=30% 时，熔融区域有两个不规则强峰出现。第一个峰出现的原因是硬段结晶不完全，也就是说，材料的硬段微区排列不整齐，使内部的氢键及内聚力下降，因此会先熔融，而后是晶型整齐的区域开始熔融。DSC 试验曲线上的吸（放）热峰代表沥青的聚集状态，即固态和液态的比例。在聚集状态下，峰值越大，表示反应越剧烈，即热稳定性越差。对比图 3.44（a）和图 3.44（b）的 DSC 曲线可明显看出，聚醚型 TPU 改性沥青的峰面积略大于聚酯型 TPU 改性沥青的峰面积，表明聚酯型 TPU 改性沥青的高温稳定性较聚醚型 TPU 改性沥青的高温稳定性有所提高，但两者高温稳定性相似，这与热重分析结果一致。

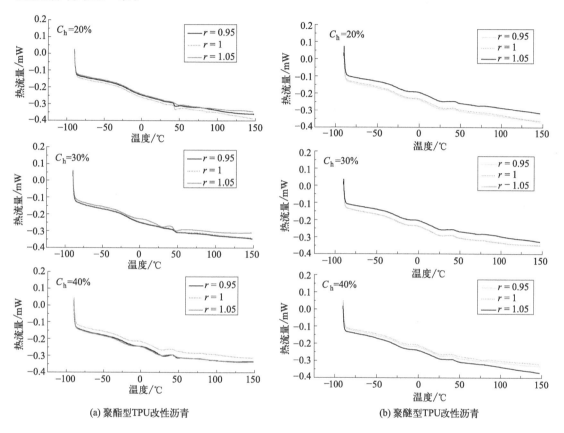

(a) 聚酯型TPU改性沥青   (b) 聚醚型TPU改性沥青

图 3.44   TPU 改性沥青的 DSC 曲线

在高温环境下，沥青各组分会由固态转化为液态或者在低温环境下由液态转化为固态的温度称为 T_g，T_g 代表的是沥青流动性的参量。T_g 具有明确的物理意义，它表示高分子链开始运动的温度，T_g 越小，则表明沥青开始流动的温度越低。DSC 试验能够得到沥青在设定温度范围内的热量改变量，同时可以根据 DSC 试验曲线相较基线的偏差定性地评价沥青的热稳定性能。为此，本章采用等距法确定玻璃化转变温度 $T_{1/2g}$。

实质上，玻璃化转变就是沥青中分子链断裂的现象，沥青在 T_g 以上的表现为黏弹性质，而在 T_g 以下表现为脆断性质。尽管聚酯型 TPU 改性沥青与聚醚型 TPU 改性沥青的吸热峰峰形相似，但两者的玻璃化转变温度变化趋势存在明显差异性。如图 3.45 所示，对于聚酯型 TPU 改性沥青，当 C_h 一定时，随 r 的增大，T_g 逐渐升高；当 r 一定时，随着 C_h 的增大，T_g 同样随之升高，其原因是聚酯型 TPU 中硬段组分 MDI 的主链由饱和单键结构的高聚物构成，其分子链可以固定单键进行内旋转，随 MDI 含量的增大，基质沥青侧链取代基的位阻增加，分子链内旋转受阻碍程度增加，使 T_g 逐渐升高。而聚醚型 TPU 改性沥青，当 C_h 一定时，随 r 的增大，T_g 先降低再升高；当 r 一定时，随着 C_h 的增大，T_g 变化则无明显规律性。这是由于相较于聚酯多元醇，聚醚多元醇链段具有较大的柔顺性，在 r 小于等于 1，C_h 不大于 40％时，聚醚多元醇的加入可以有效抵消 MDI 链段的刚性，提高沥青的黏弹性，从而改善沥青的低温性能。

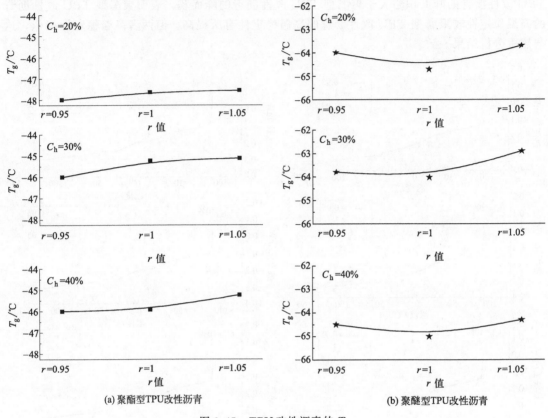

(a) 聚酯型TPU改性沥青　　　　　(b) 聚醚型TPU改性沥青

图 3.45　TPU 改性沥青的 T_g

3.5　本章小结

本章探究了 TPU 改性沥青的制备工艺，分别以改性剂掺量、软段结构、C_h 和 r 作为考察因素，并基于《公路沥青路面施工技术规范》（JTG F40—2004）和 SHRP 指标，分析了 TPU 合成参数的 TPU 对沥青胶结料路用性能影响。通过多种测试分析手段，对 TPU 改性沥青的化学官能团、微观性能以及热性能方面进行了分析，得到的结论如下。

① 采用正交设计以及灰色关联度分析得到 TPU 改性沥青的适宜制备工艺为：当 T_1 和 T_2 分别为 145℃和 150℃；t_1 和 t_2 分别为 1h 和 0.5h；S_1 和 S_2 分别为 3000r/min 和 3000r/min。

② 通过沥青性能试验研究得出，聚酯型 TPU 掺量从 1％增加至 7％时，针入度增加范围为 3％～75％；延度增加范围则为 -35％～300％；而软化点增幅范围为 0～35％。当聚醚型 TPU 掺量从 1％提高到 7％时，其改性沥青的软化点增加 -4％～27％；而针入度和延度分别增加了 -14％～69％和 2％～419％。两种 TPU 沥青改性剂掺量均为 5％时，改性沥青的性能试验结果最佳。

③ 聚酯型和聚醚型 TPU 中的异氰酸根均可以与基质沥青中如羟基、苯酚以及羧酸等活性官能团发生化学反应生成新的化合物，在改性沥青内部还伴随诸如 TPU 中的异氰酸酯和

多元醇反应形成氨基甲酸酯，异氰酸酯和芳香族化合物反应形成氢键。从改性剂在基质沥青中的分布形态及其微观结构分析发现，TPU 改性沥青未出现"离析"现象，说明 TPU 沥青改性剂在基质沥青中均具有较好的储存稳定性。

④ 聚酯型 TPU 沥青改性剂的颗粒均匀分布于基质沥青中，聚酯型 TPU 分子之间的附着力远远大于沥青的渗透力，颗粒抱团游离在沥青中。而聚醚型 TPU 的有机分子链可以嵌入基质沥青层状结构中，这样可以促进聚醚型 TPU 的交联结构的形成，这种特殊的结构可提高沥青胶结料的耐低温性。另外，聚酯型 TPU 改性沥青的微观抗变形性能随着 C_h 的增大显著提高，宏观表现为高温稳定性的逐步提高。而根据聚醚型 TPU 改性沥青的宏观高温性能随 C_h 增加的试验结果，与沥青微观力学特性 E 分布曲线展示的规律基本一致，两者具有良好的关联性。

⑤ 聚酯型与聚醚型 TPU 改性沥青在热稳定性方面表现出相似性。聚酯型 TPU 的掺入增加了氢键的形成，从而降低了改性沥青的低温性能，而聚醚型 TPU 可以显著提高改性沥青的低温性能。TPU 沥青改性剂中 MDI 的含量是影响改性沥青高温稳定性的重要因素。综合考虑沥青的路用性能、微观形貌表征以及热性能分析，推荐 TPU 沥青改性剂的适宜掺量为 5%。

第 4 章

TPU改性沥青的流变特性

在第 3 章中，通过沥青常规性能试验得出了 TPU 改性沥青适宜的掺量，借助微观化学分析方法分析了 TPU 改性沥青的微观结构与热性能的变化趋势，并揭示了 TPU 改性沥青内部发生的化学反应机理。然而，由于聚合物改性沥青的化学结构复杂，开展流变特性研究是掌握黏弹性材料性能的重要手段，对沥青胶结料的路用性能具有重大影响[268]。沥青路面的疲劳破坏主要发生在沥青胶结料上，而沥青胶结料自身具有一定自愈合能力，对沥青疲劳及自愈合性能研究能够更真实地模拟沥青路面在实际使用过程中的损伤和自修复演变规律，从而为基于流变特性的 TPU 改性沥青性能评价提供理论依据。为此，本章通过高、低温流变特性、黏弹性主曲线及抗永久变形能力分析不同类型 TPU 改性沥青的流变特性，利用动态剪切流变仪（DSR）对 TPU 改性沥青胶结料进行时间、温度、频率扫描，以期深入地分析更宽温度和加载频率范围内 TPU 改性沥青的疲劳自愈合特性，提高 TPU 改性沥青疲劳失效判定标准的准确性，明确 TPU 沥青改性剂的材料性能参数。

4.1 TPU 改性沥青的高、低温流变特性

4.1.1 高温流变特性

本小节利用动态剪切流变仪，在温度扫描模式下进行 DSR 试验。其中，加载频率为 10rad/s，控制应变模式为 12%，试验温度为 46～82℃，每次间隔的测试温度为 6℃。通过车辙因子（$G^*/\sin\delta$）评价 TPU 改性沥青的高温性能。

沥青胶结料的高温流变特性与沥青混合料的抗车辙性能密切相关。而车辙因子（$G^*/\sin\delta$）是反映沥青胶结料抗车辙性能的特征指标[269]。

TPU 改性沥青的温度扫描试验结果如图 4.1 所示。由图 4.1 可以看出，随着温度从 46℃升高至 64℃，聚酯型和聚醚型 TPU 改性沥青的 $G^*/\sin\delta$ 均在起始阶段迅速下降，随着温度升高，温度曲线趋于平缓。当 C_h 为 40% 时，聚酯型和聚醚型 TPU 改性沥青的高温等级均能达到 76℃，并且聚酯型和聚醚型 TPU 改性沥青的 $G^*/\sin\delta$ 会随 r 的增大而逐渐增大，但当 C_h 小于 40% 时，聚酯型 TPU 改性沥青的 $G^*/\sin\delta$ 略高于聚醚型 TPU 改性沥青的 $G^*/\sin\delta$。综上表明，聚酯型与聚醚型 TPU 的加入均可以提高基质沥青的高温抗车辙性能，通过对比 TPU 沥青改性剂的合成参数发现，在提高 TPU 改性沥青的高温性能方面，C_h 的作用优于 r 的作用。这主要是因为 MDI 含量增大会提高改性沥青的结晶度，从而改善

改性沥青的高温流变特性。因此，当C_h达到40%时，聚酯型与聚醚型TPU的改性沥青在中、高温条件下的$G^*/\sin\delta$均得到较好的改善。

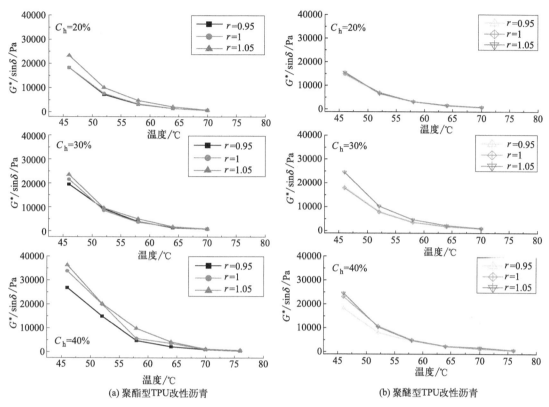

(a) 聚酯型TPU改性沥青　　　　　　　(b) 聚醚型TPU改性沥青

图4.1　不同TPU改性沥青的DSR测试结果

4.1.2　低温流变特性

本小节介绍弯曲梁流变（BBR）试验，测试温度为−14～−34℃，利用试验得到的劲度模量（S）和蠕变速率（m）对TPU改性沥青的低温性能进行评价。

聚酯型TPU改性沥青的BBR测试结果如图4.2所示。在温度由−16℃降至−34℃时，聚酯型TPU改性沥青的S随着温度的降低而迅速升高。而在−10～−16℃温度范围内，聚酯型TPU改性沥青的S逐渐趋于平缓。

当C_h一定时，随着r的变化对聚酯型TPU改性沥青的S和m值的影响无规律性；而当r一定时，随着C_h增大，S增大，m值减小。这说明聚酯型TPU的C_h含量越高，改性沥青的低温抗裂性能越差。其原因是C_h的增加，聚酯型TPU的加入促使基质沥青内部有更多的氢键形成。结合DSC测试结果可知，聚酯型TPU改性沥青的玻璃化转变温度逐渐升高，改性体系的分子链刚度随着温度的下降而增强[270]，材料的抗低温性能变弱。上述分析表明，聚酯型TPU改性沥青随着C_h的增加其低温性能受到影响。

聚醚型TPU改性沥青的BBR测试结果如图4.3所示。结果表明，聚醚型TPU改性沥青与聚酯型TPU改性沥青的变化趋势相似。在−16～−34℃温度范围内，所有样品的S均随温度的降低而迅速增大，而在−10～−16℃温度范围内逐渐趋于稳定。

当C_h一定时，随r的增加S呈现先增大后减小的变化规律，然而，m值并不受C_h与r的影响。由此可知，疲劳破坏后，聚醚型TPU改性沥青的低温延性和自愈能力均有所提

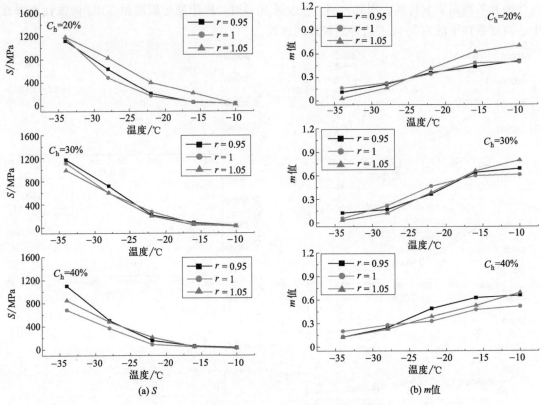

图 4.2   聚酯型 TPU 改性沥青的 BBR 测试结果

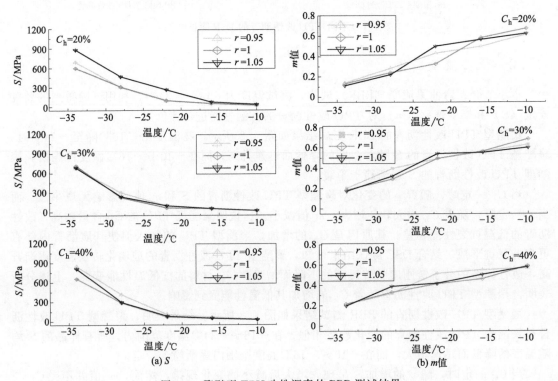

图 4.3   聚醚型 TPU 改性沥青的 BBR 测试结果

高。当$r=1$时，改性沥青内部的 TPU 沥青改性剂可以有效地吸收并分散所承受的外力，最大限度地防止改性沥青因外力而发生变形，具有显著增强基质沥青抗低温开裂的作用。其原因是聚醚型 TPU 改性沥青的玻璃化转变温度受C_h增加的影响有限。聚醚多元醇的分子结构有别于聚酯多元醇，聚醚多元醇有利于减少分子间的相互作用，提高分子链的柔性，尽管C_h增加，氢键形成数量也会增多，但醚基可以抵消C_h增加和软段含量减少对低温流变性能的负面影响，提高沥青的黏弹性，从而改善沥青的低温性能。因此，在低温下聚醚型 TPU 改性沥青比聚酯型 TPU 改性沥青具有更为优异的低温流变特性。

以 60s 为间隔，分别对聚酯型与聚醚型 TPU 的改性沥青的S和m值进行线性回归，得到改性沥青的临界温度$T_{L,S}$和$T_{L,m}$。其中$T_{L,S}$和$T_{L,m}$分别代表$S=300$MPa 及$m=0.3$时确定的低温临界温度。根据时温等效原则，低温失效温度需在$S \leqslant 300$MPa 且$m \geqslant 0.3$的条件下得到低温等级温度$T_{L,C}$的基础上再减去 10℃。不同温度下聚酯型与聚醚型 TPU 改性沥青的S和m值随温度变化关系的线性回归如图 4.4 和图 4.5 所示。

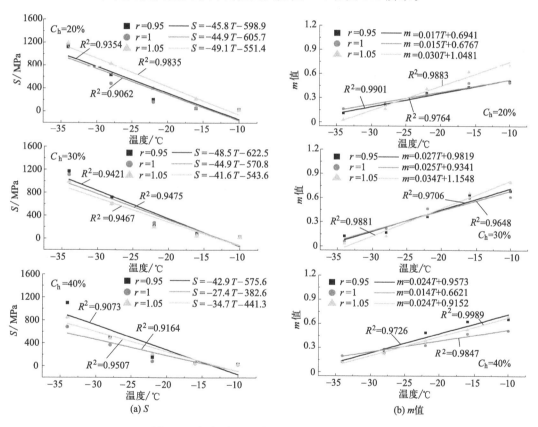

图 4.4　聚酯型 TPU 的 T-S 和 T-m 拟合曲线

对比图 4.4（a）和图 4.4（b）发现，聚酯型 TPU 改性沥青的S随着温度的降低而增加，表明降低温度将提高聚酯型 TPU 改性沥青的黏度。随着温度的降低，改性沥青的m值会降低，说明温度的降低削弱了改性沥青的应力松弛能力。S相同时，m值越大越好。因此当C_h和r增大时，沥青的低温抗裂性能降低；反之，当聚酯型 TPU 的软段含量增加，沥青的低温抗裂性能提高。不同掺和比的聚酯型 TPU 改性沥青的$S(y)$、$m(y)$和$T(x)$的回归系数R^2均大于 0.9，体现了三者之间的线性相关性良好。由表 4.1 可知，本书中不同C_h和r的聚酯型 TPU 改性沥青低温 PG 等级均由m值的临界温度决定。

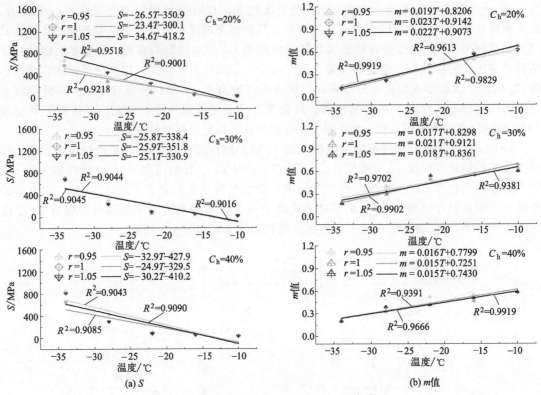

图 4.5 聚醚型 TPU 的 T-S 和 T-m 拟合曲线

表 4.1 聚酯型 TPU 的 $T_{L,s}$、$T_{L,m}$ 与 $T_{L,c}$ 之间的关系

$C_h/\%$	r	$T_{L,s}/\text{℃}$	$T_{L,m}/\text{℃}$	$T_{L,c}/\text{℃}$
20	0.95	−20	−23	−33
	1	−20	−25	−35
	1.05	−17	−25	−35
30	0.95	−19	−25	−35
	1	−20	−25	−35
	1.05	−20	−25	−35
30	0.95	−20	−27	−37
	1	−25	−26	−36
	1.05	−21	−26	−36

由图 4.5（a）和图 4.5（b）可以看出，聚醚型 TPU 改性沥青的 S 和 m 值变化趋势与聚酯型 TPU 改性沥青相同。但与聚酯型 TPU 改性沥青相比，随着 C_h 和 r 的增大，聚醚型 TPU 改性沥青的 S 和 m 值变化相对平缓，这表明聚醚多元醇可以有效抵消 C_h 增大对改性沥青耐低温性能的负面影响。不同 C_h 和 r 的聚醚型 TPU 改性沥青的 $S(y)$、$m(y)$ 和 $T(x)$ 的回归系数 R^2 也大于 0.9，说明三者之间具有良好的线性相关性。由表 4.2 可以看出，本书中聚醚型 TPU 改性沥青的低温等级也由 m 值的临界温度决定。

表 4.2 聚醚型 TPU 的 $T_{L,s}$、$T_{L,m}$ 与 $T_{L,c}$ 之间的关系

$C_h/\%$	r	$T_{L,s}/\text{℃}$	$T_{L,m}/\text{℃}$	$T_{L,c}/\text{℃}$
20	0.95	−25	−27	−37
	1	−26	−27	−37
	1.05	−21	−28	−38
30	0.95	−25	−31	−41
	1	−25	−29	−39
	1.05	−25	−30	−40
30	0.95	−22	−30	−40
	1	−25	−30	−40
	1.05	−24	−30	−40

4.1.3　PG分级

美国战略公路研究计划（SHRP）所提出的沥青PG分级，不仅可测定改性沥青高温抗车辙性能，还能模拟改性沥青的低温抗开裂性能。基于DSR与BBR试验的测试结果，并遵循美国《Superpave沥青胶结料规范》中PG分级的方法（$G^*/\sin\delta \geqslant 1\text{kPa}$，$S \leqslant 300\text{MPa}$，$m \geqslant 0.3$），对聚酯型与聚醚型TPU改性沥青进行PG分级，结果见表4.3和表4.4。

表4.3　聚酯型TPU改性沥青的PG分级

$C_h/\%$	r	PG分级	$G^*/\sin\delta/\text{kPa}$	S/MPa	m
20	0.95	64-22	1.530	204	0.359
	1	64-22	1.556	163	0.340
	1.05	64-16	1.703	214	0.412
30	0.95	64-22	1.314	216	0.364
	1	64-22	1.615	272	0.464
	1.05	64-22	1.756	199	0.386
40	0.95	70-22	1.015	156	0.489
	1	70-22	1.080	85.3	0.328
	1.05	70-22	1.197	212	0.387

从表4.3和表4.4可以看出，MDI含量越高，改性沥青的高温性能越好。当$C_h = 40\%$、$r=1$时，聚酯型TPU改性沥青的PG等级最优；而当$C_h = 40\%$、$r=1.05$时，聚醚型TPU改性沥青的PG等级最优。对比发现，相同条件下聚醚型TPU与聚酯型TPU改性沥青的高温等级相同，但聚醚型TPU改性沥青低温等级更为优异。

表4.4　聚醚型TPU改性沥青的PG分级

$C_h/\%$	r	PG分级	$G^*/\sin\delta/\text{kPa}$	S/MPa	m
20	0.95	64-22	1.450	93	0.432
	1	64-22	1.483	97.8	0.327
	1.05	64-22	1.585	263	0.501
30	0.95	64-28	1.005	300	0.397
	1	64-22	1.172	67.6	0.494
	1.05	64-28	1.594	241	0.323
40	0.95	70-22	1.001	106	0.320
	1	70-28	1.015	290	0.330
	1.05	70-28	1.094	297	0.388

由表4.5可见，自制聚醚型TPU的PG分级最优，且价格相比较于星型苯乙烯-丁二烯-苯乙烯（SBS）改性剂降低约35%，自制聚酯型TPU的价格最便宜。综合考虑提高沥青的高、低温性能推荐TPU沥青改性剂的合成参数：软段结构为PTMEG，$C_h = 40\%$，$r=1.05$。

表4.5　添加不同改性剂的沥青PG分级

改性剂种类	改性剂价格/(万元/t)	改性剂掺量/%	PG分级
星型苯乙烯-丁二烯-苯乙烯（SBS）	2.6	5	70-24
线型苯乙烯-丁二烯-苯乙烯（SBS）	2.3	5	64-18
自制聚酯型TPU	1.65	5	70-22
自制聚醚型TPU	1.7	5	70-28

4.2　TPU改性沥青的黏弹性主曲线

沥青在线黏弹性范围内作为一种典型的热流变学材料[271]，对温度、时间的敏感性，不能单单依靠车辙因子（$G^*/\sin\delta$）、疲劳因子（$G^*\sin\delta$）等已有的性能指标，还需要建立黏弹性主曲线来进行宽温宽频的全面分析。

4.2.1 Black 曲线的构建及分析

由频率扫描试验得到不同温度下的相位角（δ）和复数剪切模量（G^*）构建出的曲线被称为 Black 曲线。Black 曲线具体是指 δ 随 G^* 变化的曲线，通常应用于具有复杂黏弹特性的材料，是一种无须对试验数据进行复杂而烦琐的运算处理便可直观获得的简便方法，若 Black 曲线为平滑的曲线，表明此种流变学材料符合时温等效原则[272]。本小节根据聚酯型与聚醚型 TPU 频率扫描试验结果，通过 Black 曲线对不同温度下的 G^* 和 δ 试验结果进行分析，得到不同 C_h 和 r 的聚酯型与聚醚型 TPU 改性沥青的 Black 曲线，如图 4.6 和图 4.7 所示。对比图 4.6 和图 4.7 可以发现，聚酯型与聚醚型 TPU 改性沥青的 Black 曲线均表现出标准平滑的趋势，由此表明聚酯型与聚醚型 TPU 改性沥青均适用于时温等效原理。

聚醚型与聚酯型 TPU 改性沥青相比具有更小的 δ。聚醚型 TPU 沥青改性剂为基质沥青提供更高的弹性，同时对变形时间的依赖性相对更小，表明游离的—NCO 对改性沥青的黏弹性影响有限。当 C_h 一定时，随 r 的增大，聚酯型与聚醚型 TPU 改性沥青的 δ 基本无明显变化；但当 r 一定时，随 C_h 的增大，聚酯型 TPU 改性沥青的 δ 有增大的趋势，而聚醚型 TPU 改性沥青的 δ 则呈现变小的趋势。由此说明，对于聚酯型 TPU 改性沥青而言，随着 MDI 含量的增大，改性沥青 δ 变大，在荷载作用下的力学响应中弹性成分变少。而聚醚型 TPU 改性沥青的变化趋势与其相反，是由于聚醚多元醇可以抵消 MDI 含量增大所带来的弹性模量降低。聚醚型 TPU 比聚酯型 TPU 含有更高比例的芳香酚和轻质组分，更有利于与基质沥青形成高黏度的内部空间网络结构，进而提高 TPU 改性沥青胶结料的力学响应行为。

4.2.2 G^* 主曲线的构建及分析

利用时温等效原理，将其他温度获取的复数剪切模量向该温度进行平移，获得的光滑曲线为动态模量主曲线，反映了更宽频率范围内的沥青流变特性[273]。低频对应着高温，此处对应的复数剪切模量称为平衡态复数剪切模量（G_e^*），反映了材料的高温抗变形性能[274~276]；而另一侧高频处对应着低温，相应的复数剪切模量称为玻璃态复数剪切模量（G_g^*），反映了沥青材料的低温抗变形性能。对各图的左右两端数据进行采集，获取聚酯型 TPU 与聚醚型 TPU 改性沥青的 G_e^* 和 G_g^*，如图 4.8 和图 4.9 所示。

由图 4.8 (a) 可知，聚酯型 TPU 改性沥青的 $r=0.95$ 时，改性沥青的 G_e^* 为 2.17Pa，而 G_g^* 为 410654.55Pa；当 $r=1$ 时，改性沥青的 G_e^* 为 2.25Pa，而 G_g^* 为 439459.28Pa；当 $r=1.05$ 时，改性沥青的 G_e^* 为 2.37Pa，G_g^* 为 486243.92Pa。说明随着 r 的提高，对应改性沥青的 G_e^* 增加，高温抗变形性能增加，同时 G_g^* 也增加，低温抗形变能力也在增加，这说明 r 的提高使沥青具有更好的抗形变能力，但较高的 G_g^* 可能会使沥青在低温环境中蠕变性能减弱，从而影响低温性能。

由图 4.8 (b) 可知，$r=0.95$ 时，TPU 改性沥青的 G_e^* 为 2.59Pa，G_g^* 为 588837.79Pa；当 $r=1$ 时，TPU 改性沥青的 G_e^* 为 1.92Pa，而 G_g^* 为 547003.29Pa；$r=1.05$ 时，TPU 改性沥青的 G_e^* 为 0.74Pa，G_g^* 为 421622.62Pa，TPU 改性沥青的 G_g^* 随 r 增加的变化规律与图 4.8 (a) 一致，而 G_e^* 呈现相反的规律。

对比图 4.8 (b) 与图 4.8 (a) 可知，C_h 增加，聚酯型 TPU 改性沥青的 G_e^* 和 G_g^* 有所增加，说明改性沥青的抗变形性能提高，而随着 r 的提高，改性沥青的蠕变性能有所提高。

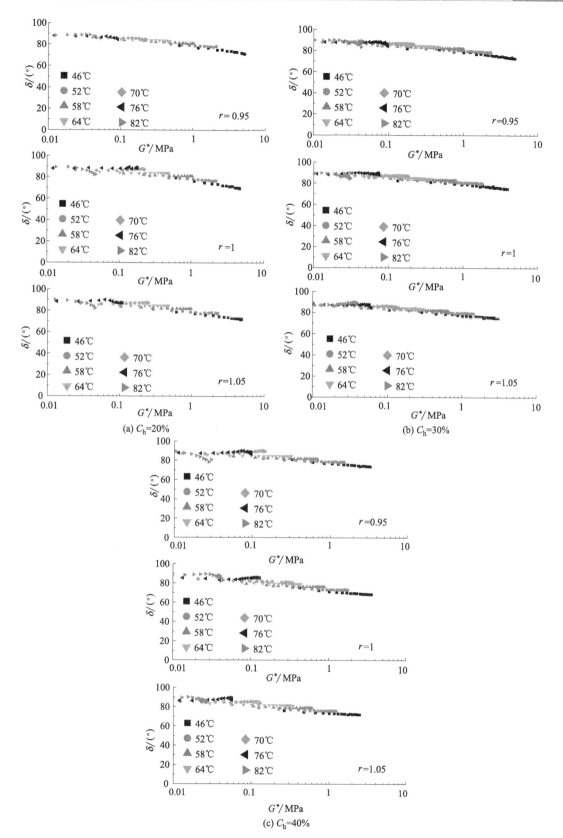

图 4.6   聚酯型 TPU 改性沥青的 Black 曲线

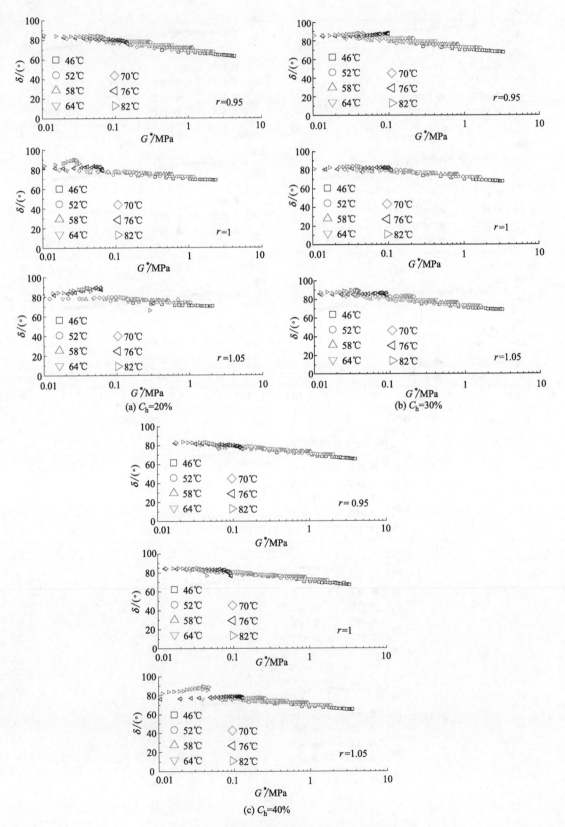

图 4.7　聚醚型 TPU 改性沥青的 Black 曲线

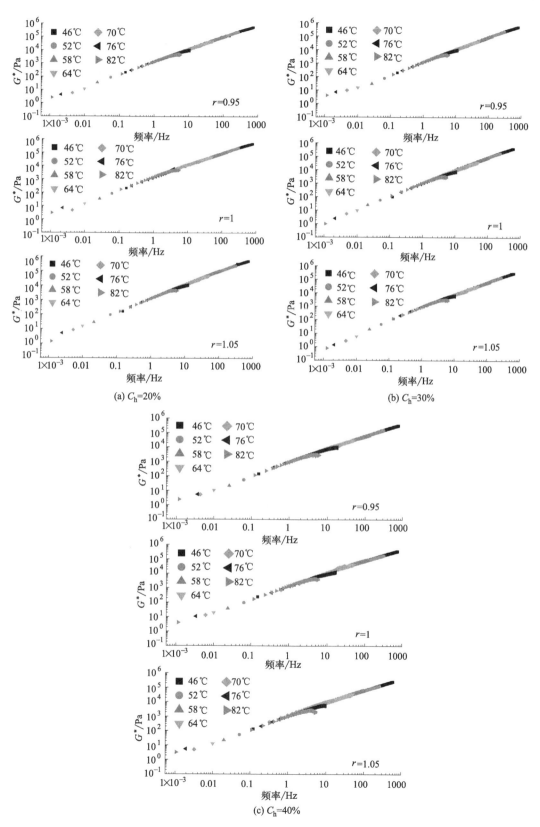

图 4.8　聚酯型 TPU 改性沥青的 G^* 主曲线

由图 4.8 (c) 可知，$r=0.95$ 时，聚酯型 TPU 改性沥青的 G_e^* 为 2.23Pa，G_g^* 为 645074.10Pa；$r=1$ 时，G_e^* 为 3.71Pa，而 G_g^* 为 667349Pa；$r=1.05$ 时，G_e^* 为 10.31Pa，而 G_g^* 为 636315.74Pa。可以发现，随着 r 的提高，G_e^* 逐渐提高，这说明聚酯型 TPU 改性沥青的高温抗变形性能增加，而 G_g^* 先增加后减小，说明其低温抗变形性能先提高后降低。对比图 4.8 (c) 和图 4.8 (b) 可以发现，G_e^* 和 G_g^* 均随着 C_h 的增加而增大，说明 C_h 提高有助于改善沥青的高低温抗变形能力，但这一变化可能会对沥青的低温蠕变性能产生不利影响。

如图 4.9 所示为聚醚型 TPU 改性沥青的复数模量主曲线，其中图 4.9 (a)～(c) 的 C_h 分别为 20%、30% 和 40%。

如图 4.9 (a) 所示，当 $r=0.95$ 时，聚醚型 TPU 改性沥青的 G_e^* 为 2.97Pa，G_g^* 为 464708.12Pa；$r=1$ 时，聚醚型 TPU 改性沥青的 G_e^* 为 5.31Pa，G_g^* 为 257413.75Pa；当 $r=1.05$ 时，聚醚型 TPU 改性沥青的 G_e^* 为 10.34Pa，G_g^* 为 198326.44Pa。可见，随着 r 增加，聚醚型 TPU 改性沥青的 G_e^* 显著增加同时 G_g^* 减小，这说明改性沥青的高温抗变形能力提高，同时其低温抗变形性能减弱，沥青的弹性降低，相应的塑性提高，沥青低温蠕变性能得以改善。

图 4.9 (b) 中，当 $r=0.95$ 时，聚醚型 TPU 改性沥青的 G_e^* 为 3.47Pa，G_g^* 为 402714.81Pa；当 $r=1$ 时，聚醚型 TPU 改性沥青的 G_e^* 为 11.61Pa，G_g^* 为 358921.36Pa；当 $r=1.05$ 时，聚醚型 TPU 改性沥青的 G_e^* 为 2.96Pa，G_g^* 为 323593.66Pa。随着 r 增加，聚醚型 TPU 改性沥青的 G_e^* 先增大后减小，而 G_g^* 逐渐减小。

图 4.9 (b) 相较于图 4.9 (a)，C_h 增加后改性沥青的 G_e^* 增加，说明沥青高温抗变形性能力增强，这与先前的试验结果是一致的。

图 4.9 (c) 中，当 $r=0.95$ 时，聚醚型 TPU 改性沥青的 G_e^* 为 4.18Pa，G_g^* 为 387192.36Pa；当 $r=1$ 时，聚醚型 TPU 改性沥青的 G_e^* 为 2.76Pa，G_g^* 为 377944.63Pa；当 $r=1.05$ 时，聚醚型 TPU 改性沥青的 G_e^* 为 15.9Pa，G_g^* 为 330891.06Pa。总体看聚醚型 TPU 改性沥青的 G_e^* 继续增加，而 G_g^* 变化幅度较小，这说明 C_h 持续增加会进一步提高沥青的高温抗变形能力，而对其低温性能的影响降低。由此可见，聚醚型 TPU 改性沥青的高温抗变形性能与聚酯型 TPU 改性沥青接近，同时具有较好的低温性能。

CA 模型是描述黏弹性流体的本构关系的模型，相较于 CASB 模型与 Power Law 模型适用范围更广泛，通常用于复合改性沥青和绝大多数的改性沥青主曲线的拟合，可以在动态剪切作用下建立能够描述沥青材料复数模量的模型，与流变数据的关联度高。

可以通过玻璃态复数剪切模量（G_g^*）与无量纲参数（k）的变化评价沥青的低温流变特性和黏性。以 46℃ 作为参考温度，将其余温度获取的 G^* 向该温度进行平移，获得的光滑曲线为 G^* 主曲线，反映了更宽频率范围内的沥青流变特性[277]。低频对应着高温，此处对应的复数剪切模量称为平衡态复数剪切模量（G_e^*），以此来反映材料的抗变形性能，而另一侧高频处对应着低温，相应的复数剪切模量称为 G_g^*，其中 G_g^* 反映了沥青材料的低温抗变形性能。采用 CA 模型对主曲线进行拟合，可以获得交叉频率（f_c），该参数反映了弹性区域与流变区域的转变频率，其值越大说明沥青低温性能越好[278]。对各沥青试样主曲线数据进行拟合，结果如图 4.10 和图 4.11 所示，采用的 CA 模型公式为

$$G^* = \frac{G_g^*}{\left[1+\left(\dfrac{f_c}{f}\right)^k\right]^{\frac{1}{k}}} \tag{4.1}$$

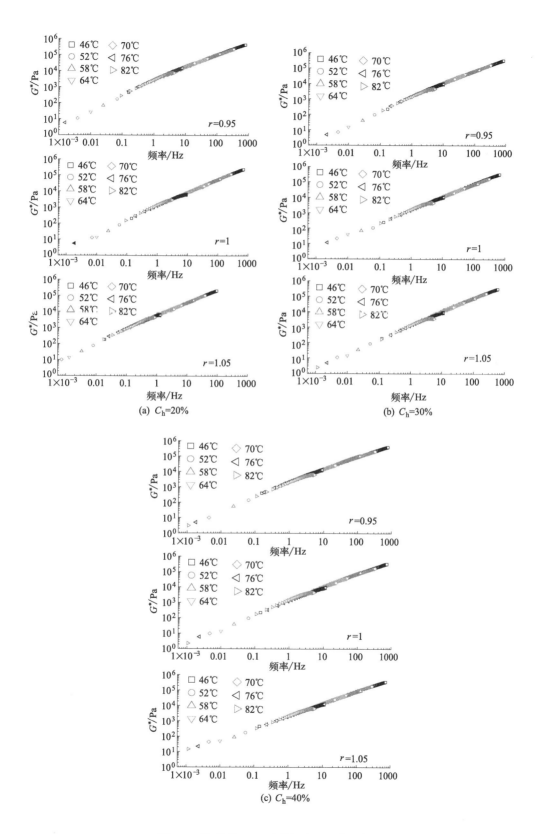

(a) C_h=20%

(b) C_h=30%

(c) C_h=40%

图 4.9　聚醚型 TPU 改性沥青的 G^* 主曲线

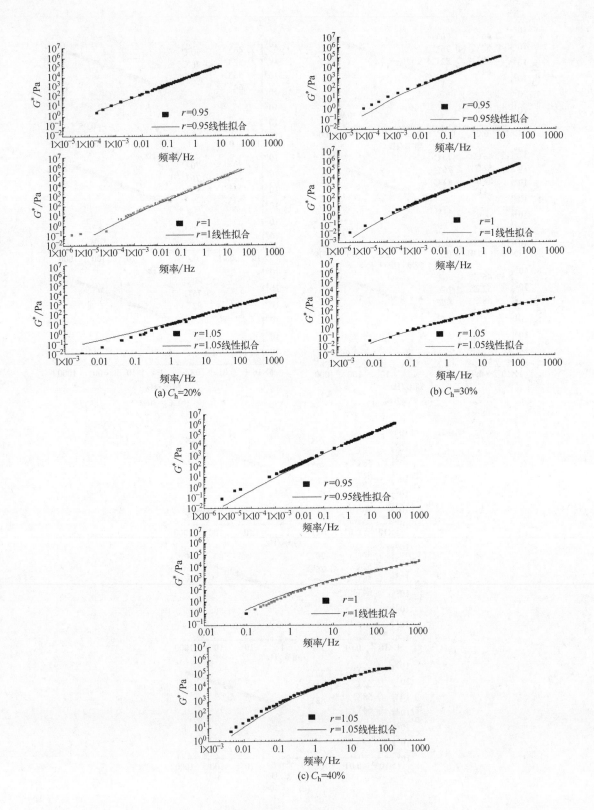

(a) C_h=20%   (b) C_h=30%

(c) C_h=40%

图 4.10   聚酯型 TPU 改性沥青的 G^* 主曲线拟合

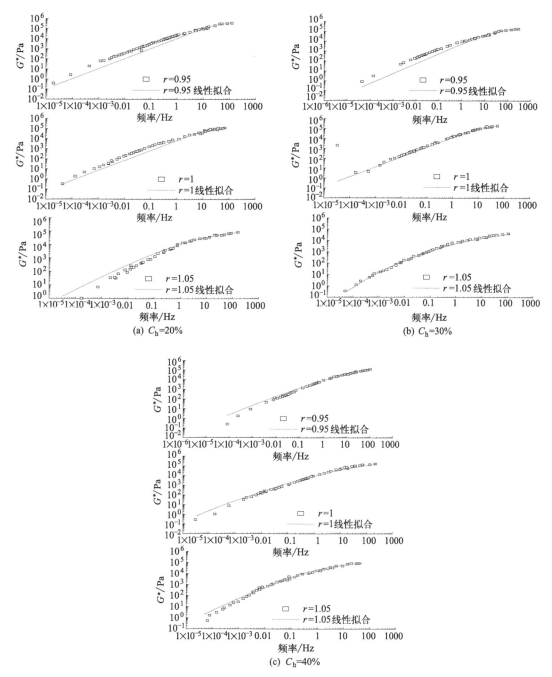

图 4.11　聚醚型 TPU 改性沥青的 G^* 主曲线拟合

由图 4.10（a）可知，聚酯型 TPU 的 $r=0.95$ 时，聚酯型 TPU 改性沥青的 f_c 为 2.17，而 G_g^* 为 410.51；当 $r=1$ 时，f_c 为 2.25，而 G_g^* 为 439.31；当 $r=1.05$ 时，f_c 为 2.37，G_g^* 为 486.47。随着 r 的提高，对应聚酯型 TPU 改性沥青的 f_c 增加，抗变形性能提高同时 G_g^* 增加，低温抗形变能力也在提高，这说明 r 的提高使沥青具有更好的抗形变能力，但较高的 G_g^* 可能会使沥青在低温环境中蠕变性能减弱，从而影响低温性能。

由图 4.10（b）可知，当 $r=0.95$ 时，聚酯型 TPU 改性沥青的 f_c 为 1.96，G_g^* 为

588.58；当 $r=1$ 时，聚酯型 TPU 改性沥青的 f_c 为 1.83，而 G_g^* 为 547.35；当 $r=1.05$ 时，聚酯型 TPU 改性沥青的 f_c 为 0.63，f_c 为 392.23。不同 r 的聚酯型 TPU 沥青 G_g^* 随 r 增加的变化规律均一致，f_c 呈现相反的规律。对比图 4.10（b）与图 4.10（a）可知，C_h 增大，聚酯型 TPU 沥青的 f_c 和 G_g^* 有所增加，说明沥青的抗变形性能提高，而 r 的提高，沥青的蠕变性能有所提高。

由图 4.10（c）可知，当 $r=0.95$ 时，聚酯型 TPU 改性沥青的 f_c 为 2.17，G_g^* 为 645.58；当 $r=1$ 时，f_c 为 3.52，而 G_g^* 为 768.39；当 $r=1.05$ 时，f_c 为 101.22，G_g^* 为 1023.15。可以发现，随着 r 的提高，f_c 逐渐提高，这说明聚酯型 TPU 改性沥青的低温抗变形性能增加，而 G_g^* 先增加后减小，说明其低温抗变形性能先增加后减小。对比图 4.10（c）和图 4.10（b）可以发现，f_c 和 G_g^* 均随着 C_h 的增加而增大，说明聚酯型 TPU 的 C_h 提高有助于改善基质沥青抗变形能力，但这种变化可能会对沥青的低温蠕变性能产生不利影响。

如图 4.11 所示为聚醚型 TPU 改性沥青的 G^* 主曲线。图 4.11（a）中，当 $r=0.95$ 时，f_c 为 2.97，G_g^* 为 1079.82；当 $r=1$ 时，f_c 为 5.31，G_g^* 为 754.53；当 $r=1.05$ 时，f_c 为 11.72，G_g^* 为 983.96。由此可见，随着 r 的增加，聚醚型 TPU 改性沥青的 f_c 显著增加，同时 G_g^* 减小，这说明沥青的抗变形能力提高，同时其低温抗变形性能减弱，沥青的弹性降低，相应的塑性提高，沥青低温蠕变性能得以改善，这种变化相较于聚醚型 TPU 改性沥青，其高低温性能均得到改善。

图 4.11（b）中，当 $r=0.95$ 时，f_c 为 4.53，G_g^* 为 985.87；当 $r=1$ 时，f_c 为 6.92，G_g^* 为 589.62；当 $r=1.05$ 时，f_c 为 3.49，G_g^* 为 323.76。随着 r 增加，f_c 先增大后减小，而 G_g^* 逐渐减小；图 4.11（b）相较于图 4.11（a），C_h 增加后聚醚型 TPU 沥青的 f_c 增加，说明沥青抗变形性能增强，这与先前的试验结果是一致的。图 4.11（c）中，当 $r=0.95$ 时，f_c 为 3.69，G_g^* 为 1293.62；当 $r=1$ 时，f_c 为 3.67，G_g^* 为 944.93；当 $r=1.05$ 时，f_c 为 15.92，G_g^* 为 891.06。总体看 f_c 继续增加，而 G_g^* 变化幅度较小，这说明聚醚型 TPU 改性沥青的 C_h 持续增加会进一步提高基质沥青的抗变形能力，而对其低温性能的影响降低。由此可见，聚醚型 TPU 改性沥青的抗变形能力要强于聚酯型 TPU 改性沥青的抗变形性能力，同时聚醚型 TPU 改性沥青具有较好的低温性能。

综上所述，随着 r 和 C_h 的增加，聚酯型与聚醚型 TPU 改性沥青的抗变形能力均有所提高，而低温性能的变化不具有明显的规律性。综合比较得出，聚醚型 TPU 改性沥青的高、低温性能更好，相较于聚酯型 TPU 改性沥青，其在低温环境中具有较好的蠕变性能与抗变形性能。

4.3 TPU 改性沥青的抗永久变形能力

采用 DSR 对 TPU 改性沥青进行多应力蠕变试验。按照美国 AASHTO MP 19-10（2013）测试标准进行，在 DSR 的应力-恢复模式下，经 RTFOT 短期老化后，TPU 改性沥青试样先进行了 1s 加载，然后卸载时间为 9s，此时控制整个试验温度恒定在 64℃。在试验过程中时，对试样施加 1.0kPa 的应力，重复循环 10 次。再将应力升至 3.2kPa，继续重复循环 10 次。测得应变恢复比率（R）和不可恢复蠕变柔量（J_{nr}）。除了不可恢复蠕变柔量和应变恢复比率之外，应力敏感度也是一个描述 MSCR 测试结果的重要参数，分别可用应变恢复比率和不可恢复蠕变柔量的相对差值，即 R_{diff} 和 $J_{nr-diff}$ 来描述，见式（4.2）和式（4.3）。

$$R_{\text{diff}}=\frac{R_{0.1}-R_{3.3}}{R_{0.1}}\times100\% \tag{4.2}$$

$$J_{\text{nr-diff}}=\frac{J_{\text{nr},3.2}-J_{\text{nr},0.1}}{J_{\text{nr},0.1}}\times100\% \tag{4.3}$$

4.3.1 MSCR 测试

如图 4.12 所示为 0.1kPa 和 3.2kPa 剪应力下聚酯型与聚醚型 TPU 改性沥青的 MSCR 试验结果。采用旋转薄膜烘箱试验（RTFOT）模拟施工过程中的短期老化过程，根据 AASHTOT240 对 TPU 改性沥青试件进行短期老化，并根据 64℃时应变曲线获得试件的抗永久变形性能。

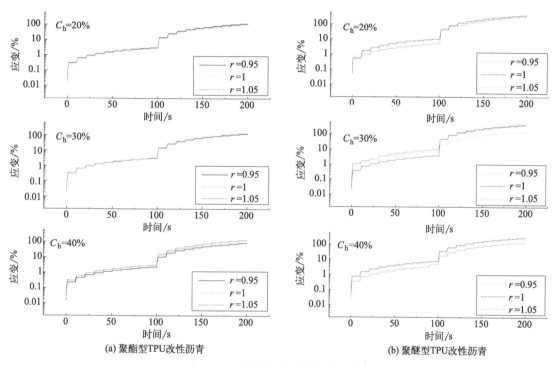

(a) 聚酯型TPU改性沥青   (b) 聚醚型TPU改性沥青

图 4.12 64℃时间不可恢复应变曲线

聚酯型 TPU 改性沥青的变化趋势与聚醚型 TPU 改性沥青的变化趋势一致。当 C_h 一定时，随着 r 值从 0.95 增大到 1.05，不可恢复应变先增大后减小。当 r 值相同时，不可恢复应变随着 C_h 的增加逐渐减小，C_h 达到 40%，当 r 为 1.05 时不可恢复应变最小。

MSCR 检验结果与 DSR 检验结果具有较好的一致性。$J_{\text{nr},0.1}$（表示在试验加载应力为 0.1kPa 时的不可恢复柔量）和 $J_{\text{nr},3.2}$（表示在试验加载应力为 3.2kPa 时的不可恢复柔量）的对比如图 4.13 和图 4.14 所示。通过计算整理 R 和 J_{nr} 发现，当 C_h 一定时，r 从 0.95 增至 1.05 时，聚酯型 TPU 改性沥青和聚醚型 TPU 改性沥青的 R 均呈现先增加然后再减少的变化趋势。由此表明，对于硬质段为 MDI 型的 TPU 改性沥青，MDI 含量的增加可以提高改性沥青的弹性恢复能力。当 NCO 与 OH 的摩尔比为 1 时，改性沥青的弹性恢复能力最好。与聚酯型 TPU 改性沥青相比，当 r 一定时，聚醚型 TPU 改性沥青的 R 随着 C_h 的增加而逐渐增大，这是由于聚醚型 TPU 沥青改性剂内部拥有更多的弹性成分，所以可以更显著地提高基质沥青的抗永久变形能力。

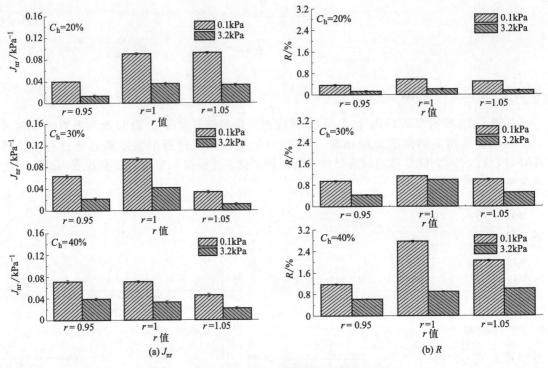

图 4.13 聚酯型 TPU 改性沥青的 MSCR 评价

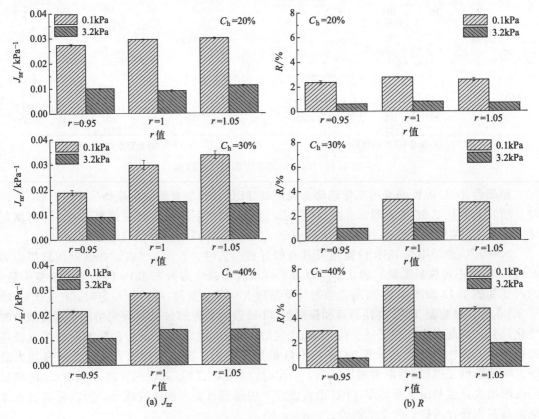

图 4.14 聚醚型 TPU 改性沥青的 MSCR 评价

聚酯型与聚醚型 TPU 改性沥青的总体变化趋势一致。不可恢复蠕变柔量随 C_h 的增加而降低，说明 TPU 中 MDI 含量的增加使改性沥青的抗高温永久变形能力增强。而当 C_h 一定时，随 r 的增大，聚酯型 TPU 改性沥青的不可恢复蠕变柔量先增大后减小；而聚醚型 TPU 改性沥青的不可恢复蠕变柔量则逐渐增大。

聚醚型 TPU 改性沥青的不可恢复蠕变柔量明显高于聚酯型 TPU 改性沥青，说明软段由聚醚多元醇构成的 TPU 改性剂对基质沥青的弹性恢复能力明显优于软段由聚酯多元醇构成的 TPU 沥青改性剂。综上可知，聚醚型 TPU 改性沥青拥有更为优异的抗永久变形性能。

4.3.2 应力敏感性变化规律

如图 4.15 和图 4.16 所示为不同类型 TPU 沥青改性剂对 R_{diff}、$J_{nr\text{-}diff}$ 的影响规律。可以看出，所有改性沥青样品的 R_{diff} 和 $J_{nr\text{-}diff}$ 值均小于等于 75%，符合 AASHTOMP19-10 的标准要求。当 C_h 一定时，聚酯型和聚醚型 TPU 改性沥青的 R_{diff} 和 $J_{nr\text{-}diff}$ 随 r 值的变化波动不大。而在 r 值不变时，R_{diff} 和 $J_{nr\text{-}diff}$ 随着 C_h 的增加呈下降趋势。聚酯型 TPU 改性沥青的 R_{diff} 和 $J_{nr\text{-}diff}$ 最小，此时，C_h 值为 40%，r 为 0.95。当聚醚型 TPU 改性沥青的 C_h 达到 40%，r 为 1 时，R_{diff} 和 $J_{nr\text{-}diff}$ 最小，表明应力敏感性最小，线黏弹性更显著。聚醚型 TPU 改性沥青的 R_{dif} f 和 $J_{nr\text{-}diff}$ 均大于聚酯型 TPU 改性沥青，说明聚醚型 TPU 的加入能更有效地降低基质沥青的应力敏感性。

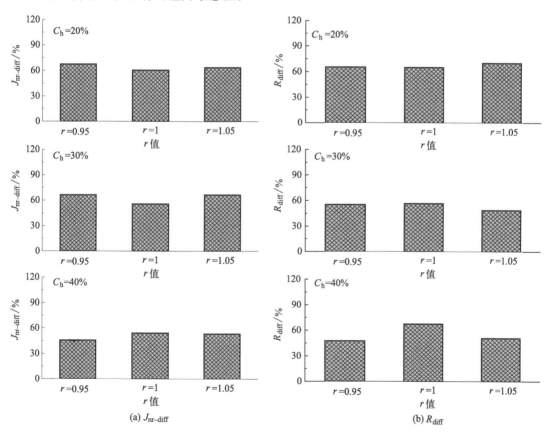

(a) $J_{nr\text{-}diff}$ (b) R_{diff}

图 4.15 聚酯型 TPU 改性沥青应力敏感性变化规律

综上可知，当 C_h 为 40%、r 为 1 时，聚酯型 TPU 改性沥青的 PG 等级最优；而当 C_h 达到 40%，r 为 1.05 时，聚醚型 TPU 改性沥青的 PG 等级最优。结合 TPU 改性沥青路用性能测试结果，得到 TPU 沥青改性剂的适宜掺量为 5%，其主要设计参数为：软段结构为 PTMEG，C_h 为 40%，$r=1.05$。沥青路面的疲劳破坏主要发生在沥青胶结料上，开展疲劳性研究有助于全面分析和客观评价沥青胶结料的疲劳破坏指标。目前，沥青胶结料的疲劳性研究大多集中在用表象法进行宏观性能分析，忽略了对沥青胶结料疲劳破坏指标的适用性进行研究。实质上，沥青胶结料的疲劳破坏属于一种复杂的演化过程，由于不同种类的改性沥青内部化学结构各异，因此现有关于沥青胶结料的疲劳失效标准都应根据改性沥青的种类进行重新评估，以此来提高改性沥青疲劳失效判定标准的可靠度。

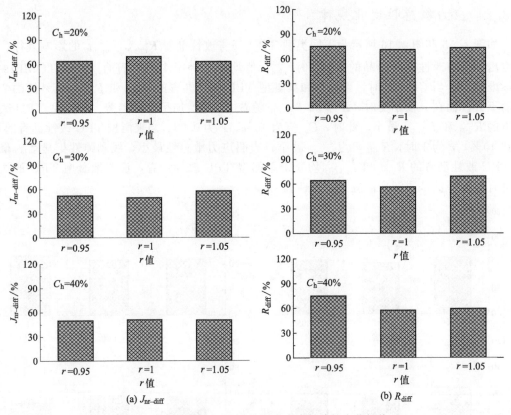

(a) $J_{nr\text{-}diff}$ (b) R_{diff}

图 4.16 聚醚型 TPU 改性沥青应力敏感性变化规律

4.4 TPU 改性沥青的疲劳性能

4.4.1 TPU 改性沥青疲劳破坏指标

4.4.1.1 疲劳因子与疲劳失效温度

在沥青路面使用的中后期，往往沥青胶结料存在一定程度的老化，此时的路面极易产生破坏疲劳现象。为了真实模拟沥青胶结料在施工储存与长期使用过程产生的破坏疲劳现象，需先将沥青试样经过旋转薄膜烘箱试验（RTFOT）后，再经过压力老化试验（PAV）。本小节借助 DSR 对 PAV 后 TPU 改性沥青进行温度扫描测试，其中测试温度为 18～30℃，频率为 10rad/s。

沥青是一种典型的黏弹性材料，疲劳因子（$G^* \sin\delta$）可以反映沥青在剪切过程中的热量（由于沥青内部摩擦）散失量。其中，$G^* \sin\delta$ 越小，在一定载荷条件下，材料的热量损失率越慢，其疲劳性能越佳。王淋等[279] 研究发现，当 $G^* \sin\delta$ 为 5MPa 时，所对应的疲劳破坏温度（T_F）可用作评价改性沥青的疲劳性能指标，T_F 越大，沥青的疲劳性能越差。鉴于此，本小节采用 $G^* \sin\delta$ 与 T_F 作为评价 TPU 改性沥青的疲劳性能指标。

聚酯型与聚醚型 TPU 改性沥青的温度扫描试验结果如图 4.17 所示。聚酯型与聚醚型 TPU 改性沥青的黏弹特性与温度具有相关性，$G^* \sin\delta$ 均随温度的升高呈现下降的趋势，而抗疲劳性能逐渐增强。在所测试的温度范围内，聚酯型与聚醚型 TPU 改性沥青均随 C_h 和 r 的增大而逐渐增大，其中，C_h 对 $G^* \sin\delta$ 的影响效果更为明显。本小节将 25℃对应的 $G^* \sin\delta$ 和 $G^* \sin\delta$ 达到 5MPa 时对应的 T_F 作为 TPU 改性沥青疲劳性能的评定指标。对于聚酯型 TPU 改性沥青，当 C_h 为 20%、r 为 0.95 时，$G^* \sin\delta$ 最大，其抗疲劳性能最差；而当 C_h 为 40%、r 为 1.05 时，$G^* \sin\delta$ 最小，其抗疲劳性能最优。聚醚型 TPU 改性沥青的抗疲劳性能变化趋势与聚酯型 TPU 改性沥青相同。但聚醚型 TPU 改性沥青的抗疲劳性能明显优于聚酯型 TPU 改性沥青。

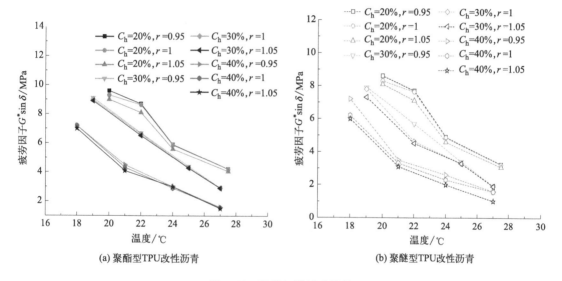

(a) 聚酯型TPU改性沥青   (b) 聚醚型TPU改性沥青

图 4.17   温度扫描试验结果

4.4.1.2 复数剪切模量（G^*）

采用 DSR 在 25℃下沥青试样进行应变扫描试验，以此来确定 TPU 改性沥青的线黏弹范围，用于后续确定时间扫描试验的应变荷载控制水平。如图 4.18（a）和图 4.18（b）所示分别为聚酯型 TPU 和聚醚型 TPU 在 C_h 为 20%~30%以及 r 分别为 0.95、1、1.05 时的应变扫描结果。应变荷载控制水平的选取既要保证在改性沥青的线性黏弹范围交集内进行，又要尽可能避免出现剪切时间过长的问题。因此，对于聚酯型 TPU，当 C_h 为 20%和 30%时，应变荷载水平控制为 3%；当 C_h 为 40%时，应变荷载水平控制为 6%。而对于聚醚型 TPU，当 C_h 为 20%和 30%时，应变荷载水平控制为 6%；当 C_h 为 40%时，应变荷载水平控制为 10%。

试验采用 DSR 对 TPU 改性沥青进行应变控制模式下的时间扫描试验，试验温度设为 25℃，控制加载频率为 10Hz。通常疲劳破坏指标基于表象法和耗散能理论大体分为以下三类。

（1）复数剪切模量判定指标

将 G^* 进行归一化处理，据经验，选取归一化模量恰好下降至 0.5 时对应的荷载作用次数视作评判改性沥青疲劳寿命的指标，记为 N_{f50}[280]。

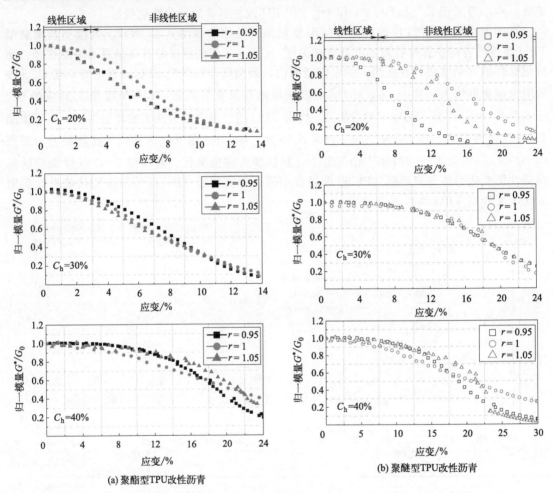

图 4.18   应变扫描试验结果

（2）累计耗散能比的判定指标

耗散能、累积耗散能和累积耗散能比的计算公式详见式（4.4）～式（4.6）。相关报道将累积耗散能比（DER-N）关系曲线偏移线性无损伤线 20% 时对应的荷载作用次数 N_{p20} 定义为沥青的疲劳寿命[281]，偏移量（d_1）计算见式（4.7）。在应变控制模式下，每次循环过程中，W_i 会逐渐减小，而 W_c/W_n 逐渐增大，DER 则逐渐上升且偏离无损伤线，由于其无反弯点现象，因此无法确定相应的 N_m。DER-N 曲线偏离无损伤线的幅度将随 N 的升高而进一步加大，在荷载剪切停止处作一条 DER-N 曲线的切线，切线与无损伤线交点处对应的荷载作用次数也可被定义为沥青的疲劳寿命，记为 N_2[282]。

$$W_i = \int \sigma(t) \frac{\mathrm{d}\varepsilon(t)}{\mathrm{d}t} = \pi \sigma_i \varepsilon_i \sin\delta_i \qquad (4.4)$$

$$W_c = \sum_{i=1}^{n} W_i \qquad (4.5)$$

$$\mathrm{DER} = \frac{\sum\limits_{i=1}^{n} W_i}{W_n} = \frac{W_c}{W_n} \tag{4.6}$$

$$d_1 = \frac{|N - \mathrm{DER}|}{N} \times 100\% \quad d_1 = 20\% \tag{4.7}$$

式中，σ 为应力值；ε 为应变值；δ 为相位角；W_i 是第 i 次加载过程中的耗散能；W_n 是第 n 次加载过程中的耗散能；i、n 为加载次数；W_c 为累积耗散能；DER 为累积耗散能比；$d_1 = 20\%$ 为偏移量。

（3）耗散能变化率作为判定指标

采用应变控制模式来确定本书试验沥青的疲劳寿命 N_{f50}。如图 4.19 所示为应变控制模式下，TPU 改性沥青试样的 G^*-N 关系曲线。由于沥青属于触变性材料，因此，在小范围内将首先发生 G^* 的快速下降。随着 N 的持续增加，G^*-N 关系曲线的疲劳演化过程为，沥青未产生疲劳损伤的初始适应阶段（G^* 无明显变化）；沥青内部微裂纹初现并逐渐缓慢发展、缓慢衰减阶段（G^* 开始缓慢下降）；沥青内部微裂纹逐渐发展成裂缝的急剧衰减阶段（G^* 发生骤降直至试件瞬间破坏）。

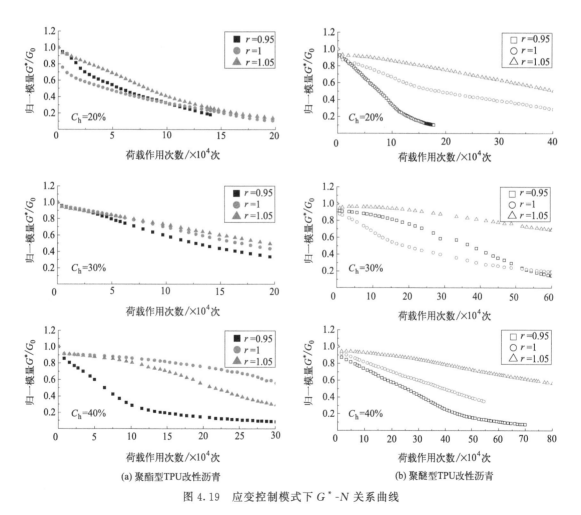

(a) 聚酯型TPU改性沥青   (b) 聚醚型TPU改性沥青

图 4.19   应变控制模式下 G^*-N 关系曲线

由图 4.19 可见，在疲劳损伤的初始适应阶段，聚酯型与聚醚型 TPU 改性沥青的 G^* 均

随着 N 的增加逐渐衰减。对于聚酯型 TPU 改性沥青，随 C_h 和 r 的增大，曲线进入快速发展阶段的速率明显放缓，衰减速率有所降低。由此表明，C_h 和 r 的增大可以有效缓解因 N 的增加而导致改性沥青的抗剪切变形能力降低，为了保持恒定的应变荷载控制水平，所受应力作用则会不断减小，因此不会出现明显破坏现象。但当 C_h 为 40% 时，随 r 的增大，G^* 呈现先上升后下降的变化趋势，是由于 NCO 与 OH 的摩尔比增大，使材料内部的氢键增加，从而提高了材料的刚度，在高应变下，弹性恢复能力变弱。聚醚型 TPU 改性沥青的 G^* 随 C_h 和 r 的增大而增大。对比聚酯型与聚醚型 TPU 改性沥青发现，聚酯型 TPU 改性沥青的 G^* 相对较高，其低温性能相对较差，低温环境下沥青之间的黏结能力较弱，因此，即使在较小应变荷载水平作用下也会呈现出急剧破坏现象。聚醚型 TPU 改性沥青的稳定阶段要比聚酯型 TPU 改性沥青的稳定阶段显著，由此表明，聚醚型 TPU 改性沥青的 G^*-N 关系曲线在荷载作用后期变化较为平稳。

（4）累积耗散能比

耗散能变化率 RDEC 计算见式（4.8），以 RDEC-N 关系曲线拐点处对应的荷载作用次数定义沥青疲劳寿命，记作 N_{fm}[283]。

$$RDEC = \frac{W_b - W_a}{W_a(b-a)} \qquad (4.8)$$

式中，RDEC 为耗散能变化率；W_a 为第 a 次加载循环中的耗散能；W_b 为第 b 次加载循环中的耗散能；a、b 分别为加载作用次数。

如图 4.20（a）和图 4.20（b）所示分别为聚酯型与聚醚型 TPU 改性沥青试样在应变控

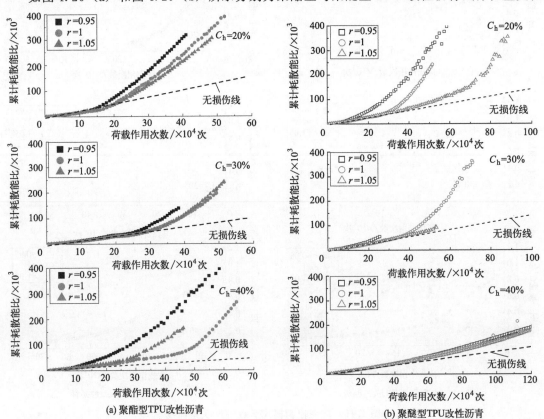

图 4.20   应变控制模式下 DER-N 关系曲线

制模式下的 DER-N 关系曲线。聚酯型与聚醚型 TPU 改性沥青在荷载作用初期的曲线均服从 DER$=N$ 这种线性关系；曲线随着 N 的增加逐渐偏离无损伤线；当 N 达到一定数值后，曲线的偏离程度则进一步提高。当 C_h 和 r 越小时，则改性沥青的 DER-N 关系曲线变化速率越快，出现转折点时对应的荷载作用次数越小；对比聚酯型与聚醚型 TPU 改性沥青发现，当 C_h 和 r 一定时，聚醚型 TPU 改性沥青的 DER-N 关系曲线变化速率更慢，此时曲线出现转折点时对应的荷载剪切次数更大。

将试验数据做进一步拟合处理，以期提高疲劳寿命评估的准确度。N_{p20} 可依据式（4.7）计算得到，为准确得到疲劳寿命 N_2，首先对 DER-N 关系曲线进行拟合，随后将拟合得到的表达式再次求导，得到一条曲线切线，此线与无损伤线交汇点处所对应的荷载作用次数可视为 N_2[284,285]。通过对聚酯型与聚醚型 TPU 改性沥青的 DER-N 关系曲线在应变控制模式下进行拟合发现，聚酯型与聚醚型 TPU 改性沥青的 DER 与 N 均服从 4 次多项式函数，且拟合系数均高达 0.9 以上。在 C_h 为 20%、r 为 0.95 时，分别以聚酯型和聚醚型 TPU 改性沥青为例，绘制应变控制模式下的数据拟合与相应的疲劳寿命求解过程，如图 4.21 所示。

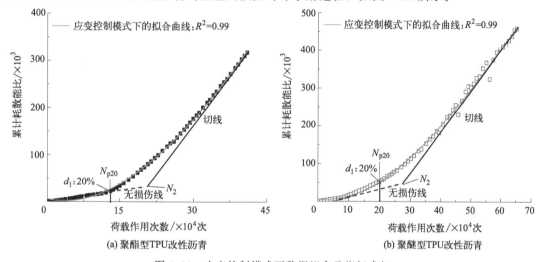

图 4.21   应变控制模式下数据拟合及指标求解

由图 4.21 可见，在应变控制模式下，从聚酯型和聚醚型 TPU 改性沥青的数据拟合与相应的疲劳寿命情况可以看出，聚醚型 TPU 改性沥青的荷载作用次数远大于聚酯型 TPU 改性沥青。

4.4.2   TPU 改性沥青的疲劳寿命评价

聚酯型和聚醚型 TPU 改性沥青在应变控制模式下，疲劳寿命指标 N_{f50}、N_{p20} 和 N_2 对聚酯型和聚醚型 TPU 改性沥青疲劳寿命的评价结果如图 4.22 所示。

聚酯型与聚醚型 TPU 改性沥青疲劳寿命均随 C_h 和 r 的增大而逐渐升高，对于聚酯型 TPU 改性沥青，当 C_h 一定时，随 r 的增大，沥青试样的疲劳寿命增加了 1%～5%；当 r 一定时，随着 C_h 的增大，沥青试样的疲劳寿命增加了 4%～35%。对于聚醚型 TPU 改性沥青，当 C_h 一定时，随 r 的增大，沥青试样的疲劳寿命增加了 2%～6%，当 r 一定时，随着 C_h 的增大沥青试样的疲劳寿命增加了 10%～46%。当 C_h 和 r 相同时，聚醚型 TPU 改性沥青的疲劳寿命是聚酯型 TPU 改性沥青的 2.8～3.1 倍。由此可知，TPU 改性沥青的抗疲劳寿命依赖于改性剂中 MDI 的含量，此外，相同 MDI 含量时，软段结构为 PTMG 的聚醚型 TPU 改性沥青的抗疲劳寿命明显优于软段结构为 PBA

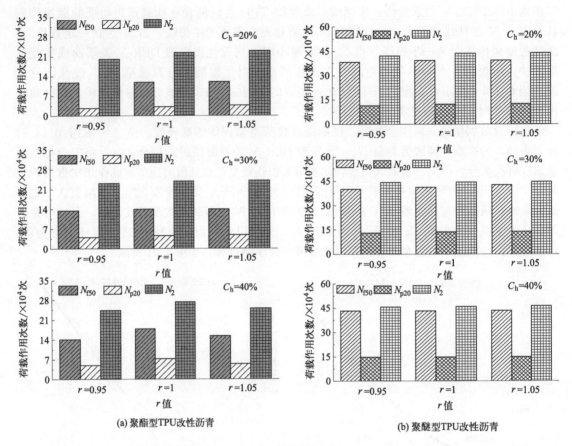

图 4.22 应变控制模式的疲劳寿命对比

的聚酯型 TPU 改性沥青。

由上述分析可知，在两种应变控制模式下，不同 C_h 和 r 的聚酯型与聚醚型 TPU 改性沥青的疲劳寿命排序存在很大差异，说明不同类型的改性沥青疲劳寿命依赖于应变控制模式。将聚酯型 TPU 与聚醚型 TPU 改性沥青在应变控制模式下的多种疲劳寿命进行排序，可知：$N_{p20} < N_{f50} < N_2$。

4.4.3 适用于 TPU 改性沥青的疲劳破坏指标分析

根据不同指标对应的 G^* 进行疲劳破坏指标的位置判定，结果分别见表 4.6 和表 4.7。由此可知，在应变控制模式下，聚酯型 TPU 改性沥青的 N_{p20} 产生于 G^* 衰减至初始值的 $55\% \sim 62\%$；而聚醚型 TPU 改性沥青的 N_{p20} 产生于 G^* 衰减至初始值的 $52\% \sim 56\%$，且随 C_h 和 r 的增大，聚酯型与聚醚型 TPU 的改性沥青衰减程度均逐渐减缓。对应于疲劳过程的快速发展阶段，聚酯型与聚醚型 TPU 改性沥青内部微裂纹逐渐发展。

聚酯型与聚醚型 TPU 改性沥青在应变控制模式下的 DER-N 关系曲线不会有明显的结束特征，曲线平稳地向后延伸，从曲线末端作切线确定的疲劳寿命 N_2 受试验停止时荷载作用次数影响较大，导致 N_2 数据波动范围较大，聚酯型 TPU 改性沥青产生于 G^* 衰减至初始值的 $37\% \sim 53\%$；聚醚型 TPU 改性沥青产生于 G^* 衰减至初始值的 $31\% \sim 73\%$，聚酯型与聚醚型 TPU 的改性沥青均难以固定对应的疲劳损伤区。

表 4.6 聚酯型 TPU 改性沥青的疲劳寿命判定指标结果与位置

C_h	r	疲劳寿命指标/$\times 10^4$ 次			位置判断/%		
		N_{f50}	N_{p20}	N_2	N_{f50}	N_{p20}	N_2
20	0.95	11.768	2.653	20.061	50	55	37
	1	11.935	3.215	22.319	50	55	37
	1.05	12.111	3.658	22.968	50	56	38
30	0.95	13.487	4.031	23.148	50	57	39
	1	13.985	4.587	23.879	50	57	39
	1.05	14.023	4.874	24.096	50	57	40
40	0.95	14.123	4.968	24.398	50	63	52
	1	17.869	7.329	27.358	50	64	53
	1.05	15.367	5.478	25.031	50	62	53

表 4.7 聚醚型 TPU 改性沥青的疲劳寿命判定指标结果与位置

C_h	r	疲劳寿命指标/$\times 10^4$ 次			位置判断/%		
		N_{f50}	N_{p20}	N_2	N_{f50}	N_{p20}	N_2
20	0.95	38.254	11.385	42.031	50	52	31
	1	39.256	12.314	43.624	50	52	30
	1.05	39.365	12.653	43.879	50	52	31
30	0.95	40.083	13.058	44.185	50	54	53
	1	41.235	13.632	44.321	50	54	53
	1.05	42.612	13.997	44.652	50	54	53
40	0.95	43.186	14.785	45.637	50	55	72
	1	43.215	14.969	45.936	50	56	73
	1.05	43.348	15.013	46.235	50	56	70

N_{f50} 对应于疲劳损伤的急剧衰减阶段，更贴近于聚酯型与聚醚型 TPU 改性沥青完全破坏寿命。分别以聚酯型与聚醚型 TPU 改性沥青为例，此时聚酯型与聚醚型 TPU 改性剂的 C_h 为 20%，r 为 0.95，应变控制模式下聚酯型与聚醚型 TPU 改性沥青疲劳寿命指标的典型位置如图 4.23 所示。

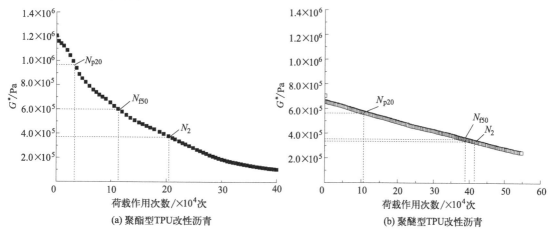

(a) 聚酯型TPU改性沥青   (b) 聚醚型TPU改性沥青

图 4.23 应变控制模式下疲劳寿命指标位置

综合上述疲劳破坏指标几何位置的判定与分析可知，不同 C_h 和 r 的聚酯型与聚醚型 TPU 改性沥青的 N_{f50} 和 N_{p20} 与 N_2 相比具有普适性。尽管如此，N_{p20} 却对应于疲劳损伤发展的第一、二阶段，而此时的改性沥青还可继续承受一定荷载下的剪切作用，因此不足以反映改性沥青的实际疲劳寿命。而通过进一步分析发现，疲劳破坏指标 N_{f50} 可以对应于改性沥青疲劳损伤演化过程的后期，可视为改性沥青疲劳损伤演化过程中第二阶段向第三阶段过渡的转折点，此时的改性沥青内部微裂纹不断扩展，甚至形成了宏观裂纹，贴近于沥青材料的完全疲劳破坏状态。因此，对于聚酯型与聚醚型 TPU 改性沥青疲劳寿命评价，采用 N_{f50} 更为准确。

4.4.4 TPU 改性沥青的自愈合性能研究

本小节通过 DSR 在时间扫描模式下进行 TPU 改性沥青疲劳愈合循环加载试验，分析不同 C_h 和 r 以及软段结构的改性沥青自愈合性能。平行板选 8mm，GAP 间距设为 2mm，应变为 5%，加载频率为 10Hz，其中试验结果取 3 次平行试验的平均值以消除试验误差。

鉴于目前自愈合评价指标尚未统一，自愈合评价指标（HI）应充分考虑间歇前后动态模量的下降速率与加载时间之间的关系，通过进行时间修正得到该指标[286]，其表达式为

$$HI = \frac{G_a^* - G_b^*}{G_0^* - G_b^*} \times \frac{t_1}{t_2} \tag{4.9}$$

式中，G_0^* 表示自愈合前的初始动态剪切模量，MPa；G_a^* 表示自愈合后的初始动态剪切模量，MPa；G_b^* 表示自愈合前的终止动态剪切模量，MPa。

为了揭示聚酯型与聚醚型 TPU 改性沥青愈合温度与愈合时间对自愈合效果与疲劳寿命的影响，分别对聚酯型与聚醚型 TPU 的改性沥青进行愈合温度为 20℃、40℃、60℃ 和 80℃，愈合时间为 10min、20min、40min 和 80min 的扫描试验。其中，以 HI 为自愈合度评价指标，N_{f50} 为疲劳寿命评价指标，分别以 C_h 为 20、r 为 0.95 的聚酯型和聚醚型 TPU 改性沥青为例，结果如图 4.24 和图 4.25 所示。

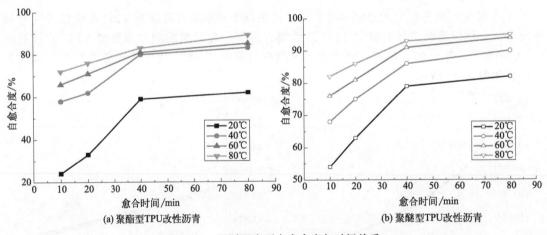

(a) 聚酯型TPU改性沥青   (b) 聚醚型TPU改性沥青

图 4.24   不同温度下自愈合度与时间关系

由图 4.24 可知，同等愈合时间下，随温度的升高，聚酯型 TPU 改性沥青的自愈合度提高。这是由于沥青的温度越高，其流动性越好，分子的无规则运动加剧，从而提高自愈合效果。温度由 20℃ 升到 40℃ 时，自愈合度明显提升，特别是愈合时间缩短，自愈合度提升了 2.9～3.9 倍。当温度为 40～80℃ 时，自愈合度提升的幅度明显减缓。聚醚型与聚酯型 TPU 改性沥青的变化趋势一致。

由图 4.25 可见，愈合时间的延长对聚酯型 TPU 改性沥青的自愈合度有促进作用，延长愈合时间对聚酯型 TPU 改性沥青的自愈合度有显著提升效果，但在愈合时间超过 40min 以后，再延长愈合时间对自愈合度的提升效果较低。

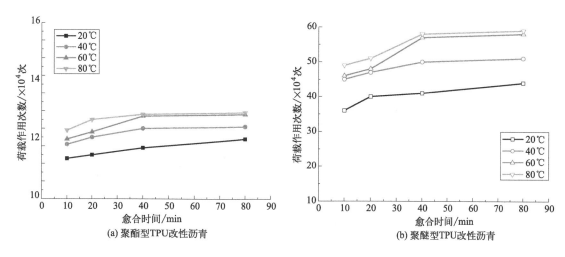

图 4.25　不同温度下愈合时间与疲劳寿命关系

聚醚型 TPU 改性沥青的变化趋势与聚酯型 TPU 改性沥青一致，但聚醚型 TPU 改性沥青的荷载作用次数明显高于聚酯型 TPU 改性沥青的荷载作用次数，由此表明，聚醚型 TPU 改性沥青的抗疲劳性能更为优异。

由图 4.26 和图 4.27 可见，聚酯型与聚醚型 TPU 改性沥青的自愈合度均随温度升高而提升，其原因是愈合温度越高，TPU 改性沥青内部分子的无规则运动越剧烈，从而使 TPU 改性沥青的流动性也越好。温度为 20～40℃时，聚酯型与聚醚型 TPU 改性沥青的自愈合度均提升得比较明显，在温度超过 40℃后，聚酯型与聚醚型 TPU 改性沥青的自愈合度增加幅度变缓。由表 4.3 可见，随着 C_h 和 r 的增大，聚酯型与聚醚型 TPU 改性沥青的自愈合度也会有一定程度的增大。

由图 4.28 和图 4.29 可见，聚酯型与聚醚型 TPU 改性沥青均表现出愈合温度越高、愈合时间越长，其疲劳寿命越长。这是由于试验初始动态模量相同，聚酯型与聚醚型 TPU 的改性沥青的疲劳寿命较长，其动态剪切模量降至 50％时的荷载作用次数较多。

根据上文分析，选择 40℃为最佳愈合温度，愈合时间为 20min，以动态剪切模量的降低程度表示改性沥青的损伤程度峰，分别分析原样沥青、短期老化和长期老化后的改性沥青当损伤程度为 20％、40％、50％、60％和 80％的自愈情况与疲劳寿命。

根据图 4.30 可知，聚酯型与聚醚型 TPU 改性沥青的变化趋势基本一致，同等老化程度下，随 r 的增大，自愈合度呈增大趋势，损伤程度超过 40％后，聚酯型 TPU 改性沥青的自愈合度呈明显下降趋势，而聚醚型 TPU 改性沥青的下降趋势相对平缓。对于聚醚型 TPU，当 C_h 为 40％时，改性沥青的自愈合能力最强。聚醚多元醇可以克服沥青胶结料由于损伤程度的增大而导致的沥青开裂与破坏加剧，聚醚多元醇中的弹性成分可以减少耗散能，以弥补分子的扩散导致重排列不及时，从而降低改性沥青的强度。

此外，老化程度越低，TPU 改性沥青的自愈合度越好，是由于老化后沥青的轻质组分流失、黏度增大，在受破坏时毛细作用减小，从而导致流动性变差，降低了自愈合能力[286,287]，但总体上老化程度对沥青的愈合程度的影响较小。

由图 4.31 可见，聚酯型与聚醚型 TPU 改性沥青的疲劳寿命变化趋势基本一致，改性沥青的疲劳寿命随老化时间的延长而降低，但老化前后改性沥青的疲劳寿命降低有限，这主要是由于聚酯型与聚醚型 TPU 沥青改性剂的合成是由异氰酸根与二元醇发生加成聚合反应，反应中过量的预聚体还能有与基质沥青中的脂族羧酸反应，反应分为两步，首先生成不

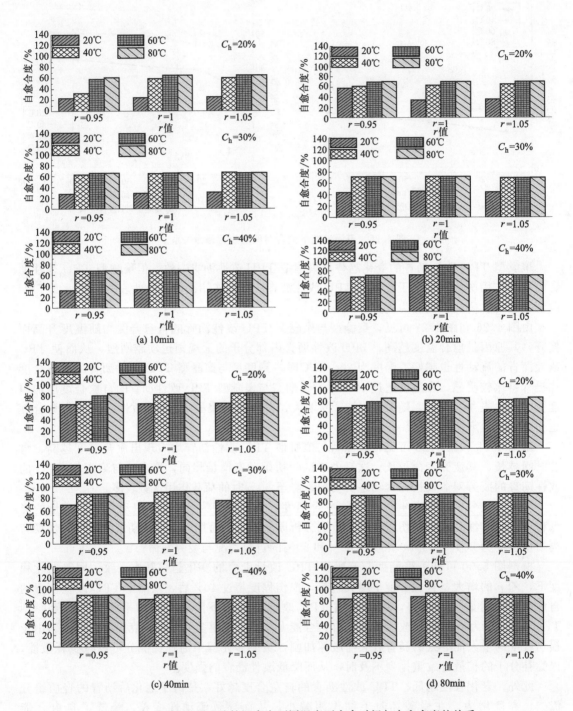

图 4.26　聚酯型 TPU 改性沥青在不同温度下愈合时间与自愈合度的关系

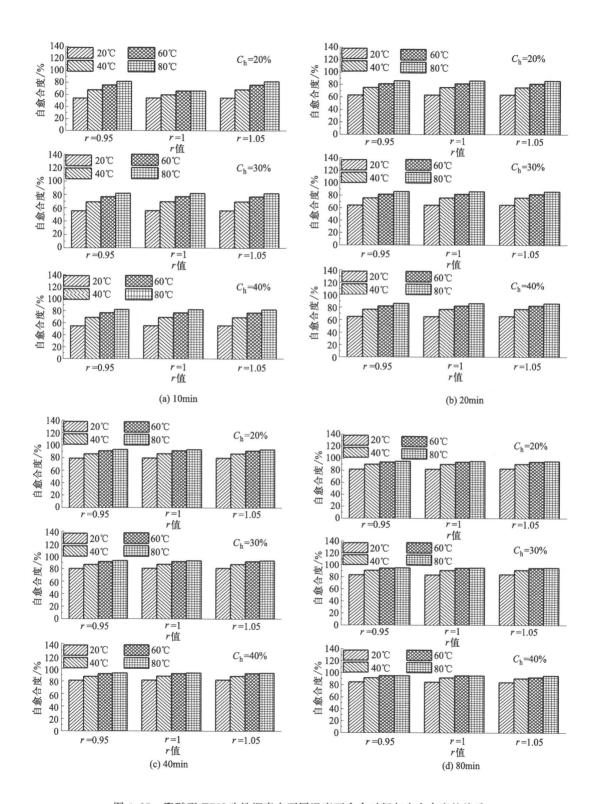

图 4.27　聚醚型 TPU 改性沥青在不同温度下愈合时间与自愈合度的关系

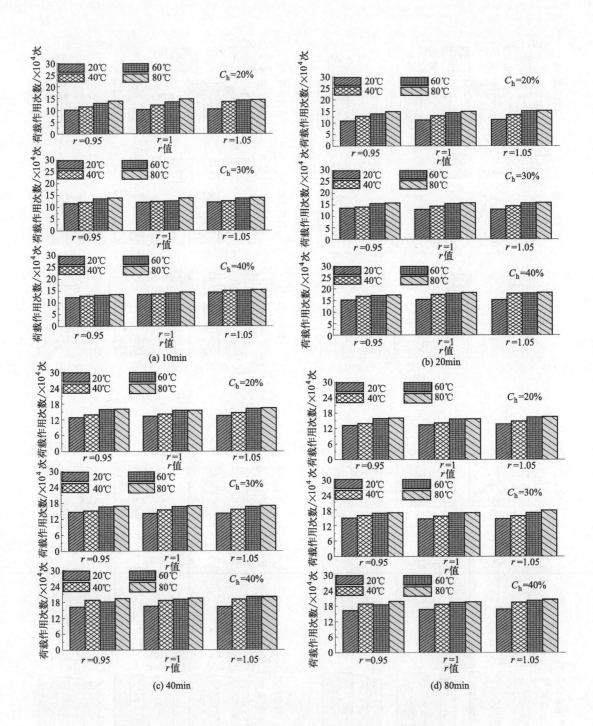

图 4.28 聚酯型 TPU 改性沥青不同温度下愈合时间与疲劳寿命的关系

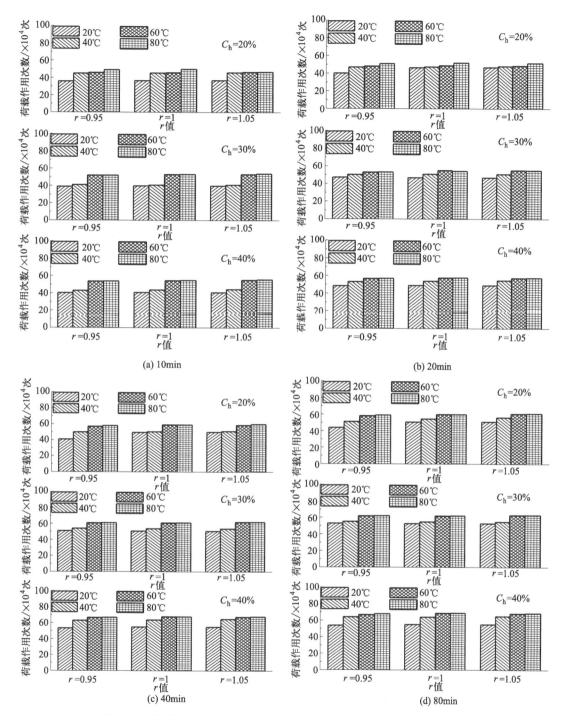

图 4.29　聚醚型 TPU 改性沥青不同温度下愈合时间与疲劳寿命的关系

稳定的酸酐，随后分解成酰胺和二氧化碳。异氰酸根与羧酸中芳香族化合物反应时，生成物极易分解成脲、羧酐和二氧化碳。此外，异氰酸根还能与酸酐反应生成酰亚胺。上述反应使 TPU 沥青改性剂具有优异的耐候性与抗老化性能。

为了探究 TPU 改性沥青自愈合性能的关键影响因素，本小节基于灰色关联度分析影响 TPU 改性沥青的疲劳及自愈合性能指标，分别以愈合温度、愈合时间、损伤程度、老化程

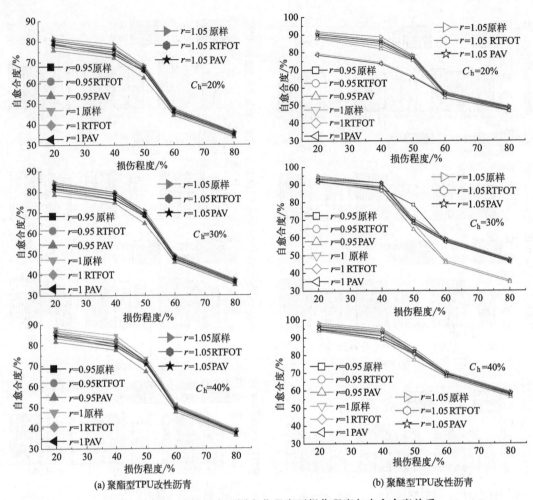

(a) 聚酯型TPU改性沥青   (b) 聚醚型TPU改性沥青

图4.30   TPU改性沥青不同老化程度下损伤程度与自愈合度关系

度、自愈合度、软段结构、C_h 和 r 作为关键分析因素。

　　具体步骤包括：①确定数据列，将处理后的初值进行差序列求导；②计算出关键影响因素的灰关联系数；③计算关联度，同时对结果进行分析[288]。

　　本部分以愈合指标 HI 为参考，首先对 TPU 改性沥青的自愈合试验参数进行整理，然后对上述 8 种关键影响因素进行灰关联分析。TPU 改性沥青自愈合试验参数详见表 4.8。建立各影响因素的灰色关联系数，按最少信息原理取分辨系数 $\rho = 0.5$，计算各因素的灰色关联系数结果，见表 4.9。

表 4.8   TPU 改性沥青自愈合试验参数

试验参数	测试样品的序号											
	1	2	3	4	5	6	7	8	9	10	11	12
愈合温度/℃	20	40	60	80	40	40	40	40	40	40	40	40
愈合时间/min	10	20	40	80	20	20	20	20	20	20	20	20
损伤程度/%	20	40	50	60	80	40	50	50	50	50	50	50
老化程度/%	15	20	25	30	35	40	30	30	25	20	20	20
自愈合度/%	35	45	55	65	75	85	95	45	55	55	65	65
软段结构	1	1	2	1	1	2	2	2	2	1	1	1
C_h	20	30	40	40	40	40	40	40	40	40	40	40
r	0.95	1	1	1.05	1	1	1	1.05	1	1	1	1

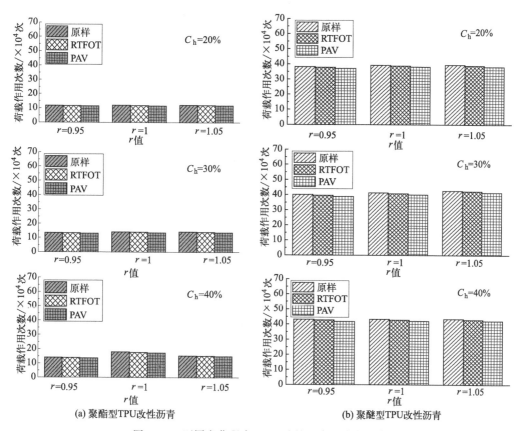

图 4.31　不同老化程度 TPU 改性沥青的疲劳寿命

表 4.9　各影响因素的灰色关联系数

试验参数	测试样品的序号											
	1	2	3	4	5	6	7	8	9	10	11	12
愈合温度	1	0.63	0.58	0.87	0.95	0.85	0.87	0.96	0.94	0.81	0.92	0.86
愈合时间	1	0.60	0.71	0.91	0.75	0.53	0.62	0.58	0.79	0.86	0.84	0.63
损伤程度	1	0.43	0.44	0.43	0.33	0.56	0.54	0.56	0.62	0.48	0.51	0.47
老化程度	1	0.62	0.51	0.33	0.43	0.46	0.52	0.48	0.41	0.43	0.36	0.38
自愈合度	1	0.41	0.39	0.54	0.36	0.33	0.41	0.45	0.35	0.47	0.55	0.34
软段结构	1	0.62	0.44	0.87	0.94	.075	0.86	0.48	0.33	0.45	0.96	0.94
C_h	1	0.45	0.55	0.58	0.66	0.63	0.71	0.52	0.89	0.47	0.54	0.59
r	1	0.34	0.43	0.62	0.51	0.54	0.53	0.36	0.51	0.65	0.75	0.86

由图 4.32 可见，上述 8 种关键影响因素对改性沥青自愈合指标 HI 的影响排序为：愈合温度＞愈合时间＞软段结构＞C_h＞r＞损伤程度＞老化程度＞自愈合度。依据灰色关联度理论，当分辨系数 $\rho=0.5$ 时，若关联度大于 0.6，则表明关联显著。因此，愈合温度为最关键影响因素，对自愈合度影响最显著；愈合时间和软段结构均对愈合程度有重要影响，其余因素对改性沥青的自愈合度影响均不明显。

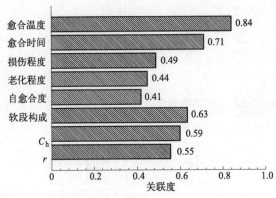

图 4.32   不同影响因素下的灰色关联度

4.5   本章小结

本章利用 DSR 和 BBR 对比分析了不同合成参数 TPU 改性沥青的高、低温流变性能，以及对疲劳自愈合循环加载试验下 TPU 改性沥青胶结料进行了时间、温度、频率扫描，分析了 TPU 改性沥青的疲劳自愈合影响因素，主要结论如下。

① 聚酯型 TPU 改性沥青的高温 PG 等级与聚醚型 TPU 改性沥青的一致。当 $r \leqslant 1$、$C_h \leqslant 40\%$ 时，聚醚多元醇的加入能有效抵消 MDI 链段的刚性，提高沥青的黏弹性能。聚醚型 TPU 改性沥青的低温等级明显优于聚酯型 TPU 改性沥青，这也从流变学的角度验证了 TPU 沥青改性剂的热性能变化规律。

② 聚酯型与聚醚型 TPU 改性沥青均适用于时温等效原理。随着 r 和 C_h 的增加，聚酯型与聚醚型 TPU 改性沥青的 G_e^* 均有所提高，而 G_g^* 的变化不具有明显的规律性。比较分析得出，聚醚型 TPU 改性沥青在低温环境中具有较好的蠕变性能，且具有更为优异的高、低温流变特性。自制聚醚型 TPU 的 PG 分级最优，且价格相比较于星型苯乙烯-丁二烯-苯乙烯（SBS）改性剂降低约 35%，推荐 TPU 沥青改性剂适宜的合成参数及掺量为：软段结构为 PTMEG，$C_h = 40\%$，$r = 1.05$，掺量为 5%。

③ MDI 的加入提高了 TPU 改性沥青的永久变形能力，其中聚酯多元醇的抗永久变形能力优于聚醚多元醇。3.2kPa 应力下的不可恢复蠕变顺应性结合高温 PG 等级能更准确地评价 TPU 改性沥青抗永久变形能力。聚醚型 TPU 改性沥青的 R_{diff} 和 $J_{nr-diff}$ 均大于聚酯型 TPU 改性沥青，说明聚醚型 TPU 的加入能更有效地降低基质沥青的应力敏感性。综合分析两种 TPU 改性沥青的高、低温流变特性，得出聚醚型 TPU 的改性效果更为全面。

④ 聚醚型 TPU 改性沥青的抗疲劳性能明显优于聚酯型 TPU 改性沥青。C_h 和 r 的增大可以有效缓解因 N 的增加而导致的改性沥青抗剪切变形能力降低。通过对 TPU 改性沥青疲劳破坏指标几何位置的判定与分析可知，不同 C_h 和 r 的聚酯型与聚醚型 TPU 改性沥青的 N_{f50} 和 N_{p20} 较 N_2 相比具有普适性，因此，对于聚酯型与聚醚型 TPU 改性沥青疲劳寿命评价，采用 N_{f50} 更为贴切。

⑤ 随着 C_h 和 r 的增大，自愈合度也会有一定程度的增大。聚酯型与聚醚型 TPU 改性沥青均表现出愈合温度越高、愈合时间越长，其疲劳寿命越长。聚酯型与聚醚型 TPU 改性沥青的疲劳寿命变化趋势基本一致，改性沥青的疲劳寿命随老化时间的延长而降低，但老化前后改性沥青的疲劳寿命降低有限，TPU 改性沥青自愈合指标 HI 的影响排序为：愈合温度＞愈合时间＞软段结构＞C_h＞r＞损伤程度＞老化程度＞自愈合度。

第 5 章

PUSSP沥青改性剂的合成及物理化学性能表征

聚氨酯固-固相变材料（PUSSP）由软段多元醇和硬段二异氰酸酯通过加聚反应合成，其软段为具有高分子量的聚多元醇，如分子量高于 3000 的聚乙二醇[289,290]。PUSSP 中软段比例越高，其储放热性能越强[291,292]，对基体材料的调温效果也就越好。由于 PUSSP 属于新兴相变材料，目前仅有少量研究者尝试将其应用于沥青及沥青混合料，并且由于制备工艺的限制，现有 PUSSP 的储热特性较弱，PUSSP 对沥青的调温效果较差。本章主要介绍自研 PUSSP 的合成工艺，借助热物性和微观力学特性测试方法（FTIR、DSC、TG、POM 和 AFM 等）对 PUSSP 样品的相变行为、储热特性以及微观力学特性进行研究，确定主要合成因素对材料性能的影响，并实现 PUSSPCMs 储热和力学性能的可调节性，增强 PUSSP 应用于沥青路面的可行性，为后续 PUSSP 改性沥青调温和流变特性的研究，以及 PUSSP 与沥青改性机理的探究奠定基础。

5.1 PUSSP 沥青改性剂的合成

5.1.1 原材料

本小节合成的自制 PUSSP 选用亚甲基二苯基二异氰酸酯（MDI，98％分析纯）作为硬段，聚乙二醇 4000（PEG4000，98％分析纯）作为软段，1,4-丁二醇（BDO，98％分析纯）作为扩链剂，均由上海阿拉丁生化科技股份有限公司生产。合成所使用的溶液为 N,N-二甲基甲酰胺二甲缩醛（DMF，98％分析纯），由国药集团化学试剂有限公司生产。PUSSP 合成所需药品如图 5.1 所示。

(a) PEG4000　　(b) MDI　　(c) BDO　　(d) DMF

图 5.1　PUSSP 合成所需药品

5.1.2 合成工艺

本小节采用 500mL 三颈圆底烧瓶作为反应容器，合成过程需要通入氮气作为保护气。

PUSSP 合成选用异氰酸根指数 $r=1$，软段质量分数分别为 70%、75%、80%、85% 和 90%，经合成公式计算[293] 所需药品及其质量见表 5.1。首先，将称好的 PEG4000 和 MDI 放入烘箱中熔为液态，然后将液态 PEG4000 和 MDI 混入 DMF 中加以搅拌。该反应过程在 80℃油浴中进行 3h，随后加入 BDO 溶液搅拌 2h，将反应物置于 90℃烘箱中烘干 48h 去除 DMF，获得 PUSSP 样品 P70、P75、P80、P85 和 P90。PUSSP 的合成流程如图 5.2 所示。

表 5.1　各 PUSSP 合成所需的药品及其质量

PUSSP	反应药品		
	MDI/g	PEG/g	BDO/g
P70	32.51	100	10.35
P75	25.50	100	7.83
P80	19.38	100	5.62
P85	13.97	100	3.68
P90	9.16	100	1.95

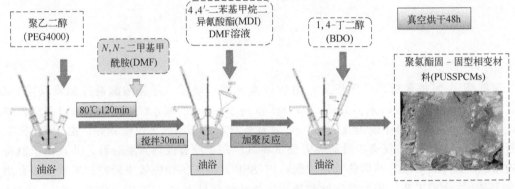

图 5.2　PUSSP 的合成流程

　　PUSSP 的合成流程基于聚氨酯合成工艺，各反应药品及其质量比例严格遵循聚氨酯反应公式。合成参数中异氰酸根指数 r 通常推荐范围为 0.9~1.4，该参数越大意味着合成的聚氨酯内硬段含有的异氰酸酯键越多，相应地含有羟基的软段也就越少。通常异氰酸根指数 r 越小，聚氨酯的合成难度越高，因此聚氨酯的合成通常选用 1.1 以上的异氰酸根指数。然而，PUSSP 的储热特性主要来源于软段多元醇，适当地减小异氰酸根指数可以显著提高 PUSSP 的储热特性。因此，综合考虑后，PUSSP 合成所选用的异氰酸根指数 r 为 1.0，软段质量分数分别为 70%、75%、80%、85% 和 90%，经计算各 PUSSP 所需的药品及其质量如表 5.1 所示。

5.1.3　化学结构式

　　PUSSP 的化学结构式如图 5.3 所示。

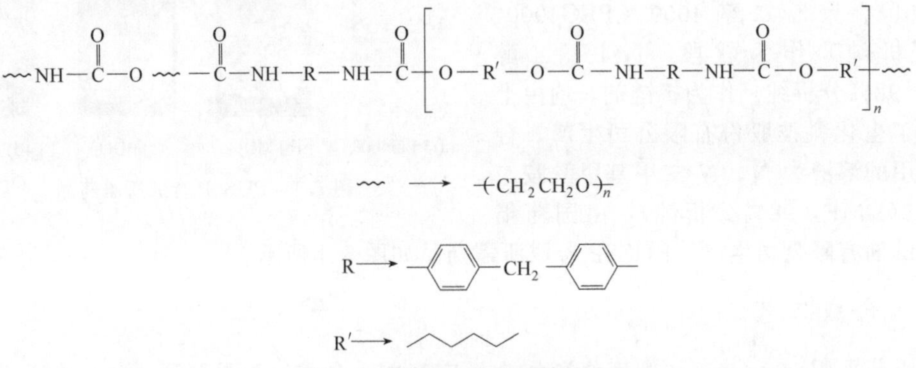

图 5.3　PUSSP 的化学结构式

5.2　PUSSP 沥青改性剂的物理表观及物化特性

由于 PUSSP 合成工艺的调整，PUSSP 的性能存在明显的差异，主要包括物理表观和物化特性。研究软段质量分数对 PUSSP 物理表观及物化特性的影响，为后续开展 PUSSP 力学特性和 PUSSP 改性沥青路用性能的研究提供基础。

5.2.1　物理表观及特性

为了更清晰地展示作为反应物的固-液型相变材料聚乙二醇（PEG4000）和自研聚氨酯固-固相变材料（PUSSP）的物理表观差异，将 PEG4000 和 PUSSP 均放入滤纸中，随后将含有两类相变材料的滤纸置于锡纸内，这也为后续吸附试验的开展提供了前置条件，具体见 5.3.1 小节相关内容。

如图 5.4 所示，PEG4000 为白色蜡状固体，而 PUSSP 为黄色或淡黄色的块状固体。随着 PUSSP 软段质量分数的增加，其颜色呈现的规律大体为由黄色转变为淡黄色，材料表面变得更加光滑致密。PUSSP 中 P90 的物理表观与 PEG4000 较为接近，其原因是作为软段的 PEG4000 具有较高的质量分数，使 P90 的物理表观特征偏向 PEG4000，这意味着 P90 的物化特性和力学特性与 PEG4000 的物化特性和力学特性可能较为接近。P70 的物理表观与 PEG4000 差异最为显著，为黄褐色的块状固体，这是由于 PUSSP 内部硬段微区对软段较强的限制作用引起的，有助于提高 PUSSP 的相态稳定性和力学特性，但这可能会限制 PUSSP 的储热特性，由此可见，PUSSP 的物理表观与其储热和力学性能之间存在着一定的联系。本小节对 PUSSP 的基础物理特性进行测试，进一步了解 PUSSP 物理表观和物理特性的差异，这可能会影响到 PUSSP 应用于沥青路面的方式以及沥青路面的路用性能。

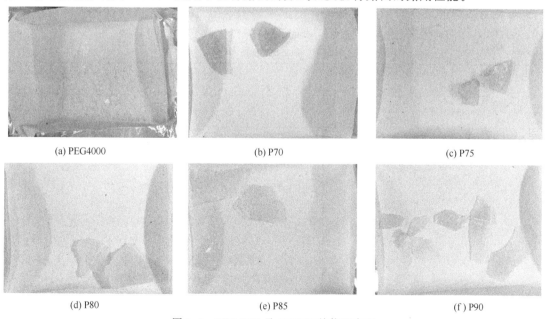

(a) PEG4000　　　　　　　　(b) P70　　　　　　　　(c) P75

(d) P80　　　　　　　　(e) P85　　　　　　　　(f) P90

图 5.4　PEG4000 及 PUSSP 的物理表观

对 PUSSP 的物理特性测试主要包括密度测试、硬度测试、拉伸测试和热导率测试，基本体现了 PUSSP 物理特性的差异，PUSSP 物理特性的差异可能会引起 PUSSP 改性沥青路用性能的转变[294~296]。具体测试条件和结果如下。

（1）密度测试

采用衡特亚 HTY-300A 型密度计测试 PUSSP 的密度，样品尺寸为 10mm×10mm，密度计需要放置在平整的试验台面上，仪器读数归零后开始测试。将 PUSSP 放入水中，仔细观察 PUSSP 表面是否存在气泡，气泡会导致测试数据不准确。若有气泡，需要采用滴管吸除样品表面的气泡，开启仪器自动计算最终密度值。

（2）硬度测试

采用上海双旭电子有限公司生产的 HT-6510C 型硬度计对相变材料的硬度进行测试，根据《硬质橡胶　硬度的测定》（GB/T 1698—2003）的测试要求，试样表面光滑且平整，尺寸为 50mm×50mm×4mm，取 10 次有效试验的算术平均值作为硬度值。

（3）拉伸测试

按照《硫化橡胶或热塑性橡胶拉伸应力应变性能的测定》（GB/T 528—2009），利用美国 INSTRON 公司生产的 5900 型电子万能试验拉伸机进行测试，起始测量长度为 50mm，测试环境为室温（25℃），拉伸速率为 50mm/min，试验结果取 5 个试样的算术平均值。

（4）热导率测试

采用 TPS2500S 型 Hot Disk 热常数分析仪，测试方法参考热传导标准测试方法 ISO 22007-2。测试温度为室温，待测试样的厚度为 0.5mm，最短边长为 2mm，试验要求至少两片相同材质样品用于测试，取平均值。

由表 5.2 可知，PUSSP 的密度为 1.17～1.23g/cm³，邵尔硬度（A）为 15～36，抗拉强度为 0.78～2.13MPa，热导率为 0.122～0.141W/(m·K)。各样品的邵尔硬度（A）和抗拉强度的差异较大，但密度和热导率的差异较小，所表现的规律为随着 PUSSP 软段质量分数的增加，PUSSP 的密度、硬度、抗拉强度和热导率均呈现出降低的趋势，这说明 PUSSP 的力学特性随着 PUSSP 软段的增加而降低，因此软段质量分数较低的 PUSSPCMs 应用于沥青改性时可能对沥青力学特性的影响较大，PUSSP 热导率降低的原因则可能是 PUSSP 储热特性的提高，一定程度上降低了热量的传导效率。

表 5.2   PUSSP 的物理特性

试验样品	密度/(g/cm³)	邵氏硬度(A)	抗拉强度/MPa	热导率/[W/(m·K)]
P70	1.17	36	2.13	0.141
P75	1.18	29	1.75	0.133
P80	1.15	24	1.46	0.136
P85	1.19	18	0.92	0.127
P90	1.23	15	0.78	0.122

5.2.2   化学特性

本小节利用日本岛津公司生产的 IRT-100 型红外光谱仪（图 5.5）对 PUSSP 合成所需原材料 PEG4000、MDI 及合成物 PUSSP 分别进行红外光谱测试，采用 ATR 测试镜头，扫描范围为 400～4000cm⁻¹，扫描次数和分辨率分别为 32 次和 4cm⁻¹，测试温度为室温（25℃）。

PUSSP 反应物 PEG4000 和 MDI 的傅里叶红外光谱测试结果如图 5.6 所示，反映了 PEG4000 和 MDI 的主要官能团分布情

图 5.5   红外光谱仪

况。由图5.6可知，PEG4000内羟基（—OH）的伸展振动吸收峰出现在3447cm^{-1}处。在2886cm^{-1}处产生的特征吸收峰是由于C—H键的拉伸振动引起的，而1469～1096cm^{-1}处出现的连续吸收峰来源于C—O键的拉伸振动和C—H键的面内弯曲振动。此外，C—H键还出现在945cm^{-1}和836cm^{-1}处，这说明PEG4000主要由羟基和羰基组成，分子量较大会导致材料的硬度和拉伸等力学特性较弱[297,298]。MDI红外光谱中，在3305cm^{-1}处出现了氢键的特征吸收峰，这是由—NH—键的伸缩振动引起的。异氰酸酯键（N=C=O）的特征吸收峰出现在2278cm^{-1}处，而位于2867cm^{-1}和1050cm^{-1}处的特征吸收峰分别由亚甲基（—CH$_2$）和C—O键的伸缩振动产生，两者均属于异氰酸酯基团[299,300]。结合PEG4000、MDI和PUSSP的红外光谱测试结果，明确了反应前后PUSSP主要官能团特征峰的变化，由此确定了PUSSP的合成效果。

PUSSP的红外光谱测试结果如图5.7所示，反映了PUSSP的主要官能团及特征吸收峰的分布。图5.7中各PUSSP特征吸收峰的出峰位置基本一致，仅特征吸收峰强度存在一定的差异，这说明PUSSP软段质量分数的调整仅会改变PUSSP内部基团的强度和分布，并不会产生新的官能团。通过对比图5.6和图5.7可以发现，PUSSP合成过程中加聚反应完成后，MDI位于2278cm^{-1}处的异氰酸酯键（N=C=O）和PEG4000位于3447cm^{-1}处的羟基（—OH）的特征吸收峰完全消失，这说明反应物MDI的异氰酸酯键和PEG4000的羟基在加聚反应过程中被完全消耗，MDI与PEG4000反应完全[301]，这验证了PUSSP为目标产物且其合成工艺满足聚氨酯的制备要求。

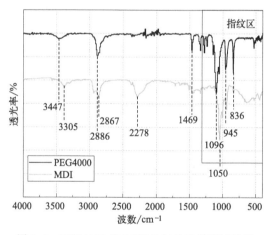

图5.6　PEG4000和MDI的红外光谱测试结果

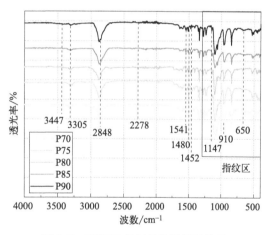

图5.7　PUSSP的红外光谱测试结果

图5.7中，3305cm^{-1}处出现了明显的特征吸收峰，这是由于—NH—键的伸缩振动引起的，属于氨酯基团的氢键特征峰，该特征峰的峰强度随着PUSSP软段质量分数的增加而降低，表明氢键作用逐渐减少，这会导致硬段对软段的限制作用逐渐降低，因此该过程可能会伴随着力学特性的衰减[302,303]。甲基（—CH$_3$）和亚甲基（—CH$_2$）的特征吸收峰分别出现在2889cm^{-1}和2848cm^{-1}处，这是由其内部C—H键的平面伸缩振动引起的，该特征吸收峰的峰强度随着PUSSP软段质量分数的增加稍有提高。1480cm^{-1}处出现的特征吸收峰是由酰胺基团中羰基（C=O）振动引起的，而1452cm^{-1}处的特征吸收峰来源于苯环骨架的伸缩振动，该特征吸收峰强度随着PUSSP软段质量分数的增加而降低。烃基的伸缩振动导致了1450～1200cm^{-1}的特征吸收峰的出现，而1100cm^{-1}和1050cm^{-1}处的特征吸收峰主要来源于C—O键的伸缩振动。910～650cm^{-1}的特征吸收峰是由苯环内C—H键向外的弯曲振动引起的。由此可见，调整PUSSP软段质量分数并未使PUSSP中出现新的官能

团，仅会引起苯环和氨酯基等主要官能团的强度变化，具体表现为软段质量分数较高的 PUSSP 具有更好的储热特性，但其热稳定性和力学特性弱于软段质量分数较低的 PUSSP。

5.3   PUSSP 沥青改性剂相变行为及储热特性

PUSSP 作为固-固型相变材料，其相变行为和储热特性明显区别于固-液型相变材料，本节采用相变材料常用的吸附试验展示 PUSSP 的相态稳定性。为了展示固-固和固-液型两类相变材料显著的相变行为差异，采用 PEG4000（PUSSP 原材料）作为参照样品。通过偏光显微镜（POM）和 X 射线衍射仪（XRD）分析相变行为存在差异性的原因，同时借助差量扫描量热试验（DSC）对 PUSSP 和 PEG4000 的储热特性进行研究，这对持续改善 PUSSP 的相态稳定性和储热特性具有积极作用。

5.3.1   相变行为

相变材料的相变行为对其能否直接应用于基体材料至关重要。PUSSP 应用于沥青路面时应首先明确其相变行为，具有稳固的相态才能保证 PUSSP 在改性沥青及沥青混合料中维持自身的储热特性，并降低对沥青及沥青混合料路用性能的不利影响。相变材料吸附试验常被用于评价复合相变材料（CPCMs）的防泄性能[304~307]，其原理是通过滤纸的吸附性吸收泄漏的芯材，即固-液型相变材料。由于载体材料不会被滤纸吸附，因此该试验侧面反映了载体材料对芯材的保护效果以及 CPCMs 自身的相变稳定性。因此，该试验也可以被用于研究相变材料的相变行为，评价 PUSSP 的相态稳定性。考虑到 PEG4000 和 PUSSP 的相变温度区间，待测样品需放置于 70℃ 的烘箱内加热，直至完成两类相变材料的相变过程。加热完成后从烘箱移至室温环境中进行冷却，观察试件中滤纸是否存在明显的吸附痕迹。

PEG4000 和 PUSSP 的吸附试验测试结果如图 5.8 所示，反映了相变发生后两类相变材料物理表观的变化和相变行为的差异。由图 5.8（a）可知，PEG4000 在烘箱加热后发生了固-液相变并被滤纸完全吸附，冷却后相变材料消失而滤纸表面转变为蜡状，这是由于液态 PEG4000 在加热后由固态转变为液态，被滤纸完全吸附，移出烘箱后随着温度的降低其相态由液态转变为固态，导致吸附液态 PEG4000 的滤纸蜡化，表明了 PEG4000 剧烈的相变行为和较弱的相态稳定性。Wang 等[308] 研究者认为剧烈的相变行为通常伴随着急剧的体积变化，这容易导致基体材料内部在体积应力的作用下发生破坏。Bai 等[309] 采用固-液型相变材料对沥青改性后发现，除了由于体积变化对沥青性能产生的不利影响外，液态 PCMs 还会稀释沥青的组分，导致沥青的黏弹特性严重降低。因此，采用以 PEG4000 为例的固-液型相变材料对沥青改性是较为困难的，研究者考虑以复合改性的方式采用高吸附性材料作为载体材料对固-液型相变材料进行包裹和吸附，将固-液相变过程控制在载体内部，但这种改善其相变行为的同时会显著降低储热特性，并依然存在着泄漏的问题，限制了相变材料在沥青路面的应用价值。然而，固-液型相变材料所存在的诸多问题正体现了以 PUSSP 为例的固-固型相变材料相态稳定性方面的优势，因此 PUSSP 较 PEG4000 更适合用于沥青路面的调温。

对比图 5.4 和图 5.8 可以发现，PUSSP 在烘箱加热前后其物理表观特征无明显的变化，仅存在微小的弹性形变，位于 PUSSP 下方的滤纸也没有吸附痕迹，这说明 PUSSP 具有较好的相态稳定性，在整个相变储热过程中未发生泄漏现象，相变行为表现为由固态至固态。参考 5.2.2 小节的研究内容，PUSSP 稳定的相态可能源于 PUSSP 硬段微区对软段的限制作用，这种作用随着 PUSSP 软段质量分数的增加而减弱。图 5.8 中，P90 较 P70 相变后产生

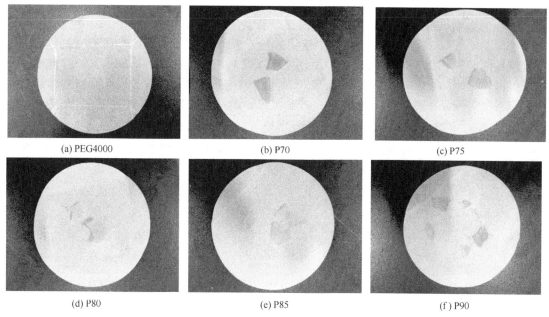

(a) PEG4000   (b) P70   (c) P75

(d) P80   (e) P85   (f) P90

图5.8   PEG4000 和 PUSSP 的吸附试验测试结果

的形变略有增加，P70 的相态稳定性稍有提升。由此可见，PUSSP 在完成相变过程后依然可以维持自身的结构，具有出色的相态稳定性，相较于 PEG4000 更符合沥青路面对相变材料稳定性的要求，具有较好的沥青路面应用前景。然而，虽然吸附试验清晰地反映了 PEG4000 和 PUSSP 相变行为的差异，但 PUSSP 之间相变行为的差异及其作用机理还有待探究[310]。

5.3.2   相变机理

PUSSP 和 PEG4000 相变行为及其作用机理的差异可以借助微观观测手段进行研究，本小节采用奥林巴斯 GX71 型偏光显微镜（POM）观察相变过程中 PEG4000 和 PUSSP 晶体的结构和变化规律，以此分析了 PEG4000 和 PUSSP 相变行为及作用机理的差异。同时利用 Bruker D8 型 X 射线衍射仪（XRD）对 PEG4000 和 PUSSP 的结晶能力进行测试，分析引起 PEG4000 和 PUSSP 相变行为差异的原因。由于 PUSSP 之间的相态稳定性未有明显差异，通过对比在加热阶段中 PEG4000 和 P70 相变发生时结晶变化可以更好地解释两类相变材料相变行为的差异性，测试温度分别设定为 25℃、55℃ 和 75℃，表征相变过程中 PEG4000 和 P70 晶体的变化。

不同温度下 PEG4000 和 P70 的 POM 测试结果如图 5.9 所示，反映了 PEG4000 和 P70 在相变过程中晶体结构及其演变规律的差异性。由图 5.9（a）可知，室温下 PEG4000 晶体结构清晰可见，晶体为致密的球晶，这使 PEG4000 具有较强的储热特性。由图 5.9（a）～（c）可知，PEG4000 在加热后发生相变，由于吸收热能，PEG4000 的晶胞逐渐消失，结晶度随之降低，PEG4000 的晶体形态由结晶态转变为无定形态，其宏观相变行为表现为由固态向液态的转变。如图 5.9（d）所示为加热前 P70 的晶体结构，同样为球晶结构，但其晶胞体积较 PEG4000 的晶胞体积明显减小，这是由于 P70 内硬段微区与软段发生交联，嵌入后导致单个晶体的体积减小。这种变化会导致 P70 的结晶度较 PEG4000 明显降低，进一步导致 PUSSP 的储热特性弱于 PEG4000 的储热特性，而这需要通过 XRD 和 DSC 试验进行更深入的分析。由图 5.9（d）～（f）可知，随着温度的升高，P70 逐渐开始相变，在升温过程中 P70 的晶体结构逐渐发生变化，软段逐渐转变为无定形态，但受到硬段微曲的限制，相较于同温度下的 PEG4000，P70 晶体结构的转变较为缓慢，这意味着在相变过程中 P70 的储热特性也弱于 PEG4000 的储热特性。随着温度的持续提高，P70 的晶体结构也逐渐消失，但由于其硬段微区对软段的限制，P70 的晶体结构并未完全消失，因此其储存的热量较少，宏观相变行为表现为稳定的固-固相变。可见，通过相变发生前 PUSSP 和 PEG4000 的结晶度能更直观地分析 PUSSP 和 PEG4000 的相变行为及储热特性的差异。

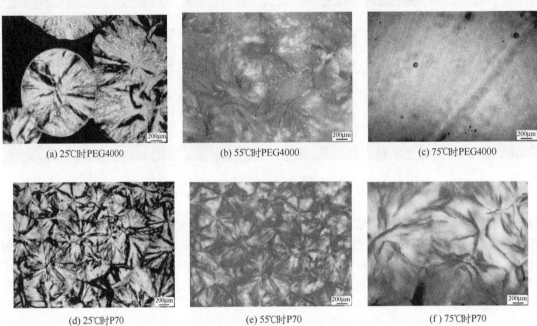

(a) 25℃时PEG4000   (b) 55℃时PEG4000   (c) 75℃时PEG4000

(d) 25℃时P70   (e) 55℃时P70   (f) 75℃时P70

图 5.9   不同温度下 PEG4000 和 P70 的 POM 测试结果

PEG4000 和 PUSSP 的 XRD 衍射测试结果如图 5.10 所示，主要反映了两类相变材料结晶能力和结晶峰位置的差异，结晶峰的峰值面积越大，说明相变材料的结晶能力越强。由于相变材料的储热特性主要来源于相变材料内晶体结构的转变，研究者认为相变材料的结晶能力越强意味着其储热特性越强[311~313]。由图 5.10 可知，PEG4000 在 2θ 为 19.87°和 24.23°处分别出现了尖锐且明显的特征峰，较高的峰强度表明这些特征峰是 PEG4000 晶体的主要特征晶体衍射峰。图 5.10 中 PUSSP 的主要特征晶体衍射峰依然出现在 2θ 为 19.87°和 24.23°处，其峰值强度较 PEG4000 的峰值强度明显降低。这说明 PUSSP 内部晶体主要表现为结晶态，且其晶体结构与 PUSSP 的晶体结构相似，这还意味着 PUSSP 在相变过程中表现的储热特性主要来源于内部晶体由结晶态至无定形态的转变，但由于 PUSSP 的结晶能力弱于 PEG4000 的结晶能力，因此 PUSSP 表现的储热特性弱于 PEG4000 的储热特性。PUSSP 结晶能力较弱的原因是晶体的生长受到了硬段微区的限制，这是软段羟基与硬段氨基甲酸酯基团之间的氢键作用导致的[314]。随着 PUSSP 软段质量分数的减少，PUSSP 硬段比例随之增加，PUSSP 的衍射峰强度进一步降低，这意味着 PUSSP 的结晶能力降低，储热特性也随之减弱，其根本原因是 PUSSP 硬段对软段结晶能力的限制进一步提高，氢键作用增强[315]。

综上所述，PUSSP 的软段质量分数直接决定了 PUSSP 的结晶能力以及硬段微区与软段之间的限制关系，这对 PUSSP 的储热特性、热稳定性和力学特性都会产生显著的影响，从而影响 PUSSP 改性沥青及其混合料的路用性能，因此需要对 PUSSP 相关性能之间的联系进行更为深入的探究。

5.3.3　储热特性

储热特性是相变材料最具代表性的特征功能性，相变材料通过储热特性实现了对基体材料温度的调节，降低了环境温度对基体材料性能的影响。但相变材料的加入也可能会对基体材料的使用性能产生不利影响，因此在应用相变材料时应着重考量其自身的储热特性以及对基体材料性能的影响[316~318]。

本小节采用 TA 公司生产的 Q20 型差量扫描量热仪对 PEG4000 和 PUSSP 的储热特

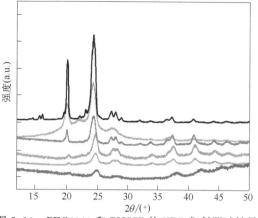

图 5.10　PEG4000 和 PUSSP 的 XRD 衍射测试结果
曲线由上到下依次为：PEG4000，P90，
P85，P80，P75，P70

性进行测试，采用 1/10000g 的天平对 PEG4000 和 PUSSP 样品进行称重，要求样品的质量为 3~4mg。试验样品需要置于铝坩埚内，试验过程中通入氮气作为保护气，线性升温和降温的速度变化率为 ±10℃/min，测试范围为 -20~80℃。DSC 测试曲线上侧结晶峰对应着放热过程，而下侧熔融峰则对应着吸热过程，峰面积越大意味着储热焓值越大，相变材料的储热特性也就越强。

PEG4000 和 PUSSP 的 DSC 测试结果如图 5.11 所示。图 5.11 中 PEG4000 和 PUSSP 的 DSC 热流曲线展示了相似的变化规律，但在相变起始温度和特征峰强度上存在着较为明显的差异性，相变起始温度是指相变材料开始发生相变行为的温度。由图 5.11 可知，在吸热过程中，PEG4000 的相变起始温度明显高于 PUSSP 的相变起始温度，其较 PUSSP 的整个相变温度区间明显右移，这说明 PEG4000 需要更高的环境温度触发相变。经软件测量 PEG4000 相变温度区间为 49.3~67.3℃，这个温度区间较为契合我国南方高温地区的路面温度。然而考虑到 PEG4000 剧烈的相变行为对沥青路面路用性能的破坏作用，阻止其与沥青接触成为应用难点。PUSSP 较 PEG4000 具有更低的相变起始温度和较为狭窄的相变温度区间，温度范围为 22.1~64.2℃，更适用于温度较低的工作环境，比较接近我国北方地区的沥青路面温度，适用于我国北方沥青路用的调温[319]。此外，由图 5.11 中特征峰的峰形和峰面积可以计算 PEG4000 和 PUSSP 的储热焓值，通过软件 TA Universal Analysis 测算，具体的储热焓值和起始温度如表 5.3 所示，这有助于量化 PEG4000 和 PUSSP 储热特性的差异性，反映了 PUSSP 的储热特性与其软段质量分数之间的联系。

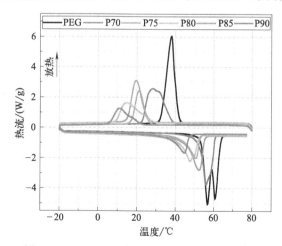

图 5.11　PEG4000 和 PUSSP 的 DSC 测试结果

PUSSP 和 PEG4000 的储热特性参数见表 5.3，主要包括在相变过程中熔融和结晶阶段的储热焓值与相变温度区间。由表 5.3 可知，PEG4000 较 PUSSP 具有更大的储热焓值和较高的相变起始温度，PEG4000 的熔融

熔值和结晶熔值分别为 156.8J/g 和 159.7J/g。P70 熔融熔值和结晶熔值分别为 58.6J/g 和 59.2J/g，较 PEG4000 的熔融熔值和结晶熔值分别降低了 62.63% 和 62.93%，表明 P70 的储热特性弱于 PEG4000 的储热特性，但仍强于目前稳定性最佳的包覆型 CPCMs 的储热熔值（29～50J/g）[100]。根据 5.3.2 小节的研究结论，由于 P70 中存在着大量的硬段微区，较大程度地限制了软段晶体由结晶态向无定形态的相态转变，P70 在 PUSSP 中表现出最弱的储热特性。随着 PUSSP 软段质量分数的增加，P90 相较于 P70 其熔融熔值和结晶熔值分别提高了 122.7% 和 118.4%，说明 PUSSP 的储热特性得到改善，这是由于软段分数的提高意味着硬段比例的降低，减弱了 PUSSP 硬段微区对软段的限制作用。此外，PUSSP 的熔融和结晶起始温度均低于 PEG4000 的起始温度，且相变温度区间较宽，这说明 PUSSP 较 PEG4000 具有更广泛的适用性。

综上所述，虽然 PUSSP 的储热特性弱于 PEG4000 的储热特性，但可通过提高软段质量分数进行改善，并具有更广泛的相变温度区间和适用性。此外，PUSSP 相较于 PEG4000 还具有相变稳定性方面的优势，可以直接应用于沥青及沥青混合料，在赋予沥青路面调温特性的同时降低了对沥青路面路用性能的不利影响。

表 5.3　PEG4000 和 PUSSP 的储热特性参数

相变材料种类	熔融阶段		结晶阶段	
	ΔH_m/(J/g)	T_m/℃	ΔH_c/(J/g)	T_c/℃
PEG4000	156.8	49.3～67.3	159.7	43.4～30.9
P70	58.6	22.1～50.2	59.2	25.6～2.4
P75	70.9	35.5～53.9	71.4	29.6～14.0
P80	85.9	30.7～54.5	87.3	30.5～7.1
P85	96.5	34.7～58.6	102.4	29.6～12.8
P90	128.4	45.7～64.2	129.6	38.7～20.4

5.3.4　热稳定性

PUSSP 热分解温度应至少高于沥青及混合料的制备温度（180℃），避免因热分解使 PUSSP 的性能损失。采用美国 TAQ50 型热失重分析仪对 PUSSP 的热稳定性进行测试，待测试样质量为 3～5mg，测试温度为 25～800℃，升温速率为 20℃/min，试验全程需要用氮气作为保护气，PEG4000 作为参照组[320]。

PUSSP 和 PEG4000 的 TG 测试结果如图 5.12 所示，展示了 PUSSP 和 PEG4000 在热分解过程中质量的变化，反映了 PUSSP 和 PEG4000 热稳定性的差异。由图 5.12 可知，质量损失为 5% 时，PEG4000 的热分解温度为 193.2℃，接近并略高于沥青改性及其混合料的制备温度，这说明 PEG4000 用于制备改性沥青时可能会由于控温不稳而面临着热分解的可能性，热稳定性较差。PUSSP 的分解温度较 PEG4000 明显提高，其最低的热分解温度为 319.9℃，这说明 PUSSP 的热稳定性较 PEG4000 的热稳定性明显增强。当测试温度升至 213.3℃时，PEG4000 的质量损失达到 10%，此时 PEG4000 的热分解速率最高，当温度达到 480℃时 PEG4000 完全分解。

图 5.12 中，PUSSP 的热分解过程大体可以分为两个阶段，其中第二阶段的热分解速率相较于第一阶段的热分解速率明显提高，这是由于 PUSSP 具有两相结构，第一阶段主要是 PUSSP 硬段中氨基甲酸酯基等基团的分解，第二阶段为软段聚多元醇的分解，然后是碳链和芳香环的降解[321,322]。当测试温度达到 650℃时，PUSSP 的残余质量几乎保持不变。由此可见，PUSSP 的热分解温度明显高于沥青改性所需的制备温度，满足 PUSSP 改性沥青的制备要求。PUSSP 中 P90 较 P70 的热分解速率明显降低，这可能是由于 P90 较好的储热特

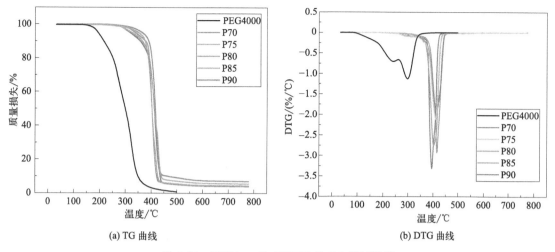

图 5.12   PEG4000 和 PUSSP 的 TG 测试结果

性延缓了材料的升温，降低了温度对材料的影响并提高了热分解温度。PEG4000 虽然具有较好的储热特性，但由于其自身原因导致过早的分解，PEG4000 和 PUSSP 的热稳定性的差异性可以通过热稳定性参数加以量化。

PEG4000 和 PUSSP 的热稳定性指标见表 5.4，反映了 PEG4000 和 PUSSP 热稳定性的差异。如表 5.4 所示，P90 发生 5% 和 10% 质量损失时对应的热分解温度（$T_{5\%}$ 和 $T_{10\%}$）分别为 319.9℃和 357.4℃，随着 PUSSP 软段质量分数的降低，PUSSP 热分解温度明显升高，P70 较 P90 其 $T_{5\%}$ 和 $T_{10\%}$ 分别提高了 14.25% 和 9.85%，这说明具有较少软段的 PUSSP 具有更好的热稳定性。PUSSP 的残留质量分数随着软段质量分数的增加而逐渐提高，这可能是由于 PUSSP 硬段微区在第一阶段的分解更加剧烈，而软段质量分数较大的 PUSSP 具有更多的软段微区。PUSSP 的热稳定性较 PEG4000 的热稳定性大幅提高，且温度高于沥青及混合料的制备温度，满足了沥青改性的热稳定性要求。由此可见，PUSSP 较 PEG4000 应用于沥青路面更具可行性，PUSSP 的力学特性也更加值得关注，PUSSP 作为沥青改性剂应以改善沥青的路用性能为目的，至少应减少对沥青路用性能的损害。

表 5.4   PEG4000 和 PUSSP 的热稳定性指标

相变材料种类	$T_{5\%}$/℃	$T_{10\%}$/℃	残留质量分数/%
PEG4000	193.2	213.3	0
P70	365.5	392.6	3.78
P75	356.1	378.5	4.60
P80	338.4	377.4	4.98
P85	330.1	363.3	5.51
P90	319.9	357.4	7.11

5.4   PUSSP 沥青改性剂的微观力学特性

PUSSP 微观力学特性对 PUSSP 应用于沥青路面至关重要，出色的力学特性有助于改善沥青的路用性能，这也是 PUSSP 较 PEG4000 所具有的另一个优势。本小节采用 BRUKER 公司生产的 MultiMode8 型扫描探针原子力显微镜（AFM，图 5.13）对 PEG4000 和 PUSSP 样品的微观力学特性进行测试。测试模式为纳米力学测量模式（peak force QNM），采用的杨氏模量计算模型为 DMT（derjaguin-muler-toporov）模型。扫描面积为 15μm×15μm，分辨率为 512×512，振动频率为 1kHz，观测温度为 25℃。测试结果通过 Nanoscope Analysis 软件进行分析，微观杨氏模量通过 DMT Modulus 模块进行测算。

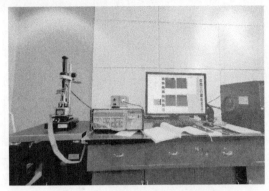

图 5.13　扫描探针原子力显微镜

5.4.1　微观形貌

原子力显微镜（AFM）的微观形变图反映了材料样品在力学测试下微观表面上各处的位移。在探针的作用下，明亮区域代表着形变较大的区域，深色较暗的区域对应着形变较小的区域[323]。通过 AFM 微观形变图不仅可以反映 PUSSP 和 PEG4000 微观形貌的差异，而且可以大体分析出 PUSSP 软段和硬段之间的分布和联系，这是由于 PUSSP 中硬段具有更高的弹性，而软段的弹性较低，在力学作用下各自发生的形变具有明显的差异性，PUSSP 硬段的形变较小而软段形变较大，因此明亮区域对应着形变较大的软段，而深色较暗区域对应着硬段。

测试样品选择 PEG4000 以及 P70、P75、P80、P85 和 P90，体现了 PUSSP 与 PEG4000 微观形变图的差异性。同时通过 PUSSP 微观形变图之间的差异性反映了 PUSSP 自身软段质量分数对 PUSSP 微观形变图的影响，而这可能与 PUSSP 性能的转变具有直接的联系。

PEG4000 和 PUSSP 的 AFM 微观形变如图 5.14 所示，PEG4000 和 PUSSP 的微观形变图表现出显著的差异性。图 5.14（a）中 PEG4000 的微观表面中明暗区域不明显且难以区分，以明亮区域为主，这表明 EPG4000 微观表面的整体形变较大且较为接近，其原因是 PEG4000 作为均质材料其微观表面的弹性较为接近。如图 5.14（b）所示，P70 的微观形变图中明暗交互区域较 PEG4000 形变图明显增多，这表明 P70 微观表面的形变差异较为明显，整体微观表面的弹性差异显著，这可能是由于 P70 中硬段较软段具有更强的弹性和抵抗形变的能力。由此推测 PUSSP 微观形变图中的明亮区域与弹性较小的软段有关，而暗区则对应着弹性较强的硬段微区，由于 PUSSP 硬段微区限制了软段由结晶态向无定形态的相态转变，因此 PUSSP 的储热特性弱于 PEG4000 的储热特性，但 PUSSP 也表现出了较好的相态稳定性和热稳定性，相变行为表现为固-固相变。

由图 5.14（b）～（f）可以发现，PUSSP 中暗区面积随着软段质量分数的增加而缩小，这表明 PUSSP 中硬段微区减少，微观表面的形变和弹性差异也随之减小，减弱了硬段微区对液化后软段流动性的限制作用，宏观表现为 PUSSP 储热特性的提高和热稳定性的降低。考虑到 PUSSP 应保持较好的相态稳定性及热稳定性，建议 PUSSP 中硬段的质量分数不应低于 10%。

5.4.2　力学特性

PUSSP 的微观力学特性主要通过微观杨氏模量评价，该性能会直接影响 PUSSP 改性沥青的弹性和高温耐车辙性能。微观杨氏模量分布范围越小说明 PUSSP 表面的弹性差异越小，杨氏模量越大说明 PUSSP 的弹性越强，越有助于提高 PUSSP 改性沥青的弹性和高温性能，该参数通过 Nanoscope Analysis 分析软件中 DMT 模块进行读取。

PEG4000 和 PUSSP 的杨氏模量分布直方图测试结果如图 5.15 所示，清晰地反映了两类相变材料微观表面杨氏模量的分布方式和差异。

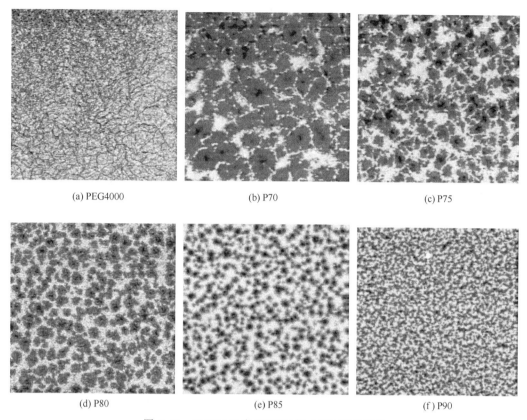

(a) PEG4000　　　　　　(b) P70　　　　　　(c) P75

(d) P80　　　　　　(e) P85　　　　　　(f) P90

图 5.14　PEG4000 和 PUSSP 的 AFM 微观形变

由图 5.15 可知，PEG4000 的杨氏模量主要分布在 71～170MPa 的区间内，PEG4000 微观表面各处的弹性差异较小。P70 相较于 PEG4000 其杨氏模量和分布范围均明显增大，杨氏模量分布主要集中在 1290～2000MPa，表明 P70 具有较好的弹性，但微观表面各处的弹性差异较大。这是由于 P70 中硬段微区的弹性远远高出软段的弹性，而 P70 在 PUSSP 中具有较大的硬段比例，整体表现出的弹性明显高于其余 PUSSP 和 PEG4000 的弹性[324]。随着 PUSSP 软段质量分数的增加，PUSSP 的弹性模量及其分布范围逐渐减小，P90 的杨氏模量分布范围主要集中在 340～590MPa，这表明软段质量分数较大的 PUSSP 其微观表面的弹性及各处弹性差异较小，造成这一

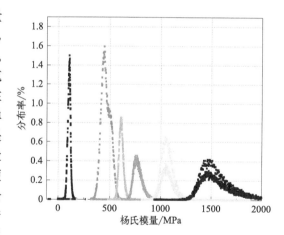

图 5.15　PEG4000 和 PUSSP 的杨氏模
量分布图测试结果

曲线从左到右以此为 PEG4000，P70，P75，
P80，P85，P90

现象的主要原因是 PUSSP 中硬段微区逐渐缩小。通过杨氏模量加权平均值可以更直观地量化 PUSSP 弹性的整体差异，具体的计算结果如图 5.16 所示。

图 5.16 展示了 PEG4000 和 PUSSP 的杨氏模量加权平均值，相较于如图 5.15 所示的杨氏模量分布图，可以更直观地量化 PEG4000 和 PUSSP 弹性的差异。如图 5.16 所示，

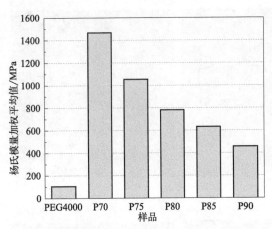

图 5.16　PEG4000 和 PUSSP 的杨氏模量加权平均值

PUSSP 的杨氏模量加权平均值较 PEG4000 的杨氏模量加权平均值显著提高，但其随着 PUSSP 软段质量分数的增加而逐渐减小，P90 较 P70 其杨氏模量加权平均值降低了 68.75%，但仍明显高于 PEG4000 的杨氏模量加权平均值。这表明尽管 PUSSP 的微观弹性会随着软段质量分数的增加而降低，但仍强于 PEG4000 的微观弹性。PEG4000 和 PUSSP 掺入沥青后会作为弹性成分直接影响 PUSSP 改性沥青的流变特性，主要包括高温抗车辙性能和抗永久变形性能，这为后续 PUSSP 改性沥青流变特性转变的原因及作用机理的分析提供了依据。

5.5　本章小结

本章提出了 PUSSP 的合成工艺，并通过调整合成工艺实现了 PUSSP 储热特性和力学特性的可调节性，使 PUSSP 更容易应用于沥青路面，采用 FTIR、吸附试验、POM、DSC、TG 以及 AFM 等宏微观试验方法对自研 PUSSP 的化物特性、储热特性及力学特性进行了研究，分析了不同 PUSSP 所具有的优势和缺点，具体的研究结论如下。

① 根据聚氨酯合成工艺，通过降低异氰酸根指数提高了软段羟基的含量，通过加聚反应制备了储热特性更强的 PUSSP。利用 FTIR 试验发现 PUSSP 反应物 MDI 的异氰酸酯键和 PEG4000 的羟基在加聚反应中完全消耗，确定了 PUSSP 为目标产物；合成工艺的调整对 PUSSP 的物理表观和物化特性影响显著，软段质量分数较小的 PUSSP 具有更强的硬度和抗拉性能，调整 PUSSP 软段质量分数仅会引起苯环和氨酯基等主要官能团强度发生转变，从而影响 PUSSP 的储热特性、力学特性和热稳定性。

② 基于吸附试验阐明了 PUSSP 和 PEG4000 相变行为差异。PUSSP 较 PEG4000 具有更强的相态稳定性，PUSSP 在滤纸上无吸附痕迹，而 PEG4000 被滤纸完全吸附。通过 POM 和 XRD 试验发现 PEG4000 和 PUSSP 均为球晶，PEG4000 由结晶态向无定形态转变完成储热，而 PUSSP 内部硬段微区限制了软段转变为无定形态所表现的流动性；PUSSP 的结晶能力较 PEG4000 明显降低，硬段微区对软段晶体的限制降低了 PUSSP 的结晶能力。

③ 采用 DSC 和 TG 试验研究了 PUSSP 和 PEG4000 的储热特性和热稳定性。PEG4000 的熔融和结晶熔值分别为 156.8J/g 和 159.7J/g，PUSSP 的储热特性明显弱于 PEG4000 储热特性，但其随着 PUSSP 软段质量分数增加而增强，其中 P90 较 P70 的熔融和结晶熔值分别提升了 122.7% 和 118.4%；PUSSP 较 PEG4000 相变温度区间明显增大，表现出广泛的适用性。PUSSP 较 PEG4000 具有更好的热稳定性，PUSSP 的最低热分解温度为 319.9℃，表明 PUSSP 用于制备改性沥青时不会因热分解而损失性能。

④ 利用 AFM 阐明了 PUSSP 和 PEG4000 的微观形貌和力学特性。PUSSP 的微观表面较 PEG4000 存在明显的明暗区域，对应着 PUSSP 内硬段与软段微区的交互作用，该作用随着 PUSSP 软段的增加而减弱。PUSSP 的微观弹性明显强于 PEG4000 的微观弹性，PUSSP 微观弹性随软段质量分数的增加而降低，其中 P70 的杨氏模量加权平均值为 1469MPa，P90 较 P70 其杨氏模量加权平均值降低了 68.75%，但仍显著高于 PEG4000 的杨氏模量加权平均值。

第6章

PUSSP改性沥青的制备与调温特性研究

PUSSP改性沥青的调温特性源于PUSSP的储热特性，其原理是通过相变材料的储热特性实现对沥青温度的调节，从而降低外界环境温度对沥青路用性能的影响[325]。根据第5章的研究内容，PUSSP与传统沥青改性剂的主要区别体现在储热特性，这使PUSSP在影响沥青路用性能的同时还会赋予沥青调温特性，通过着重研究PUSSP改性沥青的储热特性和调温特性，可以更全面地考察PUSSP对沥青调温和路用性能的影响[326,327]。本章根据沥青的基础物理性能，通过正交设计和灰关联法，提出PUSSP改性沥青的最佳制备工艺；采用DSC和TG试验研究了PUSSP改性沥青的储热特性和热稳定性，通过自定义沥青调温试验和评价指标分析PUSSP改性沥青的调温特性；最后对PUSSP改性沥青储热特性和调温特性的关联性进行分析。

6.1 PUSSP改性沥青制备

6.1.1 试验材料

(1) 原样沥青

本小节选用盘锦A-90#基质沥青（简写Base）作为原样沥青，沥青的主要技术性能测试方法参照《公路工程沥青及沥青混合料试验规程》（JTGE 20—2011）进行，具体的测试结果见表6.1。

表6.1 基质沥青的主要技术性能指标

性能指标	测试结果	规范要求
针入度(25℃)/×0.1mm	86.0	80～100
软化点/℃	44.5	≥44
10℃延度/cm	100	≥30
闪点/℃	252	≥245
15℃密度/(g/cm³)	1.0025	实测记录
C_2HCl_3溶解度/%	99.87	≥99.5

(2) PUSSP沥青改性剂

采用自制PUSSP样品作为沥青改性剂，主要包括P70、P75、P80、P85和P90，为了体现 PUSSP 作为固-固型相变材料与固-液型相变材料作为沥青改性剂对沥青性能影响的差异，更直观地反映 PUSSP 用于沥青改性的优势，本小节继续以 PEG4000 为沥青改性剂来制备 PEG4000 改性沥青作为参照样品，两类相变材料的相变行为、储热特性和力学特性的差异可见本书第 5 章。PUSSP 和 PEG4000 沥青改性剂如图 6.1 所示。

图 6.1   PUSSP 和 PEG4000 沥青改性剂

6.1.2   PUSSP 改性沥青的制备流程

采用熔融混合法制备 PUSSP 改性沥青，由于 PUSSP 样品主要为块状的弹性体，若直接掺入则不能充分分散在沥青中，因此需要使用 Galaxy YHPM-450 型盘式研磨机将其粉碎化，研磨时间为 10min，颗粒尺寸应控制在 1mm 以下，使其能顺利通过高速剪切分散乳化机，这有助于提高 PUSSP 对沥青之间的改性效果[328]。

PEG4000 加热后液化不需要粉碎，加热至完全液化后即可直接掺入沥青，PUSSP 改性沥青和 PEG4000 改性沥青的具体制备流程如图 6.2 所示。

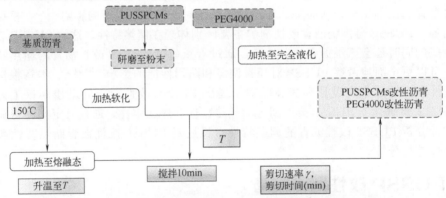

图 6.2   PUSSP 改性沥青和 PEG4000 改性沥青的制备流程

首先，将基础沥青加热到 150℃ 至熔融态，将研磨好的 PUSSP 称重后放入烘箱中进行软化；然后，将加热后的 PUSSP 加入熔融态基质沥青中，在搅拌器的作用下混合 10min；最后，将 PUSSP 和基质沥青的混合物升温至 T，在高速剪切分散乳化机的作用下以 γ 的剪切速率进行剪切，剪切时间为 t（T、γ 和 t 均为自变量，为改性沥青制备参数），完成 PUSSP 改性沥青的制备。制备的 PUSSP 改性沥青根据 PUSSP 软段质量分数的差异分别命名为 P70 改性沥青、P75 改性沥青、P80 改性沥青、P85 改性沥青和 P90 改性沥青。PEG4000 改性沥青的具体制备流程与 PUSSP 改性沥青的制备流程接近，由于 PEG4000 相变行为是由固态向液态转变，将 PEG4000 加热至 150℃ 后保温，使其完全液化后即可加入熔融态沥青，不需要研磨，然后以与 PUSSP 改性沥青相同的制备参数完成制备。

6.1.3   PUSSP 改性沥青制备参数

本小节分别以剪切温度 T、剪切时间 t 和剪切速率 γ 为控制因素，每个因素取三个水平，采用 $L_9(3^4)$ 正交表对 PUSSP 的制备工艺进行设计，控制因素为 A、B 和 C，水平为 1、2、3，进行组合，PUSSP 改性沥青的正交试验样品标号分别为 1~9，正交试验设计方案见表 6.2。

表 6.2   PUSSP 改性沥青的正交试验设计方案

试验样品编号	剪切温度 T/℃	剪切时间 t/min	剪切速率 γ/(r/min)	水平组合
1	150	30	3000	A1B1C1
2	150	50	4000	A1B2C2
3	150	70	5000	A1B3C3
4	160	30	4000	A2B1C2
5	160	50	5000	A2B2C3
6	160	70	3000	A2B3C1
7	170	30	5000	A3B1C3
8	170	50	3000	A3B2C1
9	170	70	4000	A3B3C2

采用沥青的基础物理性能和 PG 连续分级的高温分级温度作为依据确定 PUSSP 改性沥青最佳制备工艺及参数。考虑到 P70 出色的弹性和力学特性，其改性沥青的制备难度较其余 PUSSP 和 PEG4000 样品更高，因此以 P70 改性沥青的制备工艺作为 PUSSP 改性沥青的制备工艺，掺量固定为 5%，PG 连续分级的高温分级温度严格按照《测定性能分级（PG）沥青胶结料的连续分级温度和连续分级的标准操作规程》（ASTM D7643-10）进行，具体结果如图 6.3 和图 6.4 所示。

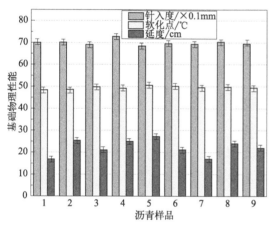

图 6.3   PUSSP 改性沥青的基础物理性能指标

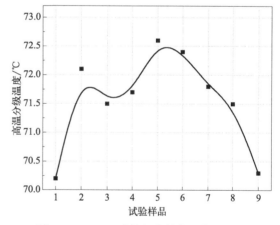

图 6.4   PUSSP 改性沥青的高温分级温度

由图 6.3 可知，样品编号 5 的 PUSSP 沥青试样的基础物理性能较为出色，具有较小的针入度和较高的软化点，延度测试结果也较为理想。5 号样品对应的制备工艺参数，剪切温度为 160℃，剪切速率 γ 为 5000r/min，剪切时间为 50min。对比其他编号沥青样品的基础物理性能可以发现，降低剪切温度时 P70 可能在基质沥青中剪切均匀，导致改性沥青的基础物理性能偏向基质沥青，具体表现为软化点较低、针入度和延度较高，如 1 号、4 号和 7 号样品，而超过 160℃继续提高剪切温度对改性沥青的基础物理性能影响不再明显。剪切时间对 P70 改性沥青基础物理性能的影响也十分显著，当剪切时间不足时，P70 改性沥青的基础物理性能表现与剪切温度不足的规律较为一致，继续提高剪切时间至 70min，对应的试验样品基础物理性能的影响十分微弱。剪切速率 γ 对 P70 改性沥青基础物理性能的影响最为显著，剪切速率足够时 P70 改性沥青的性能较为接近，这说明其余因素对改性沥青制备工艺的影响相对较小，因此，选用较高的剪切速率有助于 PUSSP 改性沥青的混合效果，通过图 6.4 中的高温分级温度可以更直观地反映上述规律。通过灰关联分析确定最佳工艺参数，具体流程如下。

① 确定参考数列及比较数列。采用反应温度、剪切时间和剪切转数三个考察因素及其水平变化中提取相应的试验数据，分析指标包括：针入度、软化点、5℃延度和高温连续分级温度的关联度。

$$X_i = [x_i(1), x_i(2), \cdots, x_i(k)] \tag{6.1}$$

式中，i 为影响因素的种类；k 为影响因素的水平。

$$x_i(k) = \frac{x_i(k)}{\dfrac{1}{m}\displaystyle\sum_{k=1}^{m} x_i(k)} \tag{6.2}$$

$$X_0 = [x_0(1), x_0(2), x_0(3), x_0(4)] \tag{6.3}$$

式中，$x_0(i)$ 为同一批号样品的 4 项指标。

② 依据式（6.3），计算绝对差值，计算结果见表 6.3。

$$\Delta i(k) = |x_0(k) - x_i(k)| \tag{6.4}$$

表 6.3 各指标的绝对差值

样品编号	针入度/×0.1mm	软化点/℃	延度/cm	高温分级温度/℃
1	1.4	2.6	1.9	2.8
2	1.6	2.4	6.6	0.9
3	0.3	1.2	2.2	1.5
4	4.2	8.1	6.2	1.3
5	0.1	0.4	0.7	0.4
6	1.0	0.8	2.4	0.6
7	0.8	1.4	1.8	1.2
8	1.8	1.2	5.2	1.5
9	0.9	1.6	3.2	2.7

③ 求差序列，根据差序列求两极最大差与最小差。

$$M = \max_i \max_k \Delta_i(k) \tag{6.5}$$

$$m = \max_i \max_k \Delta_i(k) \tag{6.6}$$

式中，$i = 1, 2, \cdots, m$；$k = 1, 2, \cdots, n$。

④ 求关联系数及关联度，如表 6.4 所示。

$$\gamma_{0i}(k) = \frac{m - \rho M}{\Delta_i(k) + \rho M} \tag{6.7}$$

$$\gamma_{0i} = \frac{1}{n}\sum_{k=1}^{n} \gamma_{0i}(k)$$

式中，$i = 1, 2, \cdots, m$。

表 6.4 各指标的关联度计算结果

样品编号	针入度/×0.1mm	软化点/℃	延度/cm	高温分级温度/℃	关联度
1	0.324	0.413	0.262	0.354	0.338
2	0.632	0.656	0.334	0.462	0.521
3	0.422	0.840	0.434	0.712	0.710
4	0.452	0.620	0.235	0.362	0.417
5	1.000	0.645	0.900	0.720	0.816
6	0.223	0.248	0.365	0.296	0.283
7	0.217	0.454	0.179	0.356	0.302
8	0.178	0.251	0.362	0.214	0.251
9	0.474	0.348	0.365	0.260	0.362

由表 6.4 可知，5 号 PUSSP 沥青样品的制备工艺关联度最高，因此 PUSSP 改性沥青的最佳制备工艺参数如下：剪切温度为 160℃，剪切时间为 50min，剪切速率为 5000r/min。采用最佳制备工艺完成所有 PUSSP 改性沥青的制备，为后续 PUSSP 改性沥青的基础物理性能、储热特性、调温特性研究的开展提供基础，确定 PUSSP 软段质量分数和掺量等因素对 PUSSP 改性沥青综合性能的影响。

6.2 PUSSP 改性沥青基础物理性能

PUSSP 改性沥青的主要物理性能通过针入度、软化点和延度三大指标进行测试，由此确定 PUSSP 软段质量分数和掺量对 PUSSP 改性沥青基础物理性能的影响。三大指标试验的测试流程参考《公路工程沥青及沥青混合料试验规程》（JTGE 20—2011），针入度测试温度为 15℃、25℃、35℃，延度试验测试温度为 10℃。采用 Brookfield 黏度仪测试沥青的旋转黏度，测试温度为 135℃、145℃、155℃、165℃ 和 175℃ 五个等级，根据绘制的改性沥青黏温曲线可以计算改性沥青混合料的最佳拌和温度，从而开展 PUSSP 改性沥青混合料路用性能的研究。

6.2.1 PUSSP 改性沥青主要物理性能

待测沥青样品分别为 P70 改性沥青、P75 改性沥青、P80 改性沥青、P85 改性沥青和 P90 改性沥青，以及作为参照的基质沥青和 PEG4000 改性沥青。通过对比 PUSSP 改性沥青和 PEG4000 改性沥青基础物理性能的差异，可以明确 PUSSP 较 PEG4000 作为沥青改性剂在沥青物理性能方面的优势，并确定 PUSSP 软段质量分数对沥青物理性能的影响，具体的测试结果见图 6.5。

由图 6.5 可知，PEG4000 改性沥青的针入度较大，而软化点和延度较小，这表明添加 PEG4000 会降低沥青的硬度、高温性能和低温抗裂性能，沥青的物理性能全面衰减，PEG4000 作为改性剂不利于沥青路面的路用性能。其原因是 PEG4000 改性沥青热剪切过程中随着制备温度的不断升高，沥青中的 PEG4000 发生固-液相变行为并伴随着体积的膨胀，液化后的 PEG4000 还会不断侵蚀沥青，导致沥青组分的稀释，待高速剪切结束后冷却至室温，液态 PEG4000 逐渐转变为固态，造成应力集中并对沥青的结构造成损伤[329,330]。

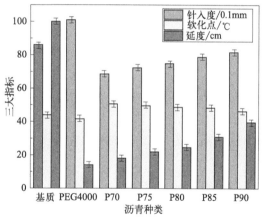

图 6.5　不同沥青的针入度、软化点和延度

与 PEG4000 改性沥青相比，PUSSP 改性沥青具有较小的针入度以及更大的软化点和延度，这表明 PUSSP 改性沥青具有更高的硬度和弹性，在高温条件下能表现出更好的热稳定性和延展性。这是由于 PUSSP 具有较高的弹性，提高了沥青中的弹性成分，提高了改性沥青的硬度、弹性和高温稳定性，在改性沥青制备过程中，PUSSP 由固-固态相变行为较 PEG4000 具有更好的相态稳定性，这避免了 PUSSP 对沥青内部结构和组分的影响，从而降低了对沥青路用性能的不利影响。由图 6.5 还可以发现，随着 PUSSP 软段质量分数的增加，PUSSP 改性沥青的针入度增大而软化点逐渐降低，这是由于 PUSSP 软段增加的同时硬段减少，导致 PUSSP 弹性降低，改性沥青的弹性减弱，其硬度也随之降低，同时随着

PUSSP 塑性的逐渐提高，PUSSP 改性沥青的延度表现为增长的趋势。

    PEG4000 改性沥青与不同掺量的 PUSSP 改性沥青的三大指标测试结果如图 6.6 所示。由图 6.6 可知，随着掺量的增加，PEG4000 改性沥青的针入度提高，而软化点和延度呈现为降低的趋势，这说明 PEG4000 对沥青基础物理性能的不利影响随着掺量的增加而进一步加深，因此通过增加掺量来提高 PEG4000 改性沥青的储热特性是不可取的，这意味着 PEG4000 改性沥青路用性能的持续衰减。随着 PUSSP 掺量的提高，PUSSP 改性沥青的针入度和延度逐渐减小而软化点增加，这表明提高 PUSSP 掺量有助于改善 PUSSP 改性沥青的硬度、弹性和高温性能，但会对 PUSSP 改性沥青的低温抗裂性能产生不利影响。

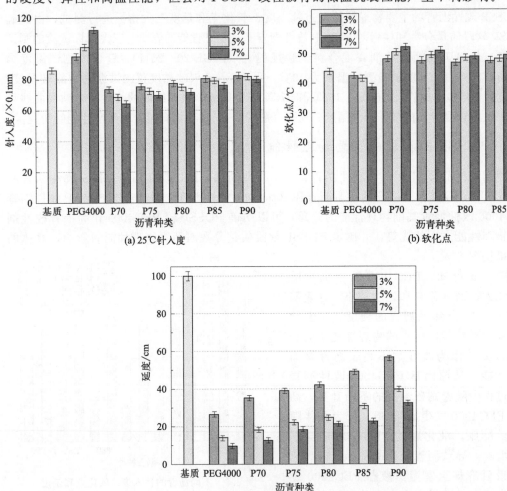

图 6.6 不同掺量沥青的针入度、软化点和延度

    综上所述，PUSSP 稳固的相变行为使其作为沥青改性剂具有明显优势。PEG4000 掺入沥青会全面降低沥青的物理性能，而 PUSSP 作为沥青改性有助于提升沥青的弹性和高温性能，通过提高 PUSSP 软段质量分数还能有效地改善 PUSSP 改性沥青的延展性，PUSSP 较 PEG4000 更适用于沥青路面的应用。

6.2.2 PUSSP 改性沥青黏度

    沥青黏度反映了沥青抵抗流动变形的能力，这一性能对沥青的高温性能有着明显的影响，一般情况下沥青的黏度越高意味着高温性能越好。黏度对沥青与集料之间的黏附性也具有影响，沥青的黏度较高越有助于改善沥青混合料的路用性能[331,332]。PUSSP 改性沥青和 PEG4000 改性沥青的黏度测试分为 135℃、145℃、155℃、165℃和 175℃五个温度。

基质沥青、不同掺量的 PEG4000 改性沥青和 PUSSP 改性沥青的布氏黏度测试结果如图 6.7 所示。由图 6.7 可知。各沥青的黏度均随着温度的升高而逐渐降低，这说明沥青的抗变形性能随着温度升高而逐渐降低，沥青的塑性增强。PEG4000 改性沥青的黏度曲线低于基质沥青黏度曲线，且随着掺量的增加而逐渐降低，这说明 PEG4000 的掺入降低了沥青的黏度，PEG4000 降低了沥青的抗变形性能和高温性能，其原因是 PEG4000 的固-液相变行为破坏了沥青的结构，并对沥青内组分进行稀释。

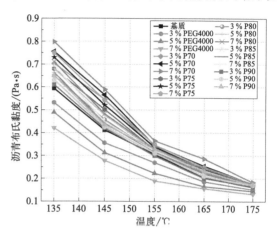

图 6.7　不同掺量 PUSSP 改性沥青
和 PEG4000 改性沥青的布氏黏度

PUSSP 改性沥青的黏温曲线明显高于基质沥青和 PEG4000 改性沥青的黏温曲线，这表明 PUSSP 改性沥青具有更好的抗变形性能和高温性能。目前有研究者认为沥青的黏度与沥青的黏附性具有一定的相关性。蔡婷[333] 通过三角形坐标系和三棱锥图等研究方法发现沥青的黏度与沥青四组分和黏附性之间具有较好的相关性，沥青黏度越高说明沥青内胶质的含量越多，沥青的黏附性也就越强。由此可见，PUSSP 改性沥青具有较好的黏附性，这有助于提高 PUSSP 改性沥青混合料的路用性能。随着 PUSSP 软段质量分数的降低和掺量的增加，PUSSP 改性沥青的黏温曲线逐渐提高，这说明 PUSSP 改性沥青的抗变性能和高温性能得以增强，其原因是软段质量分数较小的 PUSSP 具有更高的弹性和抗变形性能，增加掺量对较高软段质量分数的 PUSSP 改性沥青的黏度提升更加显著。通过沥青的黏温曲线可以计算相应沥青混合料的拌和温度，这对开展 PUSSP 改性沥青混合料的相关研究至关重要。

6.2.3　PUSSP 改性沥青拌合温度

根据《公路沥青路面施工技术规范》（JTGF 40—2004）的相关要求，通过黏温曲线分别计算出 PUSSP 改性沥青混合料和 PEG4000 改性沥青混合料的拌和温度。延西利对基质沥青、SBS 改性沥青以及 ACMP 温拌沥青的黏度研究发现，黏温曲线法计算沥青的拌和温度适用于聚合物改性沥青，其计算结果与工程生产具有较好的适用性。PUSSP 改性沥青和 PEG4000 改性沥青均属于聚合物改性沥青，本小节研究对象主要为不同软段质量分数和掺量的 PUSSP 改性沥青，掺量分别为 3％、5％和 7％，以基质沥青和 PEG4000 改性沥青为对照组，各改性沥青对黏温曲线的拟合结果见表 6.5。

如表 6.5 所示，基质沥青、PUSSP 改性沥青和 PEG4000 改性沥青线性拟合后均具有较高的相关系数和较好的相关性，拟合公式为 $y=ax+b$。随着 PUSSP 软段质量分数增加，PUSSP 改性沥青的 a 的绝对值逐渐减小，这说明 PUSSP 改性沥青黏度随升温的变化趋势逐渐减弱，这是由于软段质量分数较低的 PUSSP 改性沥青的初始黏度较小，P90 改性沥青的拟合结果与基质沥青较为接近，这意味着通过黏温曲线计算的沥青混合料拌和温度较低且与基质沥青混合料的拌和温度接近。PEG4000 改性沥青线性拟合公式 a 的绝对值较 PUSSP

改性沥青明显减小，其沥青混合料拌和温度的要求更低。

表 6.5   PUSSP 改性沥青和 PEG4000 改性沥青黏温曲线的线性回归

沥青种类	线性回归关系	相关系数
基质	$\lg\eta=-0.01531T+1.69569$	0.99136
3%PEG4000	$\lg\eta=-0.01462T+1.55531$	0.98645
5%PEG4000	$\lg\eta=-0.01421T+1.44758$	0.95413
7%PEG4000	$\lg\eta=-0.01350T+1.28212$	0.94577
3%P70	$\lg\eta=-0.01673T+1.99162$	0.98992
5%P70	$\lg\eta=-0.01697T+2.06426$	0.99242
7%P70	$\lg\eta=-0.01660T+2.05271$	0.98983
3%P75	$\lg\eta=-0.01633T+1.90933$	0.99657
5%P75	$\lg\eta=-0.01673T+2.00797$	0.99731
7%P75	$\lg\eta=-0.01670T+2.02052$	0.99605
3%P80	$\lg\eta=-0.01589T+1.82146$	0.99607
5%P80	$\lg\eta=-0.01603T+1.85911$	0.99691
7%P80	$\lg\eta=-0.01606T+1.88001$	0.99618
3%P85	$\lg\eta=-0.01563T+1.76308$	0.99078
5%P85	$\lg\eta=-0.01588T+1.80364$	0.99514
7%P85	$\lg\eta=-0.01599T+1.85255$	0.99280
3%P90	$\lg\eta=-0.01557T+1.73821$	0.98717
5%P90	$\lg\eta=-0.01539T+1.72356$	0.98835
7%P90	$\lg\eta=-0.01545T+1.73264$	0.99606

根据《公路沥青路面施工技术规范》（JTGF 40—2004）的技术要求，沥青在混合料拌和时旋转黏度应控制在（0.17 ± 0.02）Pa·s 附近。根据该技术要求，PUSSP 改性沥青和 PEG4000 改性沥青的黏度均需要在控制在 [0.15Pa·s，0.19Pa·s] 的黏度区间，这有助于 PUSSP 改性沥青混合料和 PEG4000 改性沥青混合料的制备。通过表 6.5 的线性回归公式进行回归计算即可确定基质沥青、PUSSP 改性沥青以及 PEG4000 改性沥青的最佳拌和温度，计算的拌和温度范围及中值见表 6.6。沥青混合料热拌和温度应控制在该温度区间内，这能使制备的沥青混合料表现出最佳的路用性能。

由表 6.6 可知，PUSSP 的拌和温度明显高于 PEG4000 和基质沥青的拌和温度，其原因是 PUSSP 改性沥青具有较大的黏度，随着 PUSSP 软段质量分数的降低和掺量的增加，PUSSP 改性沥青的拌和温度也逐渐提高，但 PUSSP 改性沥青之间的差异较小，其拌和温度整体处于 158~174℃ 的温度区间内，不同掺量的 PUSSP 改性沥青的拌和温度差异较大。PEG4000 改性沥青的拌和温度要低于基质沥青和 PUSSP 改性沥青的拌和温度，且随着掺量的增加而逐渐减小，整体处于 152~159℃ 的温度区间内，拌和所需的温度较低，相应的沥青混合料的制备工艺要求相对较低，其原因是 PEG4000 的加入破坏了沥青的黏弹特性，使沥青的流动性明显提高。由此可见，PUSSP 改性沥青和 PEG4000 改性沥青的混合料制备均不需要过高的拌和温度，制备所需要的条件适中，后续 PUSSP 改性沥青混合料的制备温度应参考这一结果，以确保改性沥青混合料的路用性能达到最佳。

表 6.6   沥青拌和温度范围及温度中值

沥青种类	温度范围/℃	温度中值/℃
基质	158~164	161
3%PEG4000	156~163	159
5%PEG4000	152~160	156
7%PEG4000	149~156	152
3%P70	160~169	165
5%P70	162~171	167

续表

沥青种类	温度范围/℃	温度中值/℃
7%P70	166~174	170
3%P75	160~168	164
5%P75	161~170	166
7%P75	162~171	167
3%P80	159~167	163
5%P80	159~168	164
7%P80	161~169	165
3%P85	159~165	162
5%P85	160~165	162
7%P85	161~168	164
3%P90	158~165	161
5%P90	159~165	162
7%P90	159~166	162

6.3 PUSSP 改性沥青调温特性

调温特性是相变材料改性沥青最具代表性的功能性，与传统沥青改性剂不同，相变材料赋予了沥青调温特性，实现了沥青内部温度的自主调节，从而降低了外界温度对沥青路用性能的影响，维持了沥青路面的路用性能。本节参考目前相变材料及其应用于道路工程的研究现状，提出了相变材料改性沥青调温特性的测试方法，用于分析 PUSSP 能否赋予沥青调温特性以及对沥青调温特性的影响，提出量化沥青调温特性的评价指标，并通过沥青储热特性对沥青调温试验的可靠性进行验证。

6.3.1 沥青调温试验

PUSSP 改性沥青和 PEG4000 改性沥青相较于基质沥青均具有调温特性，利用在沥青中内置光栅温度传感器可以确定沥青内部的温度随外界温度变化的规律。沥青调温特性测试系统如图 6.8 所示，包括温度传感器、水浴箱和支架等。

测试流程如下：首先将沥青加热至熔融态；然后将熔融沥青放置于铝盒中，随后将温度传感器置于沥青试样的中间位置，在室内温度下固化约 4h；最后，将固化后的沥青试样及温度传感器放置在恒温水浴内部的支架上，在 25℃的恒温水浴中至少浸泡 1h 以

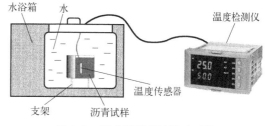

图 6.8　沥青调温特性测试系统

稳定沥青的内部温度，再将试样转移到 70℃的恒温水浴中即可开始升温测试，待完成升温后转移至 25℃的恒温水浴中完成降温测试。

6.3.2 PUSSP 改性沥青调温试验

本小节通过沥青调温试验对 PUSSP 改性沥青的调温特性进行测试，以基质沥青和 PEG4000 改性沥青作为对照组，PUSSP 改性沥青和 PEG4000 改性沥青中相变材料的外加掺量均为 5%，首先需要通过基质沥青和 PEG4000 改性沥青调温试验的测试结果确定相变改性沥青调温特性的评价方法，然后据此提出评价指标。

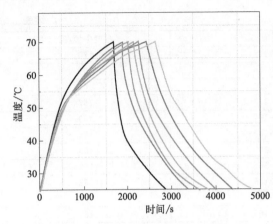

图 6.9　基质沥青和 PEG4000 改性
沥青的时间-温度曲线

时间 2500s 后，曲线从左到右依次为基质，
P70，P75，P80，P85，P90，PEG4000

基质沥青和 PEG4000 改性沥青的时间-温度曲线如图 6.9 所示，大体可分为升温（25～70℃）和降温（70～25℃）两个阶段。由图 6.9 可知，基质沥青和 PEG4000 改性沥青升温至 70℃ 所需时间分别为 1690s 和 2670s，升温速率呈现出先高后低的规律，在 25～50℃ 的温度区间内升温速率最快。PEG4000 改性沥青在达到 70℃ 水浴温度时比基质沥青慢了 980s，该延迟时间（Δt_{P-B}）作为评价指标可以较好地反映 PEG4000 改性沥青的调温特性。加热时间为 1690s 时，基质沥青升温至 70℃，此时 PEG4000 改性沥青内部温度较基质沥青内部温度降低了 6.7℃，该温差（ΔT_{P-B}）也可以用来表征 PEG4000 改性沥青的调温特性。自定义评价指标 Δt_{P-B} 和 ΔT_{P-B} 也可以用来评价 PUSSP 改性沥青的调温特性，这是由于根据 6.3 节的研究结论，基质沥青不具备储热特性，同样也不具备调温特性，基于基质沥青和相变改性沥青的时温曲线而提出的调温特性评价指标具有合理性。

此外，图 6.9 中 PUSSP 改性沥青的时间-温度曲线较基质沥青的时间-温度曲线也存在明显的差异，说明 PUSSP 改性沥青具有调温特性。对比图中 PEG4000 改性沥青和 PUSSP 改性沥青的时间-温度曲线可以发现，PUSSP 改性沥青的调温特性弱于 PEG4000 改性沥青的调温特性，根据 6.3 节的研究结果，这是由于 PUSSP 改性的储热特性弱于 PEG4000 改性沥青的储热特性造成的。随着 PUSSP 软段质量分数的增加，PUSSP 改性沥青的时间-温度曲线明显右移，升温和降温所用的时间大幅提高，升温速率也逐渐降低，其原因是 PUSSP 改性沥青的储热特性随着 PUSSP 软段质量分数的增加而逐渐提高，调温特性随之提高。由于图 6.9 中时温曲线可以有效区分各相变改性沥青储热特性的差异，这也侧面说明了沥青调温试验的合理性。评价指标 Δt_{P-B} 和 ΔT_{P-B} 可以量化 PUSSP 改性沥青和 PEG4000 改性沥青的调温特性，具体计算结果见表 6.7。

表 6.7　PUSSP 改性沥青和 PEG4000 改性沥青的调温特性评价指标

沥青种类	升温阶段		降温阶段	
	Δt_{P-B}/s	ΔT_{P-B}/℃	Δt_{P-B}/s	ΔT_{P-B}/℃
基质	—	—	—	—
PEG4000	980	6.7	965	7.5
P70	260	1.7	210	1.6
P75	415	2.6	380	3.0
P80	460	3.8	445	4.1
P85	565	4.2	510	5.2
P90	750	5.0	730	7.9

由表 6.7 可知，PUSSP 和 PEG4000 均能通过储热特性有效地延缓沥青的内部温度变化，实现沥青内部的温度调节。通过 Δt_{P-B} 和 ΔT_{P-B} 的计算结果可以发现，PEG4000 改性沥青的调温特性明显优于 PUSSP 改性沥青的调温特性，其中 P70 改性沥青较 PEG4000 改性沥青其 Δt_{P-B} 和 ΔT_{P-B} 在升温阶段分别降低了 73.47% 和 74.62%，其调温特性较 PEG4000 改性沥青显著降低，这意味着为了达到与 PEG4000 改性沥青相同的降温效果，需

要向沥青中添加更多的 P70，这可能会进一步影响沥青的路用性能。造成这种现象的原因是 PEG4000 和 P70 储热特性的差异，因此，提高 PUSSP 的储热特性可以有效地改善 PUSSP 改性沥青的调温特性，减小与 PEG4000 改性沥青调温特性的差距[334]。随着软段质量分数的增加，PUSSP 改性沥青的调温特性得到大幅提高，P90 改性沥青的 Δt_{P-B} 和 ΔT_{P-B} 较 P70 改性沥青分别提高了 188.46% 和 194.11%，P90 改性沥青的调温特性与基质沥青的调温特性较为接近。

综上所述，PUSSP 掺入沥青后能赋予沥青调温特性，虽然 PUSSP 改性沥青的调温特性较 PEG4000 改性沥青的调温特性有所降低，但随着 PUSSP 软段质量分数的增加，PUSSP 改性沥青的调温特性逐渐改善。结合 PUSSP 改性沥青的调温特性和基础物理性能可知，虽然 PUSSP 改性沥青的调温特性较 PEG4000 改性沥青有所降低，但其凭借自身较好的相态稳定性降低了对沥青物理性能的不利影响，而 PEG4000 对沥青物理性能的破坏十分显著。此外，PUSSP 还有助于提高沥青弹性、抗变形性能和高温性能，PUSSP 较 PEG4000 更适合应用于沥青改性，实现沥青路面的调温。由于 PUSSP 对沥青路用性能的影响远远低于 PEG4000 改性沥青，因此，可以考虑增加掺量改善 PUSSP 改性沥青的调温特性，研究掺量对 PUSSP 改性沥青调温特性的影响更具现实意义和研究价值。

6.3.3 掺量对 PUSSP 改性沥青调温特性的影响

PUSSP 改性沥青具有较好的调温特性和物理性能，这意味着通过增加 PUSSP 掺量可以进一步改善 PUSSP 改性沥青的储热特性。本小节选用的 PUSSP 改性沥青样品为调温特性差异较大的 P70 改性沥青、P80 改性沥青和 P90 改性沥青，外加掺量分别为 3%、5% 和 7%，以确定掺量对 PUSSP 改性沥青调温特性的影响。以基质沥青作为参照可以计算调温特性评价指标 Δt_{P-B} 和 ΔT_{P-B}，用来量化掺量对 PUSSP 改性沥青调温特性的影响。沥青调温试验依然包括升温和降温两个阶段的测试，反映了在不同阶段下掺量对各 PUSSP 改性沥青调温特性的影响。

不同掺量及软段质量分数的 PUSSP 改性沥青的时温曲线如图 6.10 所示。由图 6.10 可知，随着 PUSSP 掺量的增加，各 PUSSP 改性沥青的时温曲线均明显右移，当时间相同时，掺量较大且软段质量分数较高的 PUSSP 改性沥青的内部温度明显降低，这说明增加 PUSSP 掺量有助于改善 PUSSP 改性沥青的调温特性，且对软段质量分数较高的 PUSSP 改性沥青调温特性的提升效果更加显著。采用调温特性指标 Δt_{P-B} 和 ΔT_{P-B} 可以更直观地分析掺量对 PUSSP 改性沥青调温特性的影响，计算结果见表 6.8。

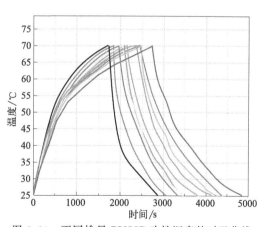

图 6.10 不同掺量 PUSSP 改性沥青的时温曲线
时间 3000s 后，曲线从左到右依次为基质，
3% P70，5% P70，3% P80，7% P70，5% P80，
3% P90，7% P80，5% P90，7% P90

由表 6.8 可知，根据评价指标 Δt_{P-B} 和 ΔT_{P-B} 的计算结果可以发现，提高掺量对软段质量分数较高的 PUSSP 改性沥青调温特性提升效果较为显著，7% P90 改性沥青的最大 Δt_{P-B} 和 ΔT_{P-B} 分别为 1005s 和 9.7℃。P90 改性沥青掺量由 3% 提高到 7% 时其 Δt_{P-B} 和 ΔT_{P-B} 分别提高了 356s 和 3.2℃，而 P70 改性沥青掺量由 3% 提高到 7% 时其 Δt_{P-B} 和 ΔT_{P-B} 分别提高了 267s 和 2℃，P90 改性沥青的调

温特性得到了更显著的提升。在降温阶段，P90改性沥青的调温特性也明显强于P70改性沥青的调温特性，随着P90掺量的增加，其变化规律与升温阶段时基本保持一致，P90改性沥青在降温阶段同样能更好地维持沥青内部温度。这是由于P90较P70具有更强的储热特性，提高掺量可以有效增加P90改性沥青内的储热单元，从而高效地降低环境温度对沥青内部温度的影响，维持沥青的路用性能[335]。

表6.8   不同掺量PUSSP改性沥青的调温特性指标

沥青种类	升温阶段		降温阶段	
	$\Delta t_{P\text{-}B}/s$	$\Delta T_{P\text{-}B}/℃$	$\Delta t_{P\text{-}B}/s$	$\Delta T_{P\text{-}B}/℃$
基质	—	—	—	—
3% P70	119	0.9	60	0.8
5% P70	260	1.7	210	1.6
7% P70	386	2.9	354	2.7
3% P80	369	2.6	312	3.1
5% P80	460	3.8	445	4.1
7% P80	772	5.3	690	7.1
3% P90	649	3.9	617	4.9
5% P90	750	5.0	730	7.9
7% P90	1005	7.1	935	9.7

综上所述，PUSSP改性沥青和PEG4000改性沥青的调温特性差异主要来源于两类相变材料储热特性的差异。虽然PUSSP改性沥青的调温特性弱于PEG4000改性沥青的调温特性，但提高PUSSP的软段质量分数和掺量可以有效改善PUSSP改性沥青的调温特性，外加掺量为7%的P90改性沥青具有出色的调温特性，最大$\Delta t_{P\text{-}B}$和$\Delta T_{P\text{-}B}$分别为1005s和9.7℃，考虑到P90改性沥青较好的基础物理性能，P90更适合沥青改性的应用。

6.3.4 PUSSP改性沥青调温特性与储热特性的相关性

PUSSP改性沥青的调温特性来源于PUSSP及PUSSP改性沥青的储热特性，本节通过PUSSP改性沥青调温特性评价指标与PUSSP及其改性沥青储热特性参数进行相关性分析，明确PUSSP改性沥青的调温特性与PUSSP及PUSSP改性沥青的储热特性之间的联系。以PEG4000作为参照，可以提高相变改性沥青调温特性与相变材料储热特性相关性分析的泛用性。

PUSSP改性沥青和PEG4000改性沥青的$\Delta t_{P\text{-}B}$和$\Delta T_{P\text{-}B}$与PUSSP和PEG4000储热焓值的相关性分析结果如图6.11所示，反映了相变改性调温特性和相变材料储热特性的内在联系。由图6.11可知，升降温阶段的相关性分析结果呈现的规律基本一致，评价指标$\Delta t_{P\text{-}B}$和$\Delta T_{P\text{-}B}$随着熔融或结晶焓值的提高而逐渐增大，这说明相变材料改性沥青的调温特性随着相变材料储热特性的提高而逐渐增强。对图6.11中参数进行相关性分析可以发现，评价指标$\Delta t_{P\text{-}B}$和$\Delta T_{P\text{-}B}$与储热焓值具有较好的相关性，$\Delta t_{P\text{-}B}$和$\Delta T_{P\text{-}B}$与熔化焓的相关系数R分别为0.97和0.99，而与结晶焓的相关系数R分别为0.98和0.98，均为高度正相关。$\Delta t_{P\text{-}B}$和$\Delta T_{P\text{-}B}$与储热焓值的相关性接近则说明了相变材料的储热特性直接决定了相变材料改性沥青的调温特性，因此PUSSP和PEG4000储热特性的差异是造成PUSSP改性沥青的调温特性弱于PEG4000改性沥青的根本原因。

由此可见，PUSSP改性沥青的调温特性与PUSSP储热特性具有较好的相关性，通过改进PUSSP的储热特性可以进一步改善PUSSP改性沥青的调温特性。PUSSP的储热特性越强，达到相同沥青调温效果所需的PUSSP就越少，这减小了应用成本以及对沥青路面路用

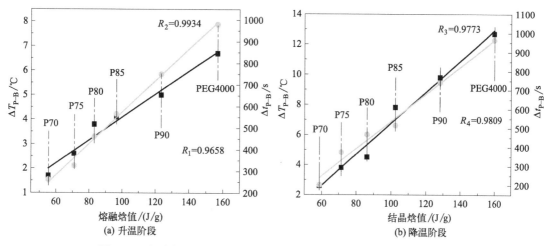

图 6.11　相变材料改性沥青调温特性指标与储热熔值的线性拟合关系

性能的影响。换言之，通过增加掺量可以持续地改善 PUSSP 改性沥青的调温特性。然而，PUSSP 改性沥青自身调温特性与储热特性的相关性尚未得到验证，为了更直观地展示 PUSSP 掺量和软段质量分数对 PUSSP 改性沥青调温特性和储热特性的影响，PUSSP 改性沥青选用性能差异较大的 P70 改性沥青、P80 改性沥青和 P90 改性沥青，PUSSP 掺量分别为 3%、5% 和 7%。

PUSSP 改性沥青的调温特性指标与储热熔值的相关性分析结果如图 6.12 所示，反映了 PUSSP 改性沥青调温特性与储热特性的联系，同时展示了 PUSSP 掺量和软段质量分数对 PUSSP 改性沥青调温及储热特性的影响。由图 6.12 可知，在吸热和放热阶段中，PUSSP 改性沥青的调温特性指标 Δt_{P-B} 和 ΔT_{P-B} 均随着 PUSSP 改性沥青储热熔值的增加而提高，这说明 PUSSP 改性沥青的调温特性随着自身储热特性的提高而增强。调温特性评价指标 Δt_{P-B} 和 ΔT_{P-B} 和储热熔值具有较好的相关性，PUSSP 改性沥青的熔融熔值与 Δt_{P-B} 和 ΔT_{P-B} 的相关系数（R_1、R_2）分别为 0.91 和 0.88，结晶熔值与 Δt_{P-B} 和 ΔT_{P-B} 的相关系数（R_3、R_4）分别为 0.91 和 0.91，均为高度正相关，且储热熔值与 Δt_{P-B} 的相关性更好，这表明 PUSSP 改性沥青的储热特性与调温特性高度相关，而 Δt_{P-B} 作为评价指标能更准确地评价 PUSSP 改性沥青的调温特性。

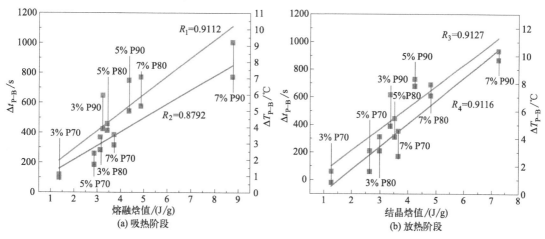

图 6.12　PUSSP 改性沥青的调温特性指标与储热熔值的线性拟合关系

随着 PUSSP 软段质量分数和掺量的增加，PUSSP 改性沥青的调温特性和储热特性均逐渐提高，结合上述两者较好的相关性，说明 PUSSP 作为沥青中唯一的储热单元，其自身的储热性能和数量决定了 PUSSP 改性沥青的调温特性。因此明确 PUSSP 在沥青中的分布状态和存在方式，以及 PUSSP 与沥青之间的改性机理具有必要性，这能确保 PUSSP 在沥青中能充分发挥出自身的储热特性，并据此为后续 PUSSP 改性沥青调温特性的进一步提高提供理论支撑。

6.4 PUSSP 改性沥青储热特性

6.4.1 储热特性

PUSSP 改性沥青的储热特性直接决定了 PUSSP 改性沥青的调温特性，而 PUSSP 改性沥青的储热特性来源于 PUSSP 的储热特性，研究 PUSSP 的软段质量分数的掺量对 PUSSP 改性沥青储热特性的影响对后续沥青调温特性的研究具有重要的意义，这有助于解释 PUSSP 改性沥青调温特性转变的原因。此外，通过建立 PUSSP 改性沥青储热特性与 PUSSP 储热特性的联系也能较好地解释 PUSSP 改性沥青储热特性存在差异性的原因。本小节通过 DSC 试验研究了基质沥青和 PUSSP 改性沥青的储热特性，测试温度由 10℃升至 70℃，测试样品为基质沥青、P70 改性沥青、P80 改性沥青和 P90 改性沥青，外加掺量分别为 3%、5%和 7%，这能更好地体现 PUSSP 软段质量分数和掺量对沥青储热特性的影响。

基质沥青和 PUSSP 改性沥青的 DSC 测试结果如图 6.13 所示，其中图 6.13（a）所示为 DSC 测试升温过程中的吸热曲线，图 6.13（b）所示为降温过程中的放热曲线。图 6.13 中基质沥青在升温和降温过程均没有明显的特征峰，表明基质沥青不具有储热特性，这意味着基质沥青同样不具备调温特性，因此可以考虑以基质沥青作为参照研究 PUSSP 改性沥青的调温特性。

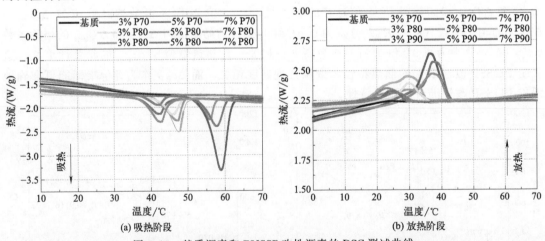

图 6.13   基质沥青和 PUSSP 改性沥青的 DSC 测试曲线

由图 6.13 可知，PUSSP 改性沥青相较于基质沥青表现出明显的特征峰，这说明 PUSSP 改性沥青具有储热特性，其具体的储热特性参数见表 6.9。PUSSP 改性沥青的储热特性来源于 PUSSP 的储热特性，其随着 PUSSP 储热特性的转变而转变，具体表现为 PUSSP 改性沥青的储热特性随着 PUSSP 软段质量分数的增加而逐渐增强，5% P90 改性沥青在吸热阶段的储热焓值为 4.36J/g，而 5% P70 改性沥青在吸热阶段的储热焓值为 2.86J/g，提升了 52.45%，PUSSP 改性沥青的储热特性显著提高，这说明 PUSSP 对沥青的调温效果得到改善。随着 PUSSP 掺量的增加，PUSSP 改性沥青中 7% P90 改性沥青在吸热阶段的储热焓值为 8.75J/g，而 3% P90 改性沥青仅为 3.23J/g，提高了 5.52J/g，这说明提高 PUSSP 的掺量可以有效地增强 PUSSP 改性沥青的储热特性；P70 改性沥青的外加掺量由 3% 增至 7%，吸热阶段储热焓值仅增大了 2.35J/g，明显低于 P90 改性沥青的提升效果，表明掺量对软段质量分数较高的 PUSSP 改性沥青储热特性的提升效果更加显著。

表 6.9　基质沥青和 PUSSP 改性沥青的储热特性参数

沥青种类	吸热阶段		放热阶段	
	ΔH_m/(J/g)	T_m/℃	ΔH_c/(J/g)	T_c/℃
基质	—	—	—	—
3% P70	1.36	38.2	1.26	30.9
5% P70	2.86	37.3	2.63	29.8
7% P70	3.71	37.1	3.65	30.6
3% P80	3.12	40.3	2.98	36.2
5% P80	3.42	39.9	3.52	36.1
7% P80	4.87	39.9	4.79	36.1
3% P90	3.23	51.3	3.36	42.6
5% P90	4.36	51.0	4.22	42.3
7% P90	8.75	51.2	7.25	42.1

综上所述，提高 PUSSP 的软段质量分数和掺量均能改善 PUSSP 改性沥青的储热特性，这意味着 PUSSP 能对沥青产生更强的调温效果。然而，PUSSP 改性沥青的储热特性不能直接反映 PUSSP 对沥青的调温效果，因此后续需要提出沥青调温试验和相应的评价指标用于阐明 PUSSP 改性沥青的调温特性，分析 PUSSP 的软段质量分数和掺量对沥青调温特性的影响。

6.4.2　热稳定性

沥青的热稳定性指沥青在高温环境中的耐热性能，该性能越强说明沥青在高温环境中越容易维持自身的性能，与沥青的高温性能具有一定的关联性，研究者发现热稳定性较好的沥青通常会表现出更强的高温性能。沥青的热稳定性通过 TG 试验进行测试，采用美国 TA 公司生产的 Q50 型热重分析仪，确保沥青样品的质量为 3~5mg，测试温度由室温升至 800℃，升温速率为 20℃/min，测试全程需要氮气作为保护气。本次试验采用的沥青样品为基质沥青、PEG4000 改性沥青和不同软段质量分数的 PUSSP 改性沥青，掺量均取 5%，这有助于研究 PUSSP 改性沥青与 PEG4000 改性沥青以及基质沥青热稳定性能间的差异。评价指标为测试样品质量损失分别为 5% 和 10% 对应的热分解温度 $T_{5\%}$ 和 $T_{10\%}$ 以及残余质量比。

基质沥青、PUSSP 改性沥青和 PEG4000 改性沥青的 TG 曲线如图 6.14 所示，反映了各沥青热稳定性的差异。图 6.14 中各沥青的 TG 测试曲线呈现了相似的失重特征，全部表现为一次热失重。由图 6.14 可知，PUSSP 改性沥青的热失重曲线要明显高于基质沥青和 PEG4000 改性沥青的热失重曲线，且随着 PUSSP 软段质量分数的减小而逐渐提高，这说明 PUSSP 的掺入改善了沥青的耐热性能，PUSSP 改性沥青较基质沥青和 PEG4000 改性沥青具有更好的热稳定性，这与改性沥青软段点的研究结果基本一致，通过评价指标热分解温度 $T_{5\%}$ 和 $T_{10\%}$ 以及残余质量比可以更直观地量化这一规律，明确各沥青热稳定性的差异。

PUSSP 改性沥青和 PEG4000 改性沥青热稳定性评价指标如表 6.10 所示。由表 6.10 可知，PUSSP 改性沥青较基质沥青和 PEG4000 改性沥青其热分解温度 $T_{5\%}$ 和 $T_{10\%}$ 明显提高，

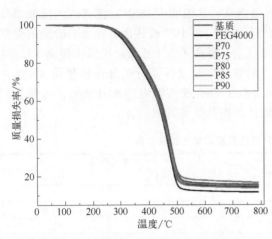

图 6.14   基质沥青、PUSSP 改性沥青和
PEG4000 改性沥青的 TG 曲线

P90 改性沥青较基质沥青其 $T_{5\%}$ 和 $T_{10\%}$ 分别提高了 2.2℃和 3.1℃。随着 PUSSP 软段质量分数的提高，P70 改性沥青较 P70 改性沥青其 $T_{5\%}$ 和 $T_{10\%}$ 分别提高了 24.5℃和 30.6℃，热稳定性得以改善。这是因为 P70 具有较好的热稳定性，但由于在快速升温过程中，PUSSP 改性沥青中，沥青组分的分解占有主导地位，而 PUSSP 与沥青的改性机理为物理改性，因此对沥青热稳定性的影响较小。PEG4000 改性沥青较基质沥青其 $T_{5\%}$ 和 $T_{10\%}$ 分别降低了 7.3℃和 5.3℃，这说明 PEG4000 的掺入使基质青的热稳定性减弱，其原因是 PEG4000 对沥青组分的稀释作用和内部结构的破坏，使沥青在高温环境中更容易发生热分解。

表 6.10   PUSSP 改性沥青和 PEG4000 改性沥青热稳定性评价指标

沥青种类	$T_{5\%}$/℃	$T_{10\%}$/℃	残余质量比/%
基质	289.5	310.1	13.23
PEG4000	282.2	304.8	11.32
P70	316.2	343.8	17.98
P75	305.9	329.9	16.15
P80	299.6	322.6	15.33
P85	295.2	318.5	14.84
P90	291.7	313.2	13.85

由此可见，虽然 PUSSP 对沥青热稳定性的提升效果有限，但相较于 PEG4000 对沥青热稳定性的不利影响，PUSSP 改性沥青表现的热稳定性是可以接受的。PUSSP 改性沥青中 P70 改性沥青具有最佳的热稳定性，这可能有利于沥青的高温性能，而这需要对 PUSSP 改性沥青的流变特性等路用性能进行研究。

6.5   本章小结

本章采用第 5 章自制 PUSSP 作为沥青改性剂，制备了 PUSSP 改性沥青。通过正交设计和灰关联分析法提出了 PUSSP 改性沥青的最佳制备工艺。利用沥青三大指标试验研究了 PUSSP 改性沥青的基础物理性能；利用 DSC 和 TG 试验分析了 PUSSP 改性沥青的储热特性，通过沥青调温试验阐明了 PUSSP 改性沥青的调温特性，并对储热特性与调温特性的相关性进行分析，本章主要研究结论如下。

① PUSSP 改性沥青采用熔融共混法进行制备，PUSSP 放入沥青前应先进行研磨和预热。通过正交设计和灰关联分析法提出了 PUSSP 改性沥青最佳制备工艺，具体参数如下：剪切温度为 160℃，剪切速率为 5000r/min，剪切时间为 50min。

② PUSSP 改性沥青较 PEG4000 改性沥青的基础物理性能明显提高，PUSSP 提高了沥青的弹性和高温性能，改善效果随着 PUSSP 软段质量分数的降低和掺量的增加更加显著，软段质量分数较低的 PUSSP 改性沥青具有更好的低温抗裂性能，P90 改性沥青的延度

为 39cm。

③ PUSSP 改性沥青黏度随 PUSSP 软段质量分数的降低和掺量的增加而逐渐提高，这有助于增强沥青与集料之间的黏附性。通过黏温曲线回归分析，PUSSP 改性沥青混合料的拌和温度应选取 161～170℃的温度区间。

④ PUSSP 改性沥青储热特性弱于 PEG4000 改性沥青的储热特性，但其随着 PUSSP 软段质量分数和掺量的提高而逐渐增强，7％ P90 改性沥青的储热焓值升为 8.75J/g，远高于 3％ P70 改性沥青的 1.36J/g。PUSSP 改性沥青具有较好的热稳定性，最低热分解温度为 291.7℃，改性沥青制备过程中不会发生热分解。

⑤ 提出了相变材料改性沥青调温特性的测试手段和评价指标（Δt_{P-B}，ΔT_{P-B}），通过调温特性与储热特性的相关性验证了可靠性。PUSSP 改性沥青的调温特性弱于 PEG4000 改性沥青的调温特性，但其随着 PUSSP 软段质量分数和掺量的增加而大幅增强，7％ P90 改性沥青的最大 Δt_{P-B} 和 ΔT_{P-B} 分别为 1005s 和 9.7℃。

第7章

PUSSP改性沥青的改性机理研究

本书第 6 章明确了 PUSSP 改性沥青的最佳制备工艺，并研究了 PUSSP 改性沥青的储热和调温特性，通过对比 PUSSP 改性沥青和 PEG4000 改性沥青的综合性能，明确了 PUSSP 改性沥青在基础物理性能等方面的优势。本章通过研究 PUSSP 改性沥青的流变特性，进一步分析 PUSSP 对沥青路用性能的影响，这对 PUSSP 改性沥青能否实现沥青路面应用具有重要的意义[336]。利用流变学测试方法 DSR 和 BBR 试验对 PUSSP 改性沥青的高温抗车辙性能、低温蠕变性能、抗永久变形性能以及高温储存稳定性等性能进行研究，阐明 PUSSP 的软段质量分数和掺量对 PUSSP 改性沥青流变特性的影响，并评价 PUSSP 改性沥青的流变特性。

7.1　PUSSP 改性沥青的高低温流变特性

沥青的高低温流变特性主要包括高温抗车辙性能和低温蠕变性能，反映了高低温环境下沥青的路用性能，沥青作为感温性材料，温度对其流变特性的影响显著，考察沥青的流变特性对实际应用具有重要意义。沥青的高低温流变特性不足会导致沥青路面出现如车辙和开裂等温度病害，损害了沥青路面的路用性能和耐久性。因此 PUSSP 改性沥青的流变特性决定了 PUSSP 作为相变材料沥青改性剂是否具有实际应用价值，而这也是 PEG4000 不宜应用于沥青路面的主要原因。

7.1.1　试验方法及参数

利用 Gemini Ⅱ ADS 型动态剪切流变仪（图 7.1）DSR 测试 PUSSP 改性沥青和 PEG4000 改性沥青的高温抗车辙性能，试验采用温度扫描模式，应变为 12%，加载频率为 10rad/s，采用 25mm 间隙板测试，间距为 1mm，测试温度区间为 46~82℃，温度间隔为 6℃。

沥青的低温蠕变性能采用弯曲梁流变仪（BBR，图 7.2）进行测试，根据《公路工程沥青及沥青混合料试验规程》（JTGE 20—2011）制备沥青小梁试件。试验中沥青小梁处于三点弯曲的状态，通过流变仪的力学传感器测试沥青试件在荷载作用下的形变和位移，借此计算出蠕变劲度 S 和蠕变速率 m，其中蠕变劲度 S 反映了沥青抵抗荷载的能力，蠕变速率 m 反映了荷载作用下沥青劲度的变化速率，S 值越小而 m 值越大表明沥青的低温蠕变性能越好。BBR 的测试环境温度区间设定为 -24~-12℃，温度间隔为 2℃，试样控温时间为 (60±5) min。

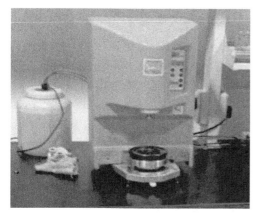

图 7.1　动态剪切流变仪

图 7.2　弯曲梁流变仪

7.1.2　高温抗车辙性能

本小节对基质沥青、PUSSP 改性沥青和 PEG4000 改性沥青的高温抗车辙性能进行研究。通过 DSR 试验，测试了在不同温度下 PUSSP 改性沥青和 PEG4000 改性沥青的复数模量（G^*）和相位角（δ）。其中 G^* 表示沥青的抗变形能力，δ 表示沥青的黏弹比，复数模量 G^* 越大而相位角 δ 越小说明沥青的高温抗车辙性能越强[337~339]。测试沥青样品为 P70 改性沥青、P75 改性沥青、P80 改性沥青、P85 改性沥青以及 P90 改性沥青，基质沥青和 PEG4000 改性沥青作为参照组，改性沥青的掺量均为 5％，这可以较好地展示相变材料种类对沥青高温抗车辙性能的影响。

PUSSP 改性沥青和 PEG4000 改性沥青温度扫描结果如图 7.3 所示。由图 7.3 可知，基质沥青、PUSSP 改性沥青以及 PEG4000 改性沥青的复数模量 G^* 均随着温度的升高逐渐降低，相位角 δ 随之增大，这说明沥青抗变形能力随着温度的升高逐渐减弱，同时伴随着弹性的降低或黏性的提高[340]。PEG4000 改性沥青的复数模量曲线低于基质沥青的复数模量曲线，而相位角 δ 较基质沥青有所增大，这说明 PEG4000 的加入降低了沥青的黏弹特性，PEG4000 改性沥青较基质沥青的高温抗车辙性能降低。

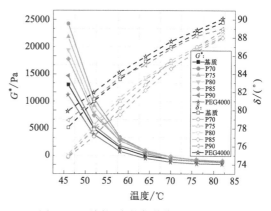

图 7.3　不同沥青的复数模量和相位角

PUSSP 改性沥青的 G^* 曲线高于基质沥青和 PEG4000 改性沥青的 G^* 曲线，其中 P70 沥青最高，P90 沥青与基质沥青接近，这说明 PUSSP 作为改性剂能提高沥青的高温抗车辙性能，但随着 PUSSP 软段质量分数的增加，提升效果逐渐减弱。P90 沥青的 δ 曲线和基质沥青的 δ 曲线较为接近，而其他 PUSSP 改性沥青的 δ 曲线均明显低于基质沥青的 δ 曲线，这说明 P90 沥青的黏弹特性与基质沥青相近，PUSSP 的加入提高了沥青的弹性并降低了沥青的黏性。对比 PUSSP 改性沥青的测试结果可知，随着 PUSSP 软段质量分数的提高，PUSSP 改性沥青的黏弹特性逐渐转变，其中 P90 改性沥青的弹性在 PUSSP 改性沥青中最弱，与基质沥青的弹性较为接近。

由此可见，PUSSP 改性沥青较基质沥青和 PEG4000 改性沥青具有更强的高温抗车辙性能，但随着 PUSSP 软段质量分数的增加，其高温抗车辙性能逐渐减弱，其中 P70 改性沥青具有最好的高温抗车辙性能，P90 改性沥青与基质沥青的高温抗车辙较为接近。虽然 P90 改性沥青的高温抗车辙性能较弱，但其较强的储能特性通过吸收热量减缓了沥青的升温。采用车辙因子（$G^*/\sin\delta$）可以更直观地反映沥青的高温抗车辙性能，车辙因子越大说明沥青的高温抗车辙性能越强[341]。

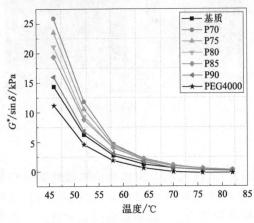

图 7.4　不同沥青的车辙因子

基质沥青、PUSSP 改性沥青和 PEG4000 改性沥青的车辙因子测试结果见图 7.4。由图 7.4 可知，PEG4000 掺入沥青会减弱沥青的高温抗车辙性能，其车辙因子仅为 11.0kPa，远低于基质沥青的 14.6kPa。PUSSP 显著提高了沥青的高温抗车辙性能，软段质量分数较低的 PUSSP 改性沥青具有更好的高温抗车辙性能，其中 P70 改性沥青的车辙因子最大，为 26.1kPa。这可能是由于 PUSSP 具有较高的弹性，在沥青中会以分散的颗粒或带状结构出现，与沥青质和其他组分共同增加了沥青的弹性成分，从而提高了沥青的高温车辙性能。因此，考虑到 PEG4000 对沥青高温抗车辙性能的不利影响，PEG4000 在沥青中的掺量不宜继续增加，这限制了 PEG4000 改性沥青的调温特性和储热特性。由于 PUSSP 改性沥青具有较好的高温抗车辙性能，通过提高掺量可以持续地改善 PUSSP 改性沥青的高温抗车辙性能。结合第 6 章的研究结论，这也会进一步提高 PUSSP 改性沥青的储热特性和调温特性，仅考虑 PUSSP 改性沥青的高温抗车辙性能，PUSSP 在沥青中的掺量可以持续增加，然而，考虑到 PUSSP 对沥青低温延度的不利影响，应着重关注 PUSSP 对沥青低温蠕变性能的影响，这可能会限制 PUSSP 改性沥青中 PUSSP 的种类和掺量。

综上所述，不同软段质量分数的 PUSSP 改性沥青其高温抗车辙性能存在着显著差异，研究 PUSSP 掺量对 PUSSP 改性沥青高温抗车辙性能的影响具有必要性。因此，选择高温抗车辙性能差异较大的 PUSSP 改性沥青作为研究对象，具体为 P70 改性沥青、P80 改性沥青和 P90 改性沥青，外加掺量分别为 3%、5% 和 7%，基质沥青作为参照。

不同掺量 PUSSP 改性沥青的高温抗车辙性能指标测试结果如图 7.5 所示，反映了 PUSSP 掺量对 PUSSP 改性沥青高温抗车辙性能的影响。由图 7.5 可知，当温度和 PUSSP 掺量相同时，PUSSP 改性沥青的车辙因子随着 PUSSP 软段质量分数的增加而降低。P70 改性沥青的 $G^*/\sin\delta$ 最大，为 28.6kPa，P90 改性沥青的 $G^*/\sin\delta$ 略大于基质沥青。这说明 PUSSP 改性沥青的高温抗车辙性能会随着 PUSSP 软段质量分数的增加而降低。这是由于软段质量分数较高的 PUSSP 其硬段比例较低，弹性较弱，对沥青弹性的增强作用有限。当温度和 PUSSP 软段质量分数相同时，PUSSP 改性沥青的 $G^*/\sin\delta$ 随 PUSSP 掺量的增加而升高，高温抗车辙性能随之增强，其中软段质量分数较低的 PUSSP 改性沥青受掺量的影响更加显著。

综上所述，PUSSP 改性沥青的高温抗车辙性能随着 PUSSP 软段质量分数的降低和掺量的增加而提高，考虑到 PUSSP 对沥青低温延度的不利影响，对 PUSSP 改性沥青的低温蠕变性能应着重进行研究。

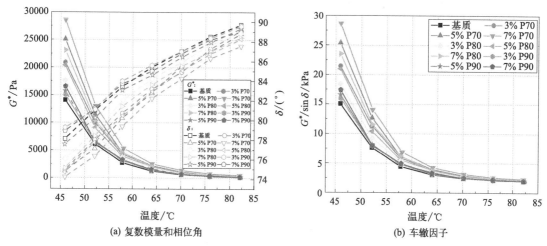

图 7.5　不同掺量 PUSSP 改性沥青的高温抗车辙性能指标

7.1.3　低温蠕变性能

BBR 用于研究沥青在低温环境下的蠕变行为，评价指标为沥青蠕变劲度模量（S）和蠕变速率（m），S 值越小而 m 值越大，说明沥青的低温蠕变性能越强[342]。

PUSSP 改性沥青和 PEG4000 改性沥青的蠕变劲度模量 S 和蠕变速率 m 值测试结果如图 7.6 所示。由图 7.6 可知，随着试验温度的升高，基质沥青、PUSSP 改性沥青和 PEG4000 改性沥青的蠕变劲度模量 S 减小，蠕变速率 m 增大，这表明沥青在温度较高的环境中具有更好的低温蠕变性能。其原因是沥青作为感温性材料，在温度较低时发生脆化，而在较高温度下发生软化，在低温环境中更容易出现脆性破坏[343,344]。由图 7.6 可知，PEG4000 改性沥青的蠕变劲度模量曲线高于基质沥青和 PUSSP 改性沥青的蠕变劲度模量曲线，但蠕变速率曲线最低，这说明 PEG4000 改性沥青的低温蠕变性能最差，这是由于在 PEG4000 改性沥青制备过程中，PEG4000 受热时会发生由固态向液态转变的相变行为，其体积变化和对沥青组分的侵蚀引发了沥青内部微裂纹的出现和开展，并伴随着沥青组分的稀释，最终导致 PEG4000 改性沥青在低温环境中极易发生脆性破坏，宏观表现为 PEG4000 改性沥青较弱的低温蠕变性能。

图 7.6 中 PUSSP 改性沥青之间的低温蠕变性能差异明显，PUSSP 改性沥青中 P90 改性沥青具有最小的蠕变劲度模量和最大的蠕变速率，这意味着 P90 改性沥青在 PUSSP 改性沥青中具有最佳的低温蠕变性能。这可能是由于 P90 作为弹塑性材料具有较低的弹性和较高的塑性，在低温环境中，P90 能通过塑性变形参与沥青的蠕变行为，降低了沥青的蠕变速率，从而有效延缓了沥青的蠕变过程，宏观表现为较好的低温蠕变性能[345]。此外，P90 改性沥青的低温蠕变性能要明显强于 PEG4000 改性沥青的低温蠕变性能，这是由于 P90 作为固-固相变材料，在改性沥青的制备和测试过程中具有稳定的相态，减少了相变行为对沥青内部结构和组分产生的不利影响。随着 PUSSP 软段质量分数的减少，PUSSP 改性沥青的低温蠕变性能明显减弱，这是由于沥青中的 PUSSP 随着软段质量分数的减少其塑性降低而弹性提高，导致其在沥青低温蠕变过程中塑性变形的能力减弱，无法有效地参与沥青的低温蠕变，最终致使 PUSSP 与周边沥青出现分离现象，伴随着大量微裂缝和空隙产生，宏观表现为 PUSSP 改性沥青的低温蠕变性能降低。考虑到 PEG4000 对沥青低温蠕变性能的不利影响，继续增加掺量会使 PEG4000 改性沥青的低温蠕变性能进一步降低，本小节不再考虑增

加 PEG4000 的掺量。由于 PUSSP 改性沥青低温蠕变性能差异性明显，增加掺量对其低温蠕变性能的影响还未可知，结合第 6 章 PUSSP 改性沥青的储热特性和调温特性的研究结论，继续深入研究掺量对 PUSSP 改性沥青性能的影响具有必要性。

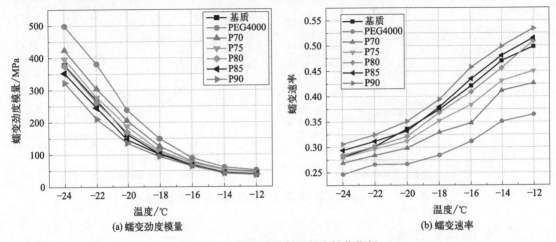

图 7.6   不同沥青的低温蠕变性能指标

掺量对 PUSSP 改性沥青低温蠕变性能的影响如图 7.7 所示。由图 7.7 可知，随着测试温度的升高，PUSSP 改性沥青的蠕变劲度模量（S）增大而蠕变速率（m）减小，不同掺量的 PUSSP 改性沥青其低温蠕变性能随温度变化的规律基本一致。在相同掺量下，PUSSP 改性沥青的蠕变劲度模量会随着 PUSSP 软段质量分数的增加而降低，蠕变速率则会增加。在 PUSSP 软段质量分数相同的情况下，随着 PUSSP 外加掺量的增加，P70 改性沥青、P75 改性沥青和 P80 改性沥青的蠕变劲度模量增大，蠕变速率减小，P85 改性沥青和 P90 改性沥青则呈现出相反的规律。这说明增加掺量能显著改善软段质量分数较高的 PUSSP 改性沥青的低温蠕变性能，7% P90 改性沥青的 S 和 m 值分别为 298.1MPa 和 0.307。这是由于软段质量分数较低的 PUSSP 具有较强的弹性和较弱的塑性，在塑性变形过程中会与沥青分离，引起沥青内微裂缝的产生，破坏了沥青的蠕变性能。随着软段质量分数的增加，PUSSP 的塑性逐渐增强，PUSSP 改性沥青的低温蠕变性能也随之改善，7% P90 改性沥青的 S 和 m 值分别为 298.1MPa 和 0.307。

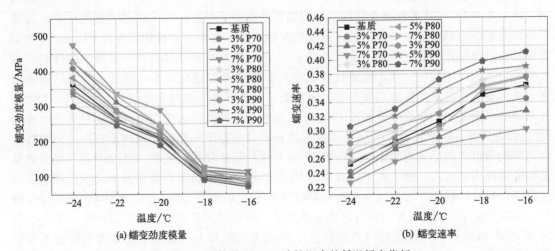

图 7.7   不同掺量 PUSSP 改性沥青的低温蠕变指标

综上所述，PUSSP 改性沥青的低温蠕变性能较 PEG4000 改性沥青具有明显优势，通过提高 PUSSP 软段质量分数改善了 PUSSP 改性沥青的低温蠕变性能，P90 改性沥青的低温蠕变性能最佳，提高掺量能持续增强 P90 改性沥青的低温蠕变性能。

7.1.4　PG 分级

PUSSP 改性沥青的高低温流变特性具有显著的差异性，其中部分 PUSSP 改性沥青的低温抗裂性能较差，因此需通过蠕变劲度模量 S 和蠕变速率 m 线性回归，确定 PUSSP 改性沥青的低温等级。

PUSSP 改性沥青的低温蠕变性能线性回归曲线结果如图 7.8 所示。由图 7.8 可知，PUSSP 改性沥青低温蠕变性能的线性回归曲线具有明显的差异性，这说明通过调整 PUSSP 的软段质量分数和掺量能使沥青的低温低级发生转变。$T_{L,s}$ 和 $T_{L,m}$ 分别代表 $S=300$MPa 及 $m=0.3$ 时确定的低温临界温度，可以通过图 7.8 中的线性回归方程计算。结合 DSR 与 BBR 试验的测试结果，并遵循美国 SHRP 规范中 PG 分级的方法，以 $S \leqslant 300$MPa 且 $m \geqslant 0.30$ 时的低温等级温度 $T_{L,C} = \max \{ T_{L,s}, T_{L,m} \}$ 进行更准确的低温等级分级，并结合沥青车辙因子 $G^* / \mathrm{Sin}\delta \geqslant 1.0$kPa 的高温等级分级要求对 PUSSP 改性沥青进行 PG 分级，PG 分级结果见表 7.1。

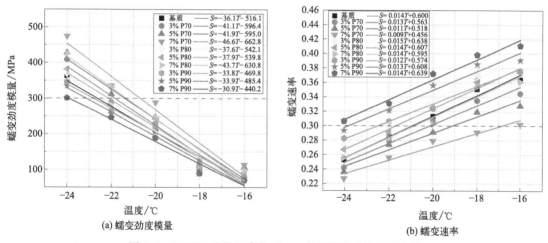

图 7.8　PUSSP 改性沥青的 S、m 与温度的线性回归曲线

表 7.1　基质沥青和 PUSSP 改性沥青的 PG 分级结果

沥青种类	$T_{L,s}$/℃	$T_{L,m}$/℃	$T_{L,C}$/℃	$T_{G^*/\sin\delta}$/℃	PG 分级
基质	−22	−20	−20	64	64-20
3％ P70	−20	−20	−20	70	70-20
5％ P70	−20	−18	−18	70	70-18
7％ P70	−20	−16	−16	70	76-16
3％ P80	−22	−20	−20	64	64-20
5％ P80	−22	−20	−20	64	64-20
7％ P80	−20	−20	−20	70	70-20
3％ P90	−22	−22	−22	64	64-22
5％ P90	−22	−22	−22	64	64-22
7％ P90	−24	−24	−24	64	64-24

由表7.1可知，PUSSP改性沥青的低温等级温度主要由蠕变速率 m 决定，评价沥青低温蠕变性能时应注重劲度模量 S 和蠕变速率 m 的结合。对比基质沥青和PUSSP改性沥青的PG分级结果可知，随着PUSSP软段质量分数的增加，PUSSP改性沥青的PG分级，高温等级降低而低温等级提高。随着PUSSP外加掺量的提高，P70改性沥青的高温等级温度提高而低温等级降低；P80改性沥青的高温等级提高，其低温等级保持不变；P90改性沥青的高温等级保持不变，但低温等级提高。由此可见，7％P70改性沥青具有较好的高温等级，而7％P90改性沥青的低温等级较好。考虑到PUSSP在沥青中有持续增加掺量的可能性，P70改性沥青更适合高温地区的沥青路面，而P90改性沥青适合中国北方等冬季较为寒冷而夏季温度相对较低的地区使用。仅考虑PUSSP改性沥青的PG分级结果，7％P90改性沥青的PG分级结果更好，7％P90改性沥青的PG分级结果为64-24，高温等级较好的同时具有最佳的低温等级，这意味着P90改性沥青具有较强的泛用性。此外，P90改性沥青还具有出色的储热特性和调温特性，P90改性沥青用于沥青路面调温更加适合。

7.2 PUSSP改性沥青的黏弹特性

沥青作为具有温度敏感性的弹塑性材料，通过车辙因子（$G^*/\sin\delta$）、复数模量（G^*）和相位角（δ）所反映的沥青流变特性具有一定的局限性，通过建立黏弹性主曲线可以更好地确定在复杂条件下（即高温高频）PUSSP改性沥青的流变特性，丰富了PUSSP改性沥青流变特性的研究范围。

7.2.1 频率扫描试验

本小节根据规范AASHTO T 315进行频率扫描试验，在100Pa的恒定应力下，频率范围为0.01～100Hz，频率扫描的温度范围为46～82℃，温度间隔为6℃，其余的条件与上述温度扫描的试验条件一致，以确保相关研究结果具有一定的可重复性。为确保DSR频率扫描试验保持在线性黏弹性区，根据振幅扫描结果，选择0.1％的控制应变加载模式。

7.2.2 Black曲线

需要通过DSR对沥青进行频率扫描试验，基于时温等效原理将复数模量和相位角绘制为Black曲线，这充分反映了在高温或高频条件下沥青的流变特性[346,347]。沥青的Black曲线平滑则表明该沥青适用于时温等效原理，测试样品为基质沥青和P70改性沥青、P75改性沥青、P80改性沥青、P85改性沥青、P90改性沥青，这有助于更好地反映PUSSP改性沥青和基质沥青在高温或高频条件下各沥青流变特性的差异性。

基质沥青和PUSSP改性沥青的Black曲线测试结果如图7.9所示。由图7.9可知，基质沥青和PUSSP改性沥青均具有光滑平整的Black曲线，没有出现较大的波动，这说明基质沥青和PUSSP改性沥青均适用于时温等效原理，符合黏弹性材料所表现的特征。沥青作为一种非牛顿流体，它的力学响应与施加应力和作用时间均具有较好的关联性，通过平移可以使各温度下的频率扫描测试结果部分重合，即为时温等效[348]。相位角 δ 为沥青的黏弹比，而复数模量主要表示沥青的弹性和抗变形性能，沥青的黏性增加对应着相位角的增大，而复数模量减小意味着弹性的降低。图7.9（b）～（f）中PUSSP改性沥青的复数模量 G^* 较基质沥青的复数模量 G^* 提高，且随着PUSSP软段质量分数的降低而逐渐提高，P85改性沥青和P90改性沥青的相位角小于基质沥青的相位角，其余PUSSP改性沥青的相位角较基质沥青的相位角增大。这说明PUSSP改性沥青较基质沥青具有较好的弹性和抗变形性能，

PUSSP 的加入增加了沥青中的弹性成分，P85 改性沥青和 P90 改性沥青较基质沥青对变形时间的依赖性较小，具有更好的蠕变特性。这是由于较高软段质量分数的 PUSSP 改性沥青中含更多的芳香酚和轻质组分，有利于 PUSSP 与基质沥青形成高黏度的内部空间网络结构，进而提高改性沥青的力学响应行为[349]。可见，PUSSP 改性沥青在高温高频条件下较基质沥青依然表现出更强的高温流变特性，更适用于高温地区沥青路面。

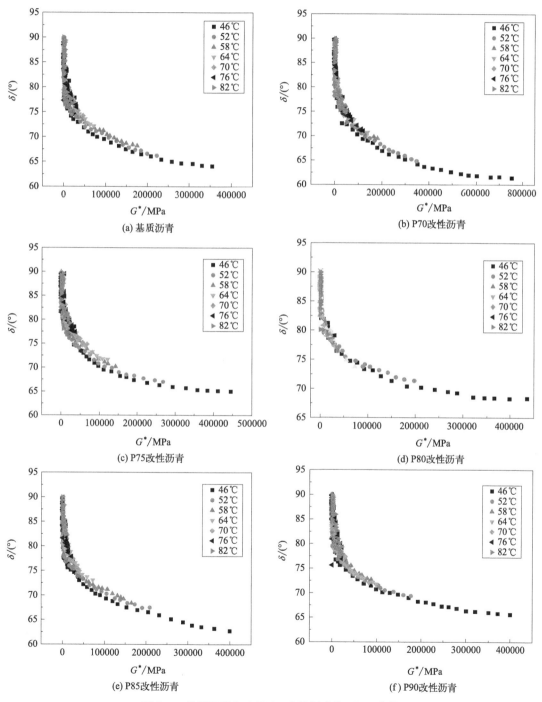

图 7.9 基质沥青和 PUSSP 改性沥青的 Black 曲线

7.2.3　复数模量 G^* 主曲线

基于时温等效原理，将不同温度下获得的复数模量 G^* 平移到参考温度下，得到的平滑曲线即为动态模量 G^* 主曲线。本小节以 46℃ 为参考温度，将基质沥青和 PUSSP 改性沥青在 52℃、58℃、64℃、70℃、76℃ 以及 82℃ 的复数剪切模量 G^* 全部平移至 46℃ 完成 Black 曲线的绘制，反映了沥青在较宽频率范围下的流变特性。低频对应着高温，相应的复剪切模量称为平衡态复数模量 G_e^*，反映了材料的高温抗变形性能。而高频则对应着低温，这一复数模量称为玻璃态复数模量 G_g^*，反映了材料的低温抗变形性能[350]。根据 DSR 频率扫描的试验结果，各沥青的动态复数模量主曲线如图 7.10 所示。

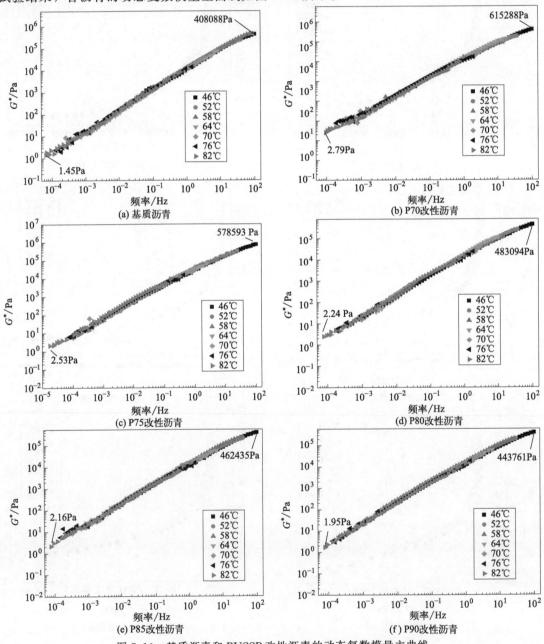

图 7.10　基质沥青和 PUSSP 改性沥青的动态复数模量主曲线

由图 7.10（a）可知，基质沥青呈现的动态模量主曲线较为平滑，其平衡态复数模量 G_e^* 为 1.45Pa，而玻璃态复数模量 G_g^* 为 408088Pa。由图 7.10（b）～（f）可知，PUSSP 改性沥青也同样具有较为平滑的动态模量主曲线，其中 P70 改性沥青的平衡态复数模量 G_e^* 为 2.79Pa，玻璃态复数模量 G_g^* 为 615288Pa；P75 改性沥青的平衡态复数模量 G_e^* 为 2.53Pa，玻璃态复数模量 G_g^* 为 578593Pa；P80 改性沥青的平衡态复数模量 G_e^* 为 2.24Pa，玻璃态复数模量 G_g^* 为 483094Pa；P85 改性沥青的平衡态复数模量 G_e^* 为 2.16Pa，玻璃态复数模量 G_g^* 为 462435Pa；P90 改性沥青的平衡态复数模量 G_e^* 为 1.95Pa，玻璃态复数模量 G_g^* 为 443761Pa。对比图 7.10（a）可以发现，PUSSP 改性沥青相较于基质沥青其平衡态复数模量和玻璃态复数模量均明显提高，但随着软段质量分数的增加而提升幅度逐渐降低。这说明 PUSSP 在高低温环境中均具有较好的抗变形性能，其抗变形性能随着 PUSSP 软段质量分数的增加而逐渐降低，但仍强于基质沥青，PUSSP 能有效改善基质沥青的高低温抗变形性能。

究其原因，PUSSP 具有较高的弹性，掺入沥青后增加了沥青中的弹性成分，从而提高了沥青的高低温抗变形性能。根据第 5 章的研究结论，PUSSP 的弹性随着软段质量分数的增加而逐渐降低，相同掺量下 PUSSP 所能提供的整体弹性降低，致使为沥青所提供的弹性降低，PUSSP 改性沥青的抗变形性能也随之减弱。然而，PUSSP 弹性降低的同时也伴随着塑性的提高，这一变化有利于 PUSSP 改性沥青的塑性变形，改善了 PUSSP 改性沥青的低温蠕变性能。

7.2.4　G^* 主曲线与 CA 模型的相关性

CA 模型是描述黏弹性流体本构关系的模型，相较于 Power Law 与 CASB 等模型具有更广泛的适用性，常用于拟合流变特性较为复杂的改性沥青、复合改性沥青或功能性材料改性沥青的主曲线，与沥青在动态剪切作用下产生的复数模量具有较高的关联度[351]。采用 CA 模型对沥青动态复数模量主曲线进行拟合，获得交叉频率 f_c，该参数反映了弹性区域与流变区域的转变频率，其值越大说明沥青低温抗变形性能越好，结合无量纲参数 k 和玻璃态复数剪切模量 G_g^* 可以共同评价沥青的低温流变特性。

本小节采用 CA 模型对各沥青样品的动态复数模量主曲线进行拟合，拟合结果如图 7.11 所示，CA 模型的公式为

$$G^* = \frac{G_g^*}{\left[1 + \left(\dfrac{f_c}{f}\right)^k\right]^{\frac{1}{k}}} \tag{7.1}$$

式中，f_c 为交叉频率；k 为无量纲参数；G_g^* 为玻璃态复数剪切模量。

由图 7.11（a）可知，基质沥青和 PUSSP 改性沥青的动态复数模量主曲线与 CA 模型均高度重合，具有较强的相关性。根据拟合曲线所获取的参数，基质沥青 f_c 为 1.65，而 G_g^* 为 382.32Pa。PUSSP 改性沥青的交叉频率（f_c）和玻璃态复数剪切模量（G_g^*）较基质沥青均有所提高，其中 P70 改性沥青的 f_c 为 2.27，而 G_g^* 为 458.51Pa；P75 改性沥青的 f_c 为 2.14，而 G_g^* 为 437.76Pa；P80 改性沥青的 f_c 为 2.03，而 G_g^* 为 418.51Pa；P85 改性沥青的 f_c 为 1.86，而 G_g^* 为 408.38Pa；P90 改性沥青 f_c 为 1.79，而 G_g^* 为 399.32Pa，PUSSP 改性沥青较基质沥青具有较好的低温抗变形性能。随着 PUSSP 软段质量分数的增加，PUSSP 改性沥青 f_c 减小，抗变形性能降低的同时 G_g^* 也随之减小，说明沥青的低温抗

变形性能随之减弱，但较小的 G_g^* 值意味着更强的低温蠕变性能，PUSSP 改性沥青低温蠕变性能提高。

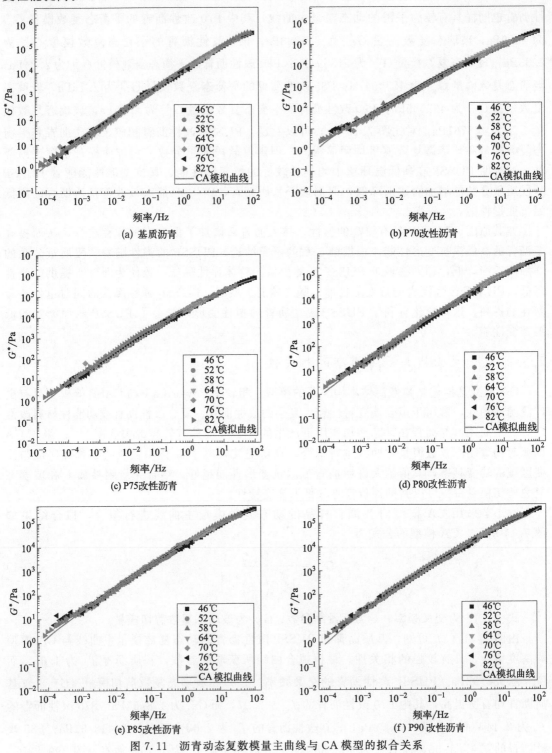

图 7.11　沥青动态复数模量主曲线与 CA 模型的拟合关系

　　综上所述，在高低温环境中，PUSSP 改性沥青较基质沥青均表现出良好的抗变形性能，这是由于掺入沥青中的 PUSSP 具有较强的弹性，增加了沥青的弹性成分。由于 P70 的弹性最强，因此 P70 改性沥青的抗变形性能最佳。然而，随着 PUSSP 软段质量分数的增加，PUSSP 弹性逐渐降低，PUSSP 改性沥青的弹性和高低温抗变形能力也随之降低，相应的其低温蠕变性能随之提高，根本原因是 PUSSP 弹性的降低和塑性的提高。

7.3 PUSSP 改性沥青的抗永久变形能力

沥青的抗永久变形性能是指沥青在荷载作用下依靠自身弹性抵抗永久变形以及弹性恢复的能力，这一性能对沥青的抗车辙性能、抗疲劳性能和耐久性均具有重要意义。通常情况下，沥青的抗永久变形性能越强，其抗疲劳性能越好，因此也有研究者用 MSCR 试验结果表征沥青的抗疲劳性能[352]。本节采用 MSCR 试验评估 PUSSP 改性沥青的抗永久变形和弹性恢复性能，并通过 MSCR 的试验结果计算不可恢复蠕变柔量（J_{nr}）和弹性恢复率（R）作为评价指标。

7.3.1 多应力重复蠕变试验

采用 MSCR 试验可以评估 PUSSP 改性沥青的抗永久变形和弹性恢复性能。本小节首先需要对沥青样品进行旋转薄膜烘箱老化试验（RTFOT），短期老化试验根据 AASTO TP70-09 的试验要求进行制备。试验设备为动态剪切流变仪（DSR），采用应力恢复模式，测试温度选择 64℃，施加的应力分别为 0.1kPa 和 3.2kPa，各重复 10 次。加载时间为 10s，卸载时间为 9s，MSCR 试验原理示意见图 7.12。本小节着重考察 PUSSP 软段质量分数和掺量对沥青抗永久变形性能的影响，因此测试的沥青样品为基质沥青、P70 改性沥青、P80 改性沥青以及 P90 改性沥青，PUSSP 改性沥青的掺量分别为 3%、5% 和 7%。

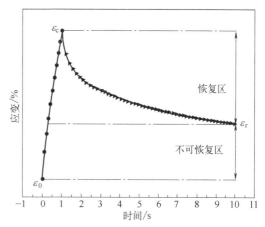

图 7.12 MSCR 试验原理示意

MSCR 试验充分考虑了沥青在高温条件下的蠕变-恢复性能，并且具有较宽的应力加载范围，可以兼顾沥青的线性和非线性黏弹性特征，是当前较为有效的沥青高温黏弹性能试验方法之一。通过式（7.2）计算不可恢复蠕变柔量（J_{nr}）作为沥青抗永久变形性能的评价指标，而弹性恢复率（R）由式（7.3）进行计算，用于表示沥青的弹性恢复性能。

$$J_{nr} = \frac{1}{10} \sum_{1}^{10} \frac{\varepsilon_r - \varepsilon_0}{\delta} \tag{7.2}$$

$$R = \frac{1}{10} \sum_{1}^{10} \frac{(\varepsilon_c - \varepsilon_0) - (\varepsilon_r - \varepsilon_0)}{\varepsilon_c - \varepsilon_0} \tag{7.3}$$

式中，ε_c 为峰值应变；ε_r 为未恢复应变；ε_0 为初始应变；δ 为应力。

7.3.2 抗永久变形性能

沥青的抗永久变形性能不足会导致沥青路面在高温环境中车辆荷载的作用下产生车辙病害，降低沥青路面的使用性能和耐久性。MSCR 试验可以较好地评价 PUSSP 改性沥青的抗永久变形性能，采用低应力水平（0.1kPa）可以反映 PUSSP 改性沥青的抗永久变形性能和弹性特征，而高应力水平（3.2kPa）能更好地模拟沥青在重载交通下的抗永久变形性能。沥青的应变-时间曲线越低说明其高温抗车辙性能越强，而不可恢复蠕变柔量（J_{nr}）越小和弹性恢复率（R）越大可以反映出沥青的抗永久变形性能越强。

不同应力水平下基质沥青、PUSSP 改性沥青的 MSCR 测试结果见图 7.13。由图 7.13 可知，沥青的应变随着应力水平的增大而显著提高，相较于基质沥青，PUSSP 改性沥青具有更强的抗永久变形性能，其中 P70 改性沥青的抗永久变形性能最好。随着软段质量分数的降低和掺量的增加，PUSSP 改性沥青的抗永久变形性能逐渐提高，PUSSP 改性沥青中 7% P70 改性沥青具有最好的抗永久变形性能，而 3% P90 改性沥青的抗永久变形性能最差。这是由于 P70 较 P90 具有较好的弹性，增加掺量使 P70 改性沥青中的弹性成分大幅增加，抗永久变形性能得到显著的改善。

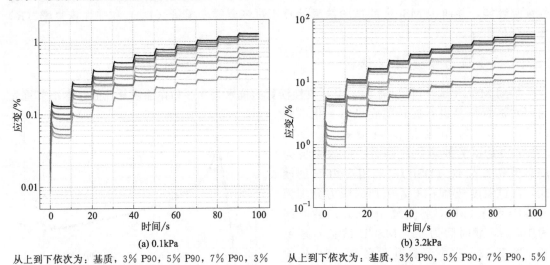

(a) 0.1kPa

从上到下依次为：基质，3% P90，5% P90，7% P90，3% P80，5% P80，3% P70，7% P80，5% P70，7% P70

(b) 3.2kPa

从上到下依次为：基质，3% P90，5% P90，7% P90，5% P80，3% P80，3% P70，7% P80，5% P70，7% P70

图 7.13   不同应力水平下基质沥青和 PUSSP 改性沥青的 MSCR 测试

采用不可恢复蠕变柔量（$J_{nr,0.1}$，$J_{nr,3.2}$）和弹性恢复率（$R_{0.1}$，$R_{3.2}$）可以量化评价 PUSSP 改性沥青的抗永久变形性能，J_{nr} 值越小说明沥青的抗永久变形性能越强，而 R 值越大表明沥青的弹性和恢复性能越好。J_{nr} 和 R 值可以通过式（7.2）和式（7.3）进行计算，具体的计算结果见图 7.14。由图 7.14 可知，PUSSP 改性沥青较基质沥青其不可恢复蠕变柔量和弹性恢复率均明显提高，这说明 PUSSP 改性沥青具有更好的抗永久变形性能和弹性恢复性能。相同掺量下，随着 PUSSP 软段质量分数的增加，PUSSP 改性沥青的 $J_{nr,0.1}$ 和 $J_{nr,3.2}$ 值均逐渐提高，而 $R_{0.1}$ 和 $R_{3.2}$ 值随之降低，PUSSP 改性沥青的抗永久变形性能和弹性恢复性能逐渐提高。对于相同软段质量分数的 PUSSP 改性沥青，随着 PUSSP 掺量的增加，PUSSP 改性沥青的 $J_{nr,0.1}$ 和 $J_{nr,3.2}$ 值逐渐减小，而 $R_{0.1}$ 和 $R_{3.2}$ 值随之增加，这说明增加 PUSSP 掺量可以进一步改善 PUSSP 改性沥青的抗永久变形性能和弹性，从而提高其高温环境中的路用性能。此外，P70 改性沥青较 P90 改性沥青在高应力水平下（3.2kPa）具有更小的 $J_{nr,3.2}$ 和较大的 $R_{3.2}$，表现出更强的抗永久变形能力和弹性恢复性能，其原因是 P70 较 P90 具有更好的弹性，这有助于维持沥青在重载交通下的抗永久变形性能。相较于基质沥青，7% P70 改性沥青的 $J_{nr,3.2}$ 降低了 75.02%，而 $R_{3.2}$ 提高了 17.86%，P90 改性沥青较基质沥青其 $J_{nr,3.2}$ 降低了 9.95%而 $R_{3.2}$ 提高了 6.49%，这说明提高掺量能显著提高软段质量分数较低的 PUSSP 改性沥青的抗永久变形能力和弹性性能。

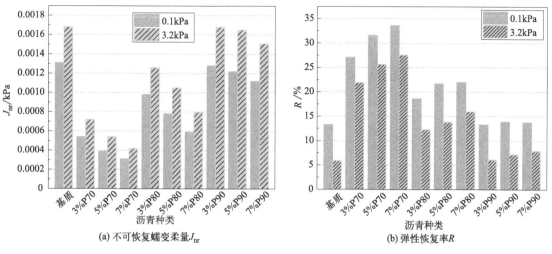

(a) 不可恢复蠕变柔量J_{nr}　　　　　(b) 弹性恢复率R

图7.14　基质沥青和PUSSP改性沥青的J_{nr}和R值

7.3.3　应力敏感性分析

　　沥青在不同应力条件下不可恢复蠕变柔量和弹性恢复率具有明显差异，这是由于沥青具有应力敏感性，通过不可恢复蠕变柔量（$J_{nr,0.1}$，$J_{nr,3.2}$）和弹性恢复率（$R_{0.1}$，$R_{3.2}$）可以计算应力敏感性指数$J_{nr\text{-diff}}$和R_{diff}，该指标可评价PUSSP改性沥青的应力敏感性[353]，该参数与沥青的线黏弹性息息相关，通常沥青的应力敏感性越小说明其线黏弹性越好，计算公式如下。

$$J_{nr\text{-diff}}=\frac{J_{nr,3.2}-J_{nr,0.1}}{J_{nr,0.1}}\times100\%\tag{7.4}$$

$$R_{diff}=\frac{R_{0.1}-R_{3.2}}{R_{0.1}}\times100\%\tag{7.5}$$

　　式中，$R_{0.1}$和$R_{3.2}$分别为在0.1kPa和3.2kPa的应力作用下的沥青弹性恢复率；$J_{nr,0.1}$、$J_{nr,3.2}$分别为在0.1kPa和3.2kPa的应力作用下的沥青不可恢复蠕变柔量。

　　PUSSP改性沥青的应力敏感性指标$J_{nr\text{-diff}}$和R_{diff}计算结果如图7.15所示。由图7.15可知，采用$J_{nr\text{-diff}}$和R_{diff}作为评价指标，PUSSP改性沥青的$J_{nr\text{-diff}}$和R_{diff}值均小于75%，这说明PUSSP改性沥青在不同应力条件下具有较为稳定的抗永久变形性能，应力敏感性较低意味着线黏弹性较好，符合AASHTO MP 19-10的标准要求。当PUSSP掺量相同时，随着PUSSP软段质量分数的增加，PUSSP改性沥青的$J_{nr\text{-diff}}$值和R_{diff}值减小，这说明PUSSP改性沥青的应力敏感性逐渐提高，线黏弹性逐渐降低，软段质量分数较低的PUSSP改性沥青具有较弱的应力敏感性，沥青的线黏弹性较好。这是由于PUSSP改性沥青中软段质量分数较低的PUSSP作为弹性成分提供了更大的弹性，而随着软段质量分数的增加，PUSSP弹性体颗粒的弹性逐渐降低，这致使PUSSP改性沥青抵抗荷载和弹性恢复的性能降低，受荷载作用的影响逐渐加深，应力敏感性提高。

　　由此可见，当PUSSP软段质量分数固定时，随着PUSSP掺量的增加，PUSSP改性沥青的$J_{nr\text{-diff}}$值和R_{diff}值均减小，这表明PUSSP改性沥青的应力敏感性逐渐降低。掺入PUSSP有助于改善沥青在不同应力条件下的抗永久变形性能，其原因是增加掺量使作为改性沥青的PUSSP增多，而这为沥青提供了更多的弹性成分以及更大的弹性。此外，软段质量分数较低的PUSSP改性沥青，其应力敏感性随着掺量的增加明显降低，其原因是软段质量分数较低的 PUSSP 在沥青中提供了更大的弹性，降低了应力对改性沥青抗永久变形性能的影响。

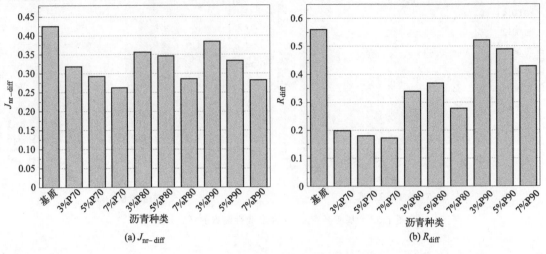

(a) $J_{\text{nr-diff}}$ 　　　　　(b) R_{diff}

图 7.15　PUSSP 改性沥青应力敏感性指标

7.4　PUSSP 改性沥青的储存稳定性

沥青的高温储存稳定性越好越容易维持改性沥青的性能，沥青的高温储存稳定性较弱会使改性沥青出现改性剂过分离析的现象，致使改性沥青路用性能的不足。考虑到 PEG4000 和 PUSSP 的储热能力可能对改性沥青内部温度产生影响，软化点差值作为评价指标可能会受到协同作用产生影响，因此本小节采用 DSR 试验及其离析率确定 PUSSP 改性沥青的高温储存稳定性[354]。

7.4.1　试验方法

本小节采用动态剪切流变仪测试 PUSSP 改性沥青的储存稳定性，首先需要测试 PUSSP 改性沥青的车辙因子，采用温度扫描模式进行测试，应变为 12%，加载频率为 10rad/s。试验温度设定为 46℃，避开 PEG4000 的相变温度，确保 PEG4000 改性沥青具有最佳的高温性能。离析试验流程参照 AASHT O T315，含有沥青的铝管试样分成三等份，通过 DSR 离析率（R_{s}）进行评估，R_{s} 越小说明 PUSSP 改性沥青的高温储存稳定性越好。

7.4.2　高温离析现象

采用铝管上下两端的沥青进行温度扫描试验，分析 PUSSP 改性沥青是否存在高温离析的现象，以为基质沥青和 PEG4000 改性沥青作为对照组。

PUSSP 改性沥青和 PEG4000 改性沥青在离析试验前后的车辙因子如图 7.16 所示。由图 7.16 可知，铝管顶端和底端基质沥青的车辙因子（$G^{*}/\sin\delta$）稍有差异，仅为 60Pa，该值可以采用车辙因子差值（$G^{*}/\sin\delta_{\text{B-T}}$）进行表示，车辙因子差值较小说明沥青的高温储存稳定性越好。PUSSP 改性沥青和 PEG4000 改性沥青的 $G^{*}/\sin\delta_{\text{B-T}}$ 值较基质沥青均明显增大，这说明 PUSSP 和 PEG4000 在沥青中均存在较为明显的离析现象，其高温储存稳定性弱于基质沥青的高温储存稳定性。PEG4000 改性沥青的 $G^{*}/\sin\delta_{\text{B-T}}$ 为 475Pa，P70 改性

沥青的 $G^*/\sin\delta_{\text{B-T}}$ 为 1255Pa，P75 改性沥青的 $G^*/\sin\delta_{\text{B-T}}$ 为 988Pa，P80 改性沥青的 $G^*/\sin\delta_{\text{B-T}}$ 为 843Pa，P85 改性沥青的 $G^*/\sin\delta_{\text{B-T}}$ 为 640Pa，而 P90 改性沥青的 $G^*/\sin\delta_{\text{B-T}}$ 为 464Pa。由此可见，大多 PUSSP 改性沥青样品的高温储存稳定性弱于 PEG4000 改性沥青，其原因是 PUSSP 在沥青中主要以弹性体的形式存在，而 PEG4000 由于固-液相变行为，虽然会引起沥青结构的破坏，但在沥青中分散得更为均匀。然而，PUSSP 改性沥青的离析现象随着 PUSSP 软段质量分数的增加而逐渐减弱，P90 改性沥青较 PEG4000 改性沥青其 $G^*/\sin\delta_{\text{B-T}}$ 减小了 11Pa，这说明 P90 改性沥青的高温储存稳定性较 PEG4000 改性沥青有所提高。

离析试验后铝管底端沥青中仍然存在着大量的 PUSSP 或者 PEG4000，离析后改性沥青的高温抗车辙性能与相变材料弹性的关联性可能会有所变化，因此，对铝管底端的 PUSSP 改性沥青和 PEG4000 改性沥青的高温抗车辙性能与相变材料的弹性进行相关性分析。

铝管底部沥青车辙因子与相变材料杨氏模量的相关性分析结果如图 7.17 所示。由图 7.17 可知，采用的参数为改性沥青的车辙因子（$G^*/\sin\delta_{\text{B}}$）与相变材料的微观杨氏模量；PUSSP 改性沥青和 PEG4000 改性沥青在发生离析后，铝管底端的改性沥青的车辙因子与 PUSSP 和 PEG4000 各自的杨氏模量的相关系数 R 为 0.93，仍然呈高度正相关，这说明 PUSSP 改性沥青和 PEG4000 改性沥青的高温抗车辙性能的差异性主要来源于 PUSSP 和 PEG4000 弹性的差异，这也验证了采用 DSR 离析率作为相变改性沥青高温储存稳定性研究手段的可靠性。此外，铝管底端 PUSSP 改性沥青的 $G^*/\sin\delta_{\text{B}}$ 较本章沥青高温抗车辙性研究中的 $G^*/\sin\delta$ 存在差异，这是由于离析后铝管底部中改性沥青含有更多的 PUSSP 所导致的，这也说明了 PUSSP 改性沥青发生了离析现象。

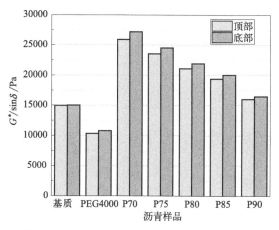

图 7.16 PUSSP 改性沥青和 PEG4000 改性沥青在铝管顶部和底部的车辙因子

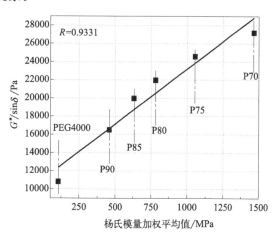

图 7.17 铝管底部相变材料改性沥青车辙因子与相变材料杨氏模量的线性拟合关系

7.4.3 DSR 离析率评价沥青高温储存稳定性

沥青离析试验后铝管顶端和底端的沥青车辙因子（$G^*/\sin\delta_{\text{T}}$，$G^*/\sin\delta_{\text{B}}$）存在差值，这说明 PUSSP 改性沥青存在离析现象，本小节通过 DSR 离析率（R_{s}）评价 PUSSP 改性沥青的高温储存稳定性，其计算公式如下。

$$R_{\text{s}} = \left(\frac{G^*/\sin\delta_{\text{B}}}{G^*/\sin\delta_{\text{T}}} - 1 \right) \times 100\% \tag{7.6}$$

式中，$G^*/\sin\delta_T$ 和 $G^*/\sin\delta_B$ 分别为铝管顶部和底部的沥青车辙因子。

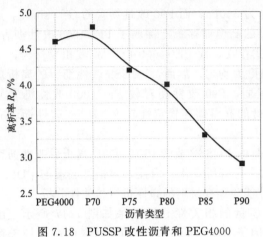

图 7.18   PUSSP 改性沥青和 PEG4000
改性沥青的 DSR 离析率

PUSSP 改性沥青和 PEG4000 改性沥青的 DSR 离析率计算结果如图 7.18 所示，R_s 越小说明沥青的高温储存稳定性越好。由图 7.18 可知，PEG4000 改性沥青的 R_s 离析率较大，这说明 PEG4000 改性沥青的高温储存稳定性较差，其原因是 PEG4000 改性沥青在铝管中加热后 PEG4000 发生相变，固-液的相态转变影响了沥青的内部结构，使 PEG4000 更容易在沥青中产生离析现象。除 P70 改性沥青外，PUSSP 改性沥青的 R_s 均低于 PEG4000 改性沥青的 R_s，P90 改性沥青相较于 P70 改性沥青其 R_s 降低了 39.65%，这说明软段质量分数较高的 PUSSP 改性沥青较 PEG4000 改性沥青具有更好的高温储存稳定性。结合 PUSSP 改性沥青的调温特性、流变热性和热稳定性，研究发现采用软段质量分数较高的 PUSSP 作为沥青改性剂，不但可以改善 PUSSP 改性沥青的高温储存稳定性，还可以提高 PUSSP 改性沥青的调温特性、储热特性、热稳定性以及低温蠕变性能，其中 P90 改性沥青的综合性能最佳。

7.4.4   软化点差值评价沥青高温储存稳定性

为了更好地验证 DSR 离析率评价 PUSSP 改性沥青高温储存稳定性的可靠性，本小节以聚合物改性沥青常用的软化点差值作为 PUSSP 改性沥青的高温储存稳定性评价指标，通过 DSR 离析率与软化点差值的试验结果分析两种指标的可靠性，并对引起差异性的原因进行分析，以 PEG4000 改性沥青作为对照组。

铝管顶端和底端内基质沥青、PUSSP 改性沥青和 PEG4000 改性沥青的软化点测试结果如图 7.19 所示。离析试验后铝管顶端和底端基质沥青软化点的变化较小，这是由于沥青在长时间的高温作用下组分仅出现了少量的分离。PEG4000 改性沥青在发生离析后其铝管底端的软化点较顶端的软化点明显减小，这说明 PEG4000 发生了较为严重的离析，离析后铝管底端的 PEG4000 含量增加，导致高温性能降低，且由于测试温度低于 PEG4000 的相变起始温度，这里不需要考虑储热特性对沥青软化点的影响。离析试验后，PUSSP 改性沥青铝管顶端和底端的软化点均存在明显的变化，这说明 PUSSP 改性沥青出现了不同程度的离析，

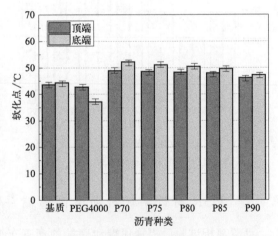

图 7.19   铝管顶端和底端内基质沥青、PUSSP 改性
沥青和 PEG4000 改性沥青的软化点测试结果

为了更好地评价 PUSSP 改性沥青和 PEG4000 改性沥青离析现象的差异，采用软化点差值加以量化。

PUSSP 改性沥青和 PEG4000 改性沥青离析前后的软化点差值如图 7.20 所示。由图 7.20 可知，离析试验后 PUSSP 改性沥青和 PEG4000 改性沥青的软化点差值存在明显的规律性，PEG4000 改性沥青的软化点差值最大，离析现象最为严重，而 PUSSP 改性沥青的软化点差值较 PEG4000 改性沥青的软化点有减小的趋势，离析现象有所改善，这说明 PUSSP 改性沥青较 PEG4000 改性沥青具有更好的高温储存稳定性。PUSSP 改性沥青铝管顶端和底端的软化点均存在明显的变化，这说明 PUSSP 改性沥青出现了不同程度的离析，其中 P70 改性沥青的离析最为严重，其软化点差值为 5.6℃。而随着软段质量分数的增加，PUSSP 改性沥青的离析现象有所缓解，P90 改性沥青的软化点差值为 1.1℃，较为接近基质沥青的软化点差值 0.6℃。这是由于 P90 具有较好的塑性，其在改性沥青中容易形成链式或交联结构，与沥青的接触面积大幅度提高，这有利于保持改性沥青的稳定性，并有助于参与沥青的流动变形，从而改善沥青的蠕变性能。

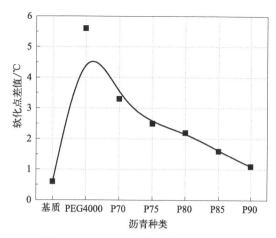

图 7.20　PUSSP 改性沥青和 PEG4000 改性沥青离析前后的软化点差值

然而，由于 PUSSP 的软化点温度已经达到了 PUSSP 的相变起始温度，这意味着在测试过程中 PUSSP 改性沥青已经发挥了其自身的调温和储热特性，因此测得的软化点要高于 PUSSP 改性沥青实际的软化点，由软化点计算的软化点差值用于评价 PUSSP 改性沥青高温性能也应存在偏差。因此采用软化点差值评价以 PUSSP 改性沥青为例的相变材料改性沥青的高温储存稳定性是不严谨的，而基于沥青高温抗车辙性能提出的评价指标 DSR 离析率 R_s 可以避免这一问题，R_s 作为相变材料改性沥青高温储存稳定性的研究手段更加合理。

7.5　本章小结

本章以 PUSSP 改性沥青为研究对象，基质沥青和 PEG4000 改性沥青作为参照样品，研究了 PUSSP 软段质量分数和掺量对 PUSSP 改性沥青流变特性的影响。借助 DSR 的温度扫描模式和 BBR 试验研究了 PUSSP 的高低温流变特性，并对 PUSSP 沥青进行了 PG 分级；通过 DSR 的频率扫描模式结果绘制了 PUSSP 改性沥青的 Black 曲线以及复数剪切模量主曲线，验证了复数剪切模量主曲线与 CA 本构模型的相关性；借助 MSCR 试验研究了 PUSSP 改性沥青的抗永久变形性能和应力敏感性；采用 DSR 离析率分析了 PUSSP 改性沥青的高温储存稳定性，主要研究结论如下。

① PUSSP 改性沥青具有较好的高温抗车辙性能，且随着 PUSSP 软段质量分数的降低和掺量的增加而增强，7% P70 改性沥青的高温抗车辙性能最好，$G^*/\sin\delta$ 为 28.6kPa。不同 PUSSP 改性沥青的低温蠕变性能差异明显，其低温蠕变性能随着软段质量分数的增加而改善，7% P90 改性沥青的低温蠕变性能最好，S 和 m 值分别为 298.1MPa 和 0.307。

② PUSSP 改性沥青的 PG 分级具有明显的差异性，高温等级随着 PUSSP 软段质量分数的增加而降低，低温等级提高；随着 PUSSP 掺量的增加，P70 改性沥青的高温等级提高而低温等级降低，P90 改性沥青的高温等级不变而低温等级提高。7% P90 改性沥青的温度

等级为 64-24，在 PUSSP 改性沥青中较为均衡。

③ PUSSP 改性沥青较基质沥青和 PEG4000 改性沥青具有较好的弹性，且随 PUSSP 软段质量分数的增加而降低，P85 改性沥青和 P90 改性沥青对变形时间的依赖性减小，具有更好的低温蠕变性能。PUSSP 改性沥青较基质沥青其平衡态复数模量和玻璃态复数模量提高；动态复数模量主曲线与 CA 模型具有较高的相关性，交叉频率（f_c）和玻璃态复数剪切模量（G_g^*）说明了 PUSSP 改性沥青具有优越的高低温抗变形性能。

④ PUSSP 改性沥青较基质沥青具有更好的抗永久变形性能和弹性恢复性能，且随着 PUSSP 软段质量分数的降低和掺量的增加而提高，7% P70 改性沥青抗永久变形性能最好，其 $J_{nr,3.2}$ 较基质沥青降低了 75.02%，$R_{3.2}$ 提高了 17.86%。PUSSP 软段质量分数的降低和掺量的增加降低了 PUSSP 改性沥青的应力敏感性，7% P70 改性沥青的应力敏感性最低，$J_{nr\text{-}diff}$ 和 R_{diff} 值分别为 0.22 和 0.23。

⑤ PUSSP 改性沥青存在离析现象，通过 DSR 离析率（R_s）可以准确地研究 PUSSP 改性沥青的高温储存稳定性。PUSSP 改性沥青的高温储存稳定性优于 PEG4000 改性沥青的高温储存稳定性，且随着软段质量分数的增加而逐渐提高。相较于软化点差值，R_s 作为评价指标用于研究相变材料改性沥青的高温储存稳定性更具合理性。

第 8 章

PUSSP改性沥青的流变特性研究

本书第 6 章和第 7 章研究了 PUSSP 改性沥青的调温特性和流变与黏弹特性，PUSSP 在沥青中的存在方式以及 PUSSP 改性沥青性能存在差异性的原因尚未可知。本章借助微观观测方法和分子动力学模型对 PUSSP 与沥青的改性机理进行探究。利用 FTIR 分析 PUSSP 对沥青组分及其主要官能团的影响，揭示 PUSSP 与沥青的反应机理。采用荧光显微镜（FM）和扫描电子显微镜（SEM）观测 PUSSP 在沥青微观形貌中的存在方式，从而查明 PUSSP 引起沥青宏观性能和微观形貌发生转变的原因。借助原子力显微镜（AFM）在微观和纳观尺度上阐明 PUSSP 改性沥青的微观形貌特征及力学特性。

8.1 PUSSP 改性沥青反应机制

8.1.1 FTIR 试验

本小节利用红外光谱试验（FTIR）研究 PUSSP 改性沥青的化学特性，通过 PUSSP 改性沥青主要官能团及特征峰的变化明确 PUSSP 改性沥青的反应机理。由于本书以 PEG4000 改性沥青作为对照样品，因此对其反应机理也进行探讨。测试设备为日本 SHIMADZU 公司生产的 IRTracer-100 型红外光谱仪，测试范围为 $400 \sim 4000 \text{cm}^{-1}$，扫描次数为 32 次，分辨率为 4cm^{-1}，沥青试样的测试为 ATR 模式。

基质沥青、PUSSP 改性沥青和 PEG4000 改性沥青的 FTIR 测试结果如图 8.1 所示。由图 8.1 可知，PEG4000 改性沥青的红外光谱测试结果与基质沥青较为接近，相较于基质沥青基团所产生的特征吸收峰，PEG4000 改性沥青在 3447cm^{-1} 处出现了羟基（—OH）的伸缩振动特征吸收峰；而在 2886cm^{-1} 处产生的特征吸收峰则是由于 C—H 键伸缩振动引起的；在 $1469 \sim 1096 \text{cm}^{-1}$ 处出现了连续的特征吸收峰，其来源于 C—O 键的伸缩振动和 C—H 键的面内弯曲振动；而 C—H 键的特征吸收峰还出现在 945cm^{-1} 和 836cm^{-1} 处，因此，PEG4000 改性沥青相较于基质沥青仅多出了 PEG4000 的特征吸收峰，未有新的官能团出现，因此 PEG4000 改性沥青的反应机理为物理改性。

PUSSP 改性沥青的 FTIR 图反映了 PUSSP 软段质量分数对 PUSSP 改性沥青主要官能团及其特征吸收峰的影响。由图 8.1 可知，PUSSP 改性沥青较基质沥青 FTIR 测试图中出现了新的特征吸收峰，而这些特征峰均来源于 PUSSP 基团，具体包括：位于 3305cm^{-1} 处的—NH—特征吸收峰，该特征峰属于典型的氨酯基特征吸收峰，氨酯基通过氢键作用聚集

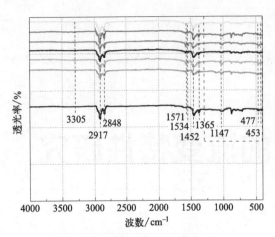

图 8.1   不同沥青的红外光谱测试
曲线从上至下依次为：P75，P70，PEG4000，
P90，P85，P80，基质

为硬段微区，限制了软段的相变行为和形变，提高了 PUSSP 的相变稳定性和弹性，表现为较好的抗变形性能。而 PUSSP 的加入增加了沥青中的弹性组分，从而改善了沥青的弹性、高温抗车辙以及抗永久变形性能。当 PUSSP 的软段质量分数增加时，氨酯基特征吸收峰强度逐渐降低，这说明 PUSSP 的相变稳定性和弹性减弱，这一过程将伴随着 PUSSP 改性沥青弹性、高温抗车辙以及抗永久变形性能的降低。$2917cm^{-1}$ 和 $2848cm^{-1}$ 处的特征吸收峰来源于 C—H 平面上的—CH_2 的伸缩振动，由于 PUSSP 中—CH_2 的存在，PUSSP 改性沥青在 $848cm^{-1}$ 处的峰强度较基质沥青的峰强度明显提高，并且该特征吸收峰的强度随着

PUSSP 软段质量分数的增加而提高。$1571cm^{-1}$ 和 $1534cm^{-1}$ 处还出现了—NO_2 的特征吸收峰；$1452cm^{-1}$ 和 $1365cm^{-1}$ 处出现的特征吸收峰是由苯环骨架的双键伸缩振动引起的。$1300\sim400cm^{-1}$ 为指纹区，在 $1147cm^{-1}$ 处出现了胺酯基—O—键的特征吸收峰，苯环取代区的特征吸收峰来源于苯环内 C—H 键的平面弯曲振动，由于苯环的振动，PUSSP 改性沥青在此处的峰强度较基质沥青的峰强度更强。此外，掺入 PUSSP 后，基质沥青在 $477cm^{-1}$ 和 $453cm^{-1}$ 处的二硫醚 S—S 特征吸收峰峰强度变大，这可能是由于 PUSSP 中氨基甲酸乙酯基团的不饱和键与沥青中的 S—S 键结合形成了微丝状连接，这也会引起沥青弹性的提高。

　　不同掺量的 PUSSP 改性沥青红外光谱如图 8.2 所示，选取了 FTIR 测试图差异较大的 P70 改性沥青、P80 改性沥青和 P90 改性沥青作为分析对象，更清晰地反映了 PUSSP 掺量对不同软段质量分数 PUSSP 改性沥青化学特性的影响。基于图 8.1 中 PUSSP 改性沥青的主要官能团及其特征吸收峰，重点分析掺量对这些官能团及其特征吸收峰的影响，有助于更好地分析掺量引起 PUSSP 改性沥青宏观性能转变的原因。

　　图 8.2 反映了 PUSSP 掺量对 PUSSP 改性沥青红外特征吸收峰的影响，测试样品为特征峰强度差异相对较大的 P70 改性沥青、P80 改性沥青以及 P90 改性沥青。由图 8.2 可知，调整掺量后 PUSSP 改性沥青的红外光谱图中未出现新的特征吸收峰，主要是特征吸收峰强度的变化。随着 PUSSP 掺量的增加，PUSSP 改性沥青中位于 $3305cm^{-1}$ 处—NH—特征吸收峰的峰强度明显增加，这会引起 PUSSP 改性沥青弹性的提高，宏观表现为沥青的高温抗车辙性能提高。$2917cm^{-1}$ 和 $2848cm^{-1}$ 处的—CH_2 特征吸收峰峰强度随着

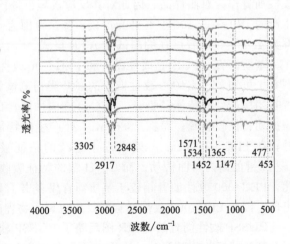

图 8.2   不同掺量的 PUSSP 改性沥青红外光谱
曲线从上至下依次为：7% P70，5% P70，3% P70，7% P80，
5% P80，3% P80，7% P90，5% P90，3% P90

PUSSP 掺量的增加有所提高，这是由于 PUSSP 及改性沥青中均含有—CH$_2$，位于 1571cm^{-1} 和 1534cm^{-1} 处的的—NO$_2$ 特征吸收峰也随着掺量的增加而提高。1452cm^{-1} 和 1365cm^{-1} 处苯环骨架的特征吸收峰随着掺量的增加而提高，其原因是 PUSSP 中含有大量的苯环。最后，指纹区胺酯基—O—键特征峰强度也随着掺量的增加而提高。由此可见，提高 PUSSP 的掺量增多了 PUSSP 改性沥青中的弹性成分，宏观表现为高温抗车辙性能和抗永久变形性能的提高。

8.1.2 FTIR 指数

由 FTIR 观测结果可知，PUSSP 软段质量分数和掺量对改性沥青的主要官能团都存在着影响，选择 P70 改性沥青、P80 改性沥青和 P90 改性沥青作为研究对象，掺量分别为 3%、5% 和 7%。通过羟基指数（I_{OH}）、羰基指数（I_{CO}）和亚砜指数（I_{SO}）可以量化 PUSSP 对沥青特征峰强度的影响[355]。由表 8.1 可知，羟基指数随 PUSSPSCMs 掺量的增加而呈现出规律性的变化，具体表现为随 PUSSPSCMs 软段质量分数和掺量的增加而增大，这是 PUSSP 中软段羟基的作用结果。羰基指数（I_{CO}）和亚砜指数（I_{SO}）均未表现出明显的规律，这也从侧面说明了 PUSSP 未与沥青中的基团发生反应，PUSSPSCMs 改性沥青的反应机理为物理改性。

$$I_{OH} = \frac{A_{OH}}{\sum A_{v}} \tag{8.1}$$

式中，A_{OH} 为羟基的面积；A_{v} 为所有基团的吸收峰面积。

表 8.1 基质沥青和 PUSSP 改性沥青的 FTIR 指数

沥青种类	I_{OH}	I_{CO}	I_{SO}
基质	1.4132×10^{-3}	3.0865×10^{-3}	2.8963×10^{-2}
3% P70	1.9985×10^{-3}	2.9635×10^{-3}	2.2659×10^{-2}
5% P70	2.3856×10^{-3}	1.0659×10^{-3}	2.6598×10^{-2}
7% P70	2.9356×10^{-3}	1.8635×10^{-3}	3.2659×10^{-2}
3% P80	2.5635×10^{-3}	2.2236×10^{-3}	2.1659×10^{-2}
5% P80	3.1698×10^{-3}	1.2365×10^{-3}	2.6396×10^{-2}
7% P80	4.2694×10^{-3}	2.9659×10^{-3}	3.6589×10^{-2}
3% P90	4.9156×10^{-3}	2.2367×10^{-3}	3.6985×10^{-2}
5% P90	6.5625×10^{-3}	1.1546×10^{-3}	3.2598×10^{-2}
7% P90	8.0148×10^{-3}	1.2569×10^{-3}	3.2698×10^{-2}

综上所述，基质沥青和 PUSSP 改性沥青的主要成分都是烷烃、环烷烃和芳香族化合物，PUSSP 改性沥青中仅含有 PUSSP 和基质沥青的主要官能团，未发现新的官能团，这表明 PUSSP 与沥青的改性机理为物理改性。PUSSP 软段质量分数和掺量只会影响 PUSSP 的弹塑性及其改性沥青的力学特性，随着 PUSSP 软段质量分数的降低，PUSSP 弹性提高但塑性降低，随着 PUSSP 软段质量分数的降低和掺量的增加，PUSSP 改性沥青的高温抗车辙性能和抗永久变形性能提高，低温蠕变性能降低，提高 PUSSP 掺量对软段质量分数较低的 PUSSP 改性沥青的高温性能影响更加显著。

8.2 PUSSP 改性沥青微观形貌

通过 PUSSP 改性沥青的微观形貌可以确定 PUSSP 在沥青中的分布规律和存在形式，

明确 PUSSP 对沥青微观形貌特征的影响，从而分析 PUSSP 引起沥青宏观性能转变的原因。本节采用荧光显微镜（FM）、扫描电子显微镜（SEM）以及原子力显微镜（AFM）等微观观测手段明晰 PUSSP 改性沥青的微观形貌，明确 PUSSP 的软段质量分数和掺量对 PUSSP 改性沥青微观形貌特性的影响，并将其与沥青宏观性能间建立联系。

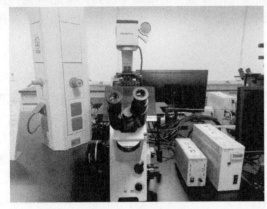

图 8.3 荧光显微镜

8.2.1 荧光扫描分析

本小节采用日本 Olympus Corporation 公司生产的 BX41 型荧光显微镜（图 8.3）观测 PUSSP 改性沥青的微观形貌特征，主要用于观测 PUSSP 在沥青中的分布状态，通过团聚等现象初步确定 PUSSP 与沥青的相容性，以及 PUSSP 改性沥青的改性效果，为后续 PUSSP 改性沥青改性机理的深入研究奠定基础。

测试样品为基质沥青、5％ PEG4000 改性沥青、5％ PEG4000 改性沥青、3％ P70 改性沥青、7％ P70 改性沥青、3％ P80 改性沥青、7％ P80 改性沥青、3％ P90 改性沥青以及 7％ P90 改性沥青。以 PEG4000 改性沥青作为参照组，可以明确 PUSSP 改性沥青在沥青相容性方面的优势，这与第 7 章沥青高温储存稳定性的研究相关，研究者认为改性剂与沥青的相容性越好，离析现象越不明显，采用软段质量分数和掺量差异较大的 PUSSP 改性沥青可以更直观地反映该因素对 PUSSP 改性沥青相容性的影响。

由图 8.4 可知，PEG4000 改性沥青的微观表面中出现了大量的 PEG4000，分布形式多样，包括颗粒和交联结构，其中还发现了明显的团聚现象。这是由于 PEG4000 改性沥青在制备过程中 PEG4000 会在受热后出现剧烈的固-液相态转变，导致 PEG4000 在沥青中分布不均，尤其是在经历了加热和冷却后，PEG4000 在沥青中更易析出，从而导致严重的团聚和离析现象。

PUSSP 改性沥青的微观表面存在着分散后的 PUSSP 弹性体，分别以颗粒和丝状结构的形式出现，其中 P70 改性沥青的微观表面内 P70 弹性体的颗粒较大，且随着掺量的增加而明显增多，由于 P70 自身具有较好的弹性，因此显著提高了沥青的弹性，P70 改性沥青的高温抗车辙性能和抗永久变形性能较基质沥青和 PEG4000 改性明显提高。P80 改性沥青相较于 P70 改性沥青，其微观表面内弹性体的颗粒体积明显减小，但数量显著增多，表明 P80 在改性沥青内分布得更加均匀，这也是其储存稳定性得以改善的主要原因。此外，由于 P80 较 P70 的弹性降低而塑性增强，相同掺量下对沥青高温抗车辙性能和抗永久变形性能的提升作用会降低，而弹性颗粒粒径的减小和数量的增多也间接地增加了 P80 与沥青的接触面积，较 P70 降低了对沥青低温蠕变性能的不利影响。相较于 P70 改性沥青和 P80 改性沥青，P90 改性沥青的微观表面出现了大量的丝带状结构，且随着 P90 掺量的增加而逐渐增多，这种丝带状结构与沥青具有更大的接触面积，从而更多地参与到沥青的蠕变过程并为之提供交联作用，从而减少或延缓沥青中微裂缝的出现和开展，宏观表现为 P90 改性沥青具有较好的延度和低温蠕变性能。

由于 P80 和 P90 在沥青中均表现出了较好的分布状态和相容性，因此相较于 P70 改性沥青，能更高效地发挥 PUSSP 在沥青中的储热特性和力学特性，这有助于提高 PUSSP 对沥青温度的调节效率，使改性沥青表现出更好的储热特性和调温特性。因此，采用软段质量

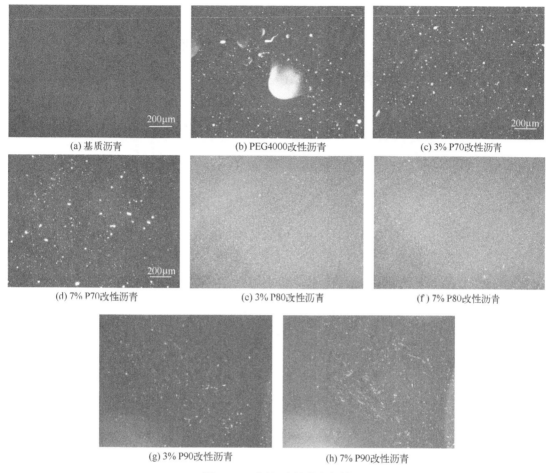

(a) 基质沥青　　(b) PEG4000改性沥青　　(c) 3% P70改性沥青

(d) 7% P70改性沥青　　(e) 3% P80改性沥青　　(f) 7% P80改性沥青

(g) 3% P90改性沥青　　(h) 7% P90改性沥青

图8.4　不同沥青的荧光扫描

分数较高的 PUSSP 作为相变材料沥青改性剂，不仅可以改善沥青的低温蠕变性能，而且可以使沥青具有更强的调温特性，充分发挥 PUSSP 储热与调温特性等功能性。然而，荧光显微镜的观察精度有限，无法直接观测到改性沥青中 PUSSP 与沥青微观界面间的关系，需要借助其他观测手段进行更深入的研究，进一步揭示 PUSSP 引起沥青宏观性能转变的作用机理。

8.2.2　SEM 观测分析

FM 较好地展示了 PUSSP 在沥青中的分布情况，但不能清晰地观测到 PUSSP 改性沥青的微观形貌特征，无法通过 PUSSP 改性沥青的微观形貌特征和演变规律与沥青宏观性能建立联系，揭示 PUSSP 改性沥青的改性机理。为了更好地观测 PUSSP 改性沥青的微观形貌，确定 PUSSP 与沥青在微观尺度上的存在方式和作用关系，借助德国 ZEISS 公司生产的 SU-PRA55SAPPHIRE 型扫描电子显微镜（SEM）对沥青样品进行观测，见图8.5。由于基质沥青和 PUSSP 改性沥青均为非导电材料，因此需要对其进行预处理。首先需要将沥青样品成型在铝板上并对其表面进行喷金处理，然后在真空衍射镀膜机中喷金 8min，测试温度为 25℃。

基质沥青、PEG4000 改性沥青和 PUSSP 改性沥青的 SEM 微观形貌观测结果如图8.6所示。相较于荧光显微镜的观测图，SEM 更清晰地展示了 PEG4000 和 PUSSP 在沥青中的

(a) SEM分析设备

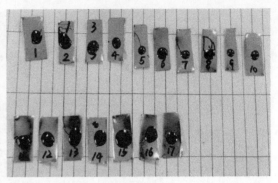
(b) 试样制备

图 8.5   扫描电子显微镜及沥青待测试样

分布状态和存在形式，以及两种相变材料对沥青微观形貌特征的影响，这对分析 PEG4000 改性沥青和 PUSSP 改性沥青的改性机理具有积极的作用。如图 8.6（a）所示，基质沥青的微观表面为平整光滑的镜面，不具备明显的微观特征。如图 8.6（b）所示为 PEG4000 改性沥青的微观形貌图，图中 PEG4000 改性沥青的微观表面存在着大量的 PEG4000 弹性体颗粒。同时还观测到 PEG4000 改性沥青的微观表面存在着大量且明显的微裂缝，微裂缝中还嵌入了 PEG4000。这是由于 PEG4000 改性沥青在制备过程中发生了固-液相变行为，高温剪切过程中液态的 PEG4000 与沥青充分接触，但制备完成后随着沥青温度的逐渐降低，沥青中液态 PEG4000 逐渐转变为固态，这个过程伴随着 PEG4000 体积的剧烈变化，致使 PEG4000 改性沥青在体积应力的作用产生大量的微裂缝，微观抗裂性能较差，宏观表现为 PEG4000 改性沥青流变特性的降低。

如图 8.6（c）～（e）所示，PUSSP 改性沥青的微观形貌中未出现明显的微裂缝，说明 PUSSP 改性沥青较 PEG4000 改性沥青具有更稳定的微观结构，这得益于 PUSSP 在沥青中良好的相态稳定性，降低了对沥青流变特性的影响。P70 改性沥青中 P70 颗粒具有较大的粒径，能更好地提高 P70 改性沥青的弹性、高温抗车辙性能和抗永久变形性能，然而这也会使与 P70 接触的沥青产生褶皱，这有利于沥青微裂缝的生长和扩展，因此 P70 改性沥青的低温蠕变性能较差。相较于 P70 改性沥青，图 8.6（d）中 P80 改性沥青的弹性体体积明显减小，且在沥青中分布得更加均匀，P80 弹性体颗粒被周围沥青完全包裹，其微观表面不存在明显的褶皱和微裂缝，这些说明 P80 和沥青之间具有良好的界面关系，有助于提高 PUSSP 改性沥青的低温蠕变性能。如图 8.6（e）所示为 P90 改性沥青的微观形貌特征，图 8.6（e）中 P90 为带状结构，其原因是改性沥青的制备过程中 P90 在高速剪切的作用下发生了塑性变形。与 P70 和 P80 的弹性体颗粒相比，P90 的带状结构增加了 P90 与沥青的接触面积并改善了与沥青的界面关系，参与了沥青的塑性变形，从而改善了沥青的低温蠕变性能。

如图 8.7 所示为 7% PUSSP 改性沥青的 SEM 微观形貌。相较于图 8.6，图 8.7 中 PUSSP 改性沥青的微观表面的 PUSSP 颗粒或带状结构明显增多，增加 PUSSP 掺量使 PUSSP 改性沥青中弹性成分显著增加，PUSSP 改性沥青的高温抗车辙性能和抗永久变形性能随之提高。对比图 8.6（c）和图 8.7（a）可以发现，随着 P70 掺量的增加，改性沥青中 P70 弹性体的数量明显增多，宏观表现为 P70 改性沥青的高温抗车辙性能和抗永久变形性能明显提高，但 P70 周边沥青的褶皱逐渐演变为微裂缝并出现明显的相分离，这意味着 P70 改性沥青的低温蠕变性能随着 P70 掺量的增加而降低。对比图 8.6（d）和图 8.7（b）可以

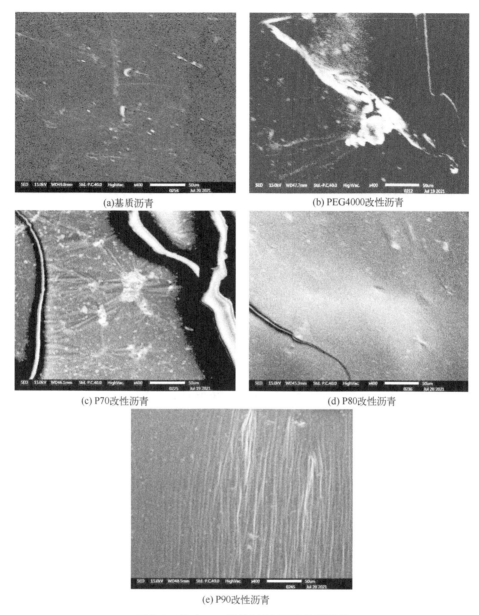

(a)基质沥青

(b) PEG4000改性沥青

(c) P70改性沥青

(d) P80改性沥青

(e) P90改性沥青

图 8.6　放大 400 倍的沥青 SEM 微观形貌

发现，随着 P80 掺量的增加，P80 改性沥青中 P80 弹性颗粒变得丰富并被沥青完全包裹，仍与沥青保持着较好的相容性，P80 改性沥青的整体弹性随之增强，但由于 P80 的弹性弱于 P70 的弹性，因此相同掺量下 P80 改性沥青的弹性仍弱于 P70 改性沥青的弹性。P80 改性沥青的微观形貌中未出现明显的微裂缝，这说明 P80 改性沥青的微观抗裂性能较 P70 改性沥青有所提高，宏观表现为更好的低温蠕变性能。如图 8.7（c）所示为 7％ P90 改性沥青的微观形貌图。相较于图 8.6（e），沥青中 PUSSP 的带状结构逐渐增多且宽度增加，这说明 P90 改性沥青中 P90 对沥青蠕变的限制作用进一步增强，更多地参与沥青的塑性变形，P90 改性沥青较好的低温蠕变性能得到进一步改善。

综上所述，PUSSP 改性沥青较 PEG4000 改性沥青具有更稳定的微观结构，宏观表现为更好的沥青流变特性。随着 PUSSP 软段质量分数的增加，PUSSP 改性沥青中 PUSSP 由弹

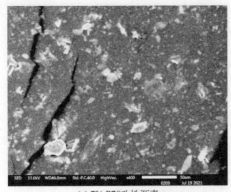

(a) 7% P70改性沥青   (b) 7% P80改性沥青

(c) 7% P90改性沥青

图 8.7   放大 400 倍的 7％ PUSSP 改性沥青的 SEM 微观形貌

性体向带状结构转变，这样的演变形式有助于改善 PUSSP 改性沥青的低温蠕变性能，但同时 PUSSP 改性沥青的高温抗车辙性能和抗永久变形性能会有所降低，因此宏观性能表现为 P70 改性沥青具有最佳的高温抗车辙性能和抗永久变形性能，而 P90 改性沥青具有非常好的低温蠕变性能。随着 PUSSP 掺量的增加，P70 改性沥青中弹性体的粒径和数量明显提高，这为 P70 改性沥青提供了更多的弹性成分和更强的弹性；P90 改性沥青中 P90 的带状结构增多且变粗，进一步抑制了沥青微裂缝的产生，同时为沥青提供了更强的塑性变形性能，沥青的低温蠕变性能提高。因此，从沥青流变特性考虑，P70 改性沥青适合用于高温地区的沥青路面，而 P90 改性沥青可应用于冬季较为寒冷的地区。

8.2.3   AFM 微观形貌及特征参数

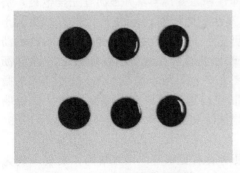

图 8.8   AFM 沥青待测试样

原子力显微镜（AFM）用于观测沥青的微观形貌和力学特性，与 SEM 观测原理不同，其微观形貌图来源于测试样品时探针的竖向位移，而不是基于光学原理，因此通过 AFM 形貌图可以更清晰地反映 PUSSP 改性沥青的微观形貌特征，尤其是粗糙度方面的观测结果更为准确。本小节采用的 AFM 为德国 BRUKER 公司生产的 MultiMode8 型，AFM 沥青待测试样如图 8.8 所示。采用峰值力轻敲模式，参考点为 0.75V，探针最大振幅为 1.3V，扫描速率为 1Hz，扫描面积为 $15\mu m \times 15\mu m$，测试图像素为 512×512，测试温度为室温。

AFM 图像处理和数据读取软件为 NanoScope Analysis。通过 AFM 微观形貌特征测试结果可以测算出 PUSSP 改性沥青的表面粗糙度，从而分析 PUSSP 对沥青微观形貌特征的影响，通过建立沥青宏微观相关特性的联系，揭示 PUSSP 改性沥青的改性机理。为了更好地研究 PUSSP 软段质量分数和掺量对沥青微观形貌和力学特性的影响，本小节选取的研究对象为 PUSSP 改性沥青中宏微观性能差异较大的 P70 改性沥青、P80 改性沥青、P90 改性沥青，外加掺量选择跨度最大的 3% 和 7%，基质沥青和 PEG4000 改性沥青作为参照组，这有助于更好地区分 PUSSP 与 PEG4000 作为沥青改性剂对沥青微观形貌特征影响的差异性。

基质沥青和 PEG4000 改性沥青的 AFM 微观形貌如图 8.9 所示。由图 8.9 可知，基质沥青的微观形貌中存在着大量的"蜂状结构"，其分布较为均匀，但个体间的形态和面积存在明显差异，"蜂状结构"外侧扩展区域为分散相，连续相出现在剩余区域。基质沥青的微观形貌具有丰富的多样性。PEG4000 改性沥青较基质沥青其微观形貌中"蜂状结构"大量减少，微观表面连续相区域的平整度较基质沥青明显降低，这说明 PEG4000 改性沥青的微观抗裂性能减弱，宏观表现为 PEG4000 改性沥青的低温蠕变性能降低。

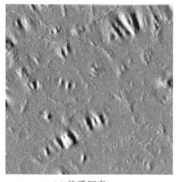 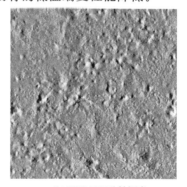

(a) 基质沥青   (b) PEG 4000改性沥青

图 8.9   基质沥青和 PEG4000 改性沥青的 AFM 微观形貌

PUSSP 改性沥青的 AFM 微观形貌如图 8.10 所示，反映了 PUSSP 软段质量分数对 PUSSP 改性沥青 AFM 微观形貌特征的影响。由图 8.10 可知，不同软段质量分数的 PUSSP 改性沥青其微观形貌具有明显的差异，其中 P70 改性沥青的"蜂状结构"近乎消失，"蜂状结构"外侧的连续相收缩且变得十分粗糙，本质上 AFM 形貌图的色差代表了相位的高低，这表明 P70 引起了沥青微观表面高度的剧烈变化，各点位的相态差异增大。沥青相位差异较大即两相边界加深的区域可能是沥青中微裂缝最初开展的地方，并且在荷载作用下有持续扩展的趋势，这种现象不利于沥青的低温抗裂性能。随着 PUSSP 软段质量分数的增加，PUSSP 改性沥青的"蜂状结构"面积和数量逐渐增加，其微观表面的色差即相位差逐渐减小，这说明 PUSSP 改性沥青的微观抗裂性提高，宏观表现为 PUSSP 改性沥青延度和低温蠕变性能的提高。由此可见，P90 改性沥青的微观形貌最接近基质沥青的微观形貌，具有较好的微观形貌特征，宏观表现为较好的低温蠕变性能。

部分研究者认为沥青"蜂状结构"的演变与沥青四组分的转变息息相关，后续研究发现，这种观点适用于沥青改性机理为化学改性的分析，如多聚磷酸等改性沥青改性机理的分析，以及如热、水和光老化等条件下引起的沥青组分化学变化的分析，之所以未提及 PUSSP 对沥青四组分的影响，是由于根据 FTIR 的分析结果，PUSSP 与沥青之间仅为物理

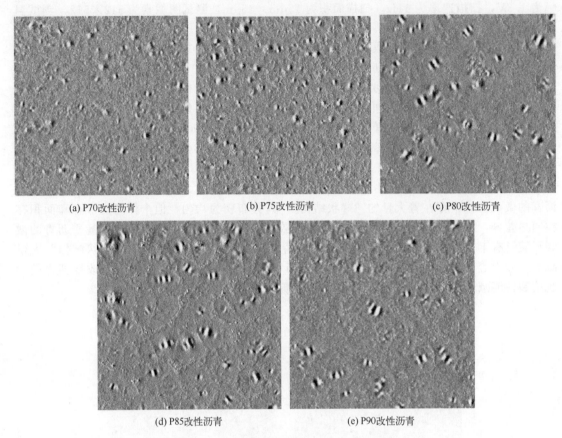

(a) P70改性沥青   (b) P75改性沥青   (c) P80改性沥青

(d) P85改性沥青   (e) P90改性沥青

图 8.10   PUSSP 改性沥青的 AFM 微观形貌

改性，较为适用于表面形态学的物理分析的方法。

图 8.10 和图 8.11 反映了 PUSSP 掺量对 PUSSP 改性沥青宏微观性能的影响。通过 AFM 微观形貌特征变化明确了 PUSSP 对沥青微观表面平整度的影响，从而揭示 PUSSP 掺量引起 PUSSP 改性沥青低温蠕变性能和微观抗裂性能转变的机理。由图 8.10 和图 8.11 可知，随着 PUSSP 掺量的增加，不同软段质量分数的 PUSSP 改性沥青的微观形貌演变规律表现出明显的差异性。P70 改性沥青中"蜂状结构"随着 P70 掺量的增加而减少，7% P70 改性沥青中"蜂状结构"几乎消失，P70 改性沥青的微观形貌变得更加粗糙，这说明 P70 改性沥青的微观抗裂性能随着掺量的增加而减弱，宏观表现为 P70 改性沥青的低温蠕变性能降低。随着 P80 掺量的增加，P80 改性沥青中"蜂状结构"有所减少，连续相态与分散相边界变得更加明显，沥青的微观抗裂性能降低，但 P80 改性沥青较 P70 改性沥青其微观表面仍保持着较高的平整度，这说明 P80 改性沥青微观抗裂性能强于 P70 改性沥青。P90 改性沥青的微观形貌随着 P90 掺量的增加越加平整，微观表面的相位差逐渐降低，这说明 P90 改性沥青微观抗裂性能和低温蠕变性能进一步提高。

沥青 AFM 形貌的演变过程较为复杂，对于形貌特征相近的沥青无法进行有效区分和分析，引入 AFM 形貌的特征参数均方根粗糙度 S_q 可以较好地表征沥青微观表面平整度[307]。S_q 的计算公式如下。

$$S_q = \sqrt{\frac{1}{MN} \sum_{k=0}^{M-1} \sum_{k=0}^{N-1} [z(x_k, y_1) - \mu]^2} \tag{8.2}$$

式中，M 和 N 是被划分成小矩形的图像的数量；μ 表示图像中每个点的平均高度；$z(x_k, y_1)$ 表示图像中对应点的高度。

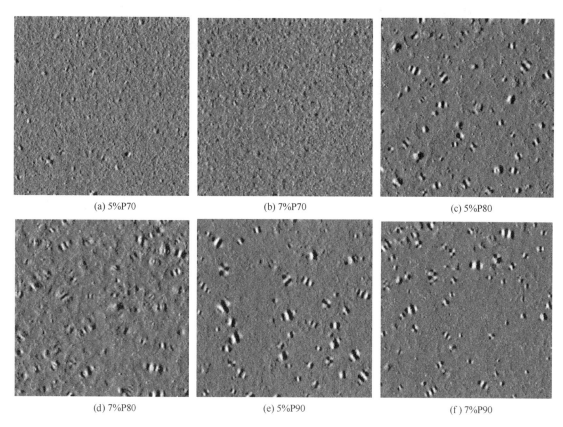

(a) 5%P70   (b) 7%P70   (c) 5%P80

(d) 7%P80   (e) 5%P90   (f) 7%P90

图 8.11　不同掺量的 PUSSP 改性沥青的 AFM 微观形貌

基质沥青和 PUSSP 改性沥青 AFM 的 S_q 值如图 8.12 所示。由图 8.12 可知，随着 PUSSP 软段质量分数的增加，相同掺量的 PUSSP 改性沥青的 S_q 值降低，表明改性沥青的微观表面粗糙度降低，沥青微观表面的多样性逐渐显现，伴随着各点位相位差的减小。S_q 所反映的规律与 AFM 形貌图的演变规律一致，这验证了 S_q 作为沥青微观形貌特征参数的可靠性，S_q 的减小意味着 PUSSP 改性沥青的微观抗裂性能提高。各 PUSSP 改性沥青 S_q 值随掺量的变化规律具有差异性，P70 改性沥青和 P80 改性沥青的 S_q 值随着掺量的增加而增大，沥青微观表

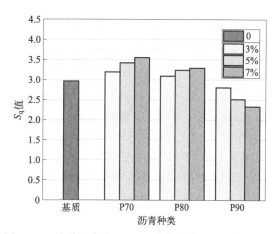

图 8.12　基质沥青和 PUSSP 改性沥青 AFM 的 S_q 值

面变得更加粗糙，相位差异增大，沥青的微观抗裂性降低，而 P90 改性沥青的 S_q 值随着掺量的增加而减小。这说明 P70 改性沥青和 P80 改性沥青的微观抗裂性能降低，但 P90 改性沥青的微观抗裂性能提高，这一演变规律与 PUSSP 改性沥青宏观低温蠕变性能所展现的规律基本一致。

综上所述，PUSSP软段质量分数和掺量对PUSSP改性沥青的微观形貌影响显著。随着软段质量分数的增加，PUSSP改性沥青S_q值和相位差减小，微观抗裂性能提高，宏观表现为低温蠕变性能提高。P70改性沥青和P80改性沥青的微观形貌随着掺量的增加越加粗糙，相位差增大致使沥青中更容易出现微裂纹并开展，宏观表现为沥青低温蠕变性能降低。P90改性沥青的微观相位差随掺量的增加而减小，宏观表现为低温蠕变性能的提高。然而，PUSSP改性沥青微观形貌的演变规律适用于解释沥青低温蠕变性能转变的原因，结合AFM峰值力QNM试验获取的沥青微观力学特性，可以更全面地揭示PUSSP改性沥青流变特性转变的作用机理。

8.3　PUSSP改性沥青微观力学特性

利用AFM峰值力QNM测试了沥青微观杨氏模量，其分布直方图如图8.13所示。

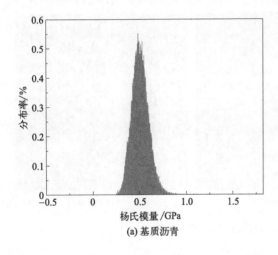
(a) 基质沥青

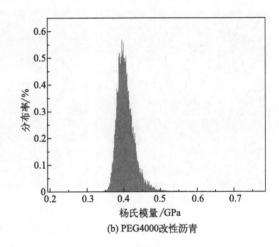
(b) PEG4000改性沥青

图8.13　沥青微观杨氏模量分布直方图

杨氏模量分布直方图展示了沥青微观弹性的分布规律，由于沥青的弹性直接决定了沥青在外部荷载作用下的恢复能力，这对研究PUSSP改性沥青的高温抗车辙性能和抗永久变形性能均具有重要的意义。杨氏模量是描述材料抵抗形变能力的物理量，其数值越大说明材料的弹性和抗永久变形性能越强[321]。

PUSSP改性沥青的AFM杨氏模量分布直方图如图8.14所示。由图8.13和图8.14可知，基质沥青的杨氏模量主要分布在300~700MPa；PEG4000改性沥青的杨氏模量主要分布在350~500MPa。P70改性沥青的杨氏模量主要分布在1400~2300MPa；P75改性沥青的杨氏模量主要分布在800~2200MPa；P80改性沥青的杨氏模量主要分布在700~1900MPa；P85改性沥青的杨氏模量主要分布在500~1000MPa；P90改性沥青的杨氏模量主要分布在300~800MPa。由此可见，软段质量分数较低的PUSSP改性沥青其杨氏模量的分布范围较广，随着PUSSP软段质量分数的增加，PUSSP改性沥青杨氏模量的分布范围逐渐缩小。PUSSP改性沥青的微观杨氏模量具有明显的离散性，这可能是由于改性沥青中改性剂与沥青的弹性差异所致，通过计算杨氏模量加权平均值能更准确地评价沥青的微观弹性，从而分析PUSSP改性沥青微观弹性的变化规律。

基质沥青、PEG4000改性沥青和PUSSP改性沥青的杨氏模量加权平均值如图8.15所

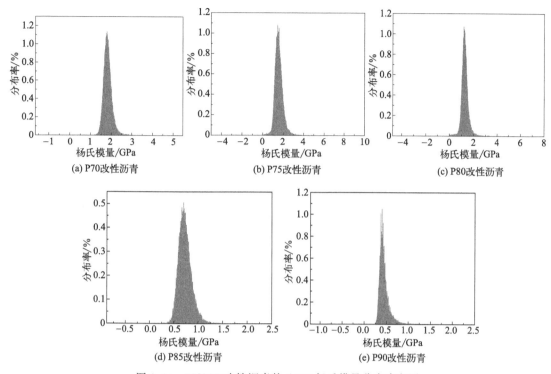

图 8.14　PUSSP 改性沥青的 AFM 杨氏模量分布直方图

示。由图 8.15 可知，PEG4000 改性沥青的杨氏模量加权平均值较基质沥青的杨氏模量加权平均值减小，表明 PEG4000 改性沥青较基质沥青的弹性降低，其高温抗车辙性能和抗永久变形性能较弱。PUSSP 改性沥青的杨氏模量加权平均值明显大于基质沥青和 PEG4000 改性沥青的杨氏模量加权平均值，其中 P90 改性沥青的杨氏模量加权平均值最小，仅为 49.38GPa，但依然高于基质沥青和 PEG4000 改性沥青的杨氏模量加权平均值，这说明 PUSSP 使沥青的微观杨氏模量和弹性增大，沥青的高温抗车辙性能和抗永久变形性能得到提高。

随着 PUSSP 软段质量分数的增加，PUSSP 改性沥青的杨氏模量加权平均值呈现降低的趋势，P90 改性沥青的杨氏模量加权平均值较 P70 改性沥青的杨氏模量加权平均值降低了72.79%，这说明软段质量分数较低的 PUSSP 改性沥青具有更强的弹性，宏观表现为更好的高温抗车辙性能和抗永久变形性能。考虑到 PUSSP 对沥青微观弹性的影响会随着掺量的提高而持续增大，明确 PUSSP 掺量对 PUSSP 改性沥青微观弹性的影响能进一步改善PUSSP 改性沥青的微观力学特性。为了更好地研究 PUSSP 掺量对 PUSSP 改性沥青微观弹性的影响，选取软段质量分数差值较大的 P70 改性沥青、P80 改性沥青以及 P90 改性沥青作为研究对象，PUSSP 改性沥青的掺量分别为 3%、5% 和 7%，以基质沥青作为参照。

不同掺量的 PUSSP 改性沥青杨氏模量加权平均值的测试结果如图 8.16 所示，反映了PUSSP 掺量对 PUSSP 改性沥青微观弹性的影响。由图 8.16 可知，当 PUSSP 的软段质量分数相同时，随着掺量的增加，P70 改性沥青的杨氏模量分布曲线呈现出右移的趋势，这表明沥青的微观弹性逐渐提高，同时杨氏模量分布区间略有加宽，通过增加掺量可以更显著地提高软段质量分数较小的 PUSSP 改性沥青的微观弹性，不同区域内各点位的弹性差异也逐渐提高。当 PUSSP 掺量相同时，P90 改性沥青的杨氏模量分布曲线较 P70 改性沥青的杨氏模量分布曲线向左移动，分布区间逐渐变窄，这说明 PUSSP 改性沥青的微观弹性及其各点位的弹性差异逐渐减小。由此可见，采用杨氏模量加权平均值可以较好地评价 PUSSP 改性沥青的微观弹性演变规律。

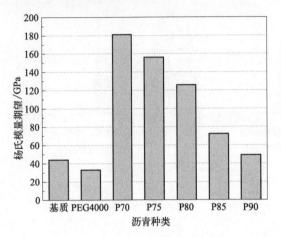

图 8.15   沥青杨氏模量加权平均值

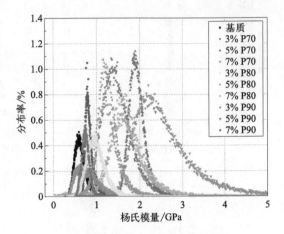

图 8.16   基质沥青和 PUSSP 改性沥青的
杨氏模量加权平均值测试结果

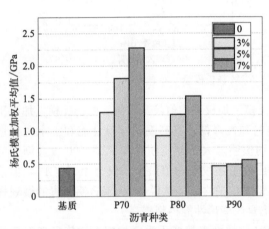

图 8.17   基质沥青和 PUSSP 改性
沥青的杨氏模量加权平均值

基质沥青和 PUSSP 改性沥青的杨氏模量加权平均值如图 8.17 所示。由图 8.17 可知，PUSSP 改性沥青较基质沥青其微观杨氏模量加权平均值明显提高，持续增加 PUSSP 掺量对 PUSSP 改性沥青的微观弹性有着显著的提升。然而，不同软段质量分数的 PUSSP 改性沥青受掺量影响的规律各不相同，具体表现为：7％ P70 改性沥青较 3％ P70 改性沥青其杨氏模量增加了 73.69％，而 7％ P90 改性沥青较 3％ P90 改性沥青其杨氏模量仅增加了 21.3％，这表明增加 PUSSP 掺量对软段质量分数较小的 PUSSP 改性沥青的微观弹性提升效果更加显著。由此可见，虽然 7％ P70 改性沥青的微观形貌不利于沥青的低温蠕变性能，但具有非常好的微观弹性，这与其宏观流变特性所呈现的规律一致，表现为高温抗车辙性能和抗永久变形性能较好而低温蠕变性能较差。7％ P90 改性沥青 AFM 微观形貌的粗糙度最低，这有利于抵抗沥青中微裂缝的出现和开展，因此具有较好的低温蠕变性能。

由于研究方法跨越了宏微观尺度，两者之间的联系还需要进一步验证。研究对象选择 PUSSP 改性沥青和 PEG4000 改性沥青，可以排除沥青种类对相关性分析结果的影响。

基质沥青、PEG4000 改性沥青和 PUSSP 改性沥青的微观杨氏模量与其宏观高温抗车辙性能的相关性分析结果如图 8.18 所示。由图 8.18 可知，不同种类沥青的微观杨氏模量与各自宏观车辙因子均表现出较好的相关性，相关性系数 $R=0.90$，呈正相关且高度相关，这说明沥青的微观弹性直接决定了宏观高温抗车辙性能，且无关沥青的种类。此外，图 8.18 中基质沥青和 PEG4000 改性沥青由于自身微观弹性的不足，其车辙因子明显低于 PUSSP 改性的沥青车辙因子，PUSSP 较好的微观弹性使 PUSSP 改性沥青具有更好的高温抗车辙性

能。PUSSP 改性沥青的杨氏模量加权平
均值与车辙因子均随着 PUSSP 软段质量
分数的增加而降低，P70 改性沥青具有很
强的微观弹性和很好的高温抗车辙性，
P90 改性沥青的微观弹性和高温抗车辙性
能较弱。拟合结果验证了沥青微观弹性
与宏观高温抗车辙性能之间的紧密联系，
更直观地揭示了 PUSSP 改性沥青宏观高
温流变特性具有差异性的原因，这为后
续继续完善 PUSSP 改性沥青的综合性能
提供了研究思路。

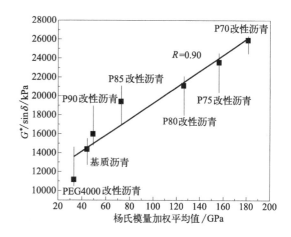

图 8.18　沥青微观杨氏模量与车辙因子的相关性分析

　　综上所述，借助微观观测手段明晰
了 PUSSP 对沥青微观形貌特征和力学特
性的影响。具体表现为：随着软段质量
分数的增加，PUSSP 在改性沥青中的存在形式由弹性体颗粒演变为带状结构，这有效增加
了 PUSSP 与沥青的接触面积，限制并参与了沥青的塑性变形，从而改善了 PUSSP 改性沥
青的低温蠕变性能。PUSSP 改性沥青宏观流变性能转变的根本原因是 PUSSP 微观形貌特征
和力学特性的差异，而 PUSSP 与沥青之间的交互作用还需要进一步探究。

8.4　本章小结

　　本章借助红外光谱（FTIR）测试了 PUSSP 改性沥青的特征吸收峰，结合 PUSSP 和基
质沥青的特征吸收峰，分析了 PUSSP 与沥青的反应机理；通过荧光显微镜（FM）和扫描
电子显微镜（AFM）观测了 PUSSP 改性沥青的微观形貌特征，利用原子力显微镜（AFM）
阐明了 PUSSP 改性沥青微观形貌及力学特性的演变规律，主要研究结论如下。

　　① PUSSP 未与沥青中基团发生化学反应，PUSSP 改性沥青为物理改性。PUSSP 改性
沥青官能团特征峰出峰位置一致，峰强度随 PUSSP 软段质量分数和掺量的增加有所提高。
FTIR 指数中仅羟基指数（I_{OH}）随 PUSSP 掺量的增加而呈现规律性变化，羰基指数
（I_{CO}）和亚砜指数（I_{SO}）均未有明显规律。

　　② PUSSP 改性沥青具有较好的相容性，PUSSP 在沥青中分布均匀，未出现团聚现象。
PUSSP 在沥青中以颗粒状或带状弹性体的形式出现，其中 P70 弹性体粒径最大，随着软段
质量分数的增加，P90 在沥青中为带状结构。P90 限制了沥青中微裂缝的产生并通过与沥青
较大的接触面积完成储热，改善了 PUSSP 改性沥青的微观抗裂性能和调温特性，提高掺量
会进一步增强 PUSSP 改性沥青的微观特性。

　　③ PUSSP 改性沥青的微观形貌随着软段质量分数的增加逐渐平整，均方根粗糙度 S_q
值和相位差减小，沥青抗裂性能提高；随着掺量的增加，P70 改性沥青和 P80 改性沥青微观
形貌越加粗糙，P90 改性沥青的微观平整度和抗裂性能提高。7% P90 改性沥青 S_q 值为
2.34，较基质沥青 S_q 减小了 0.63，沥青微观形貌特征与其低温蠕变性能关联紧密。

　　④ PUSSP 改性沥青的微观弹性随着软段质量分数的降低和掺量的增加而提高，沥青微
观杨氏模量分布范围缩小但加权平均值增大，7% P70 改性沥青的微观杨氏模量最大，加权
平均值为 2.28GPa。PUSSP 改性沥青的高温抗车辙性能与微观弹性高度相关，相关系数
$R=0.90$，这说明 PUSSP 改性沥青的微观弹性是高温抗车辙性能存在差异性的直接原因。

第9章

结论与展望

9.1　结论

本书一方面针对TPU改性沥青的流变特性与内在机制进行了系统的研究与分析，分别以软段构成、C_h、分子量以及r作为合成设计参数，研发了TPU沥青改性剂，确定了TPU沥青改性剂的制备工艺，优化了TPU沥青改性剂的掺配方案；根据化学微观分析与热性能测试结果揭示了TPU改性沥青的化学反应机理，以此确定出TPU沥青改性剂的适宜参数；基于流变学方法评价了TPU改性沥青的影响因素，提出了适用于TPU改性沥青的疲劳自愈合评价指标。另一方面，通过加聚反应合成了适用于沥青路面的相变材料沥青改性剂，即聚氨酯固-固相变材料（PUSSP）；通过物化特性、相变行为和储热特性以及微观力学特性测试，明确了合成工艺对PUSSP相变行为和热力学特性的影响，并揭示了性能差异的作用机理；采用正交设计和灰关联度法提出了PUSSP改性沥青的最佳制备工艺及相关参数；基于热力学手段、调温试验和流变学试验对PUSSP改性沥青的储热特性、调温特性以及流变特性进行了研究，分析了PUSSP软段质量分数和掺量对PUSSP改性沥青性能的影响；借助微观观测手段探究了PUSSP与沥青的改性机理，明确了PUSSP对沥青微观形貌特征和力学特性的影响。主要研究结论如下。

① 通过酯交换缩聚法合成C_h为20%、30%和40%的聚酯型与聚醚型TPU（其中，每种C_h下的r分别设计为0.95、1和1.05），结合FTIR、EA和GPC分析探明了所合成TPU具有线型化学结构。通过^{1}H NMR和^{13}C NMR验证了所推断出化学结构的准确性。对于硬段结构为MDI型TPU，相同C_h与r时，聚酯型TPU的热分解温度更高，而聚醚型TPU则具有更低的玻璃化转变温度。

② TPU改性沥青的适宜制备工艺参数：T_1和T_2分别为145℃和150℃；t_1和t_2分别为1h和0.5h；S_1和S_2分别为3000r/min和3000r/min。聚酯型TPU改性沥青的热稳定性优于聚醚型TPU改性沥青的热稳定性，但聚醚型TPU改性沥青较聚酯型TPU改性沥青具有更低的玻璃化转变温度。综合针入度、软化点和延度试验测试结果得出TPU沥青改性剂的适宜掺量为5%。

③ 聚醚型TPU改性沥青的低温等级明显优于聚酯型TPU改性沥青，这也从流变学的角度验证了TPU改性沥青的热性能变化规律。聚酯型与聚醚型TPU改性沥青均适用于时温等效原理。随着r和C_h的增加，聚酯型与聚醚型TPU改性沥青的高温抗变形能力均有

所提高，而低温性能的变化不具有明显的规律性，聚醚型 TPU 改性沥青的低温性能更好，在低温环境中具有较好的蠕变性能。用 N_{f50} 评价 TPU 改性沥青的疲劳破坏指标具有普适性。TPU 改性沥青自愈合指标 HI 的影响排序为：愈合温度＞愈合时间＞软段结构＞C_h＞r＞损伤程度＞老化程度＞自愈合度。综合分析得出，聚醚基 TPU 更适合作为沥青改性剂，其适宜的掺量为 5％，设计参数为 C_h＝40％，r＝1.05。

④ 通过加聚反应完成了 PUSSP 的制备，通过降低异氰酸根指数 r 和控制软段质量分数使 PUSSP 表现出更强的储热特性和可调节性，r 降为 1.0，软段质量分数分别取 70％、75％、80％、85％ 和 90％。FTIR 测试明确了 PUSSP 反应物和生成物中主要官能团及其特征峰的变化规律，确定 PUSSP 为目标产物。吸附试验表明了 PUSSP 具有稳定的固相和较强的相态稳定性，通过 POM 和 XRD 试验揭示了 PUSSP 发生固-固相变的作用机理，其软段晶体在相变过程中由结晶态向无定形态转变完成储热，而硬段微区限制了软段的流动性。DSC 和 TG 试验表明软段质量分数较高的 PUSSP 具有更强的储热特性，P90 较 P70 其熔融和结晶焓值分别提升了 122.7％ 和 118.4％，PUSSP 具有较好的热稳定性。AFM 观测通过微观形变阐明了 PUSSP 内软硬段的大体分布规律，其微观弹性随软段质量分数的增加而逐渐降低，P90 较 P70 其杨氏模量加权平均值降低了 68.75％。

⑤ PUSSP 改性沥青的最佳制备工艺及参数如下：剪切温度为 160℃，剪切速率和剪切时间分别为 5000r/min 和 50min。PUSSP 改性沥青的硬度和高温性能较好，但 PUSSP 会引起沥青低温抗裂性能的衰减。PUSSP 改性沥青具有较高的黏度，改性沥青混合料的拌和温度建议选取 161～170℃ 的温度区间。DSC 和 TG 试验表明 PUSSP 改性沥青具有较好的储热特性和热稳定性，PUSSP 改性沥青的储热特性随着 PUSSP 软段质量分数和掺量的增加而提高，7％ P90 改性沥青的储热焓值升为 8.75J/g，远高于 3％ P70 改性沥青的 1.36J/g。沥青调温试验表明 PUSSP 改性沥青的调温特性随着 PUSSP 软段质量分数和掺量的增加而提高，7％ P90 改性沥青的最大 Δt_{P-B} 和 ΔT_{P-B} 分别为 1005s 和 9.7℃。

⑥ DSR 和 BBR 试验结果表明，PUSSP 改性沥青具有较好的高温抗车辙性能，该性能随 PUSSP 软段质量分数的降低和掺量的增加而提高，7％ P70 改性沥青的高温抗车辙性能最好，$G^*/\sin\delta$ 为 28.6kPa；提高软段质量分数改善了 PUSSP 改性沥青的低温蠕变性能，7％ P90 改性沥青的低温蠕变性能最好，−24℃ 时 S 和 m 值分别为 298.1MPa 和 0.307。P90 改性沥青的 PG 分级结果最佳，低温等级较其他 PUSSP 改性沥青明显提高，其温度等级为 64-24。Black 和 G^* 主曲线表明 PUSSP 改性沥青的弹性随 PUSSP 软段质量分数的增加而降低，黏性随之提高，P85 和 P90 改性沥青对变形时间的依赖性较小，与 CA 模型具有较高的相关性。MSCR 试验反映了 PUSSP 软段质量分数和掺量较高的 PUSSP 改性沥青具有更好的抗永久变形性能，7％ P70 改性沥青抗永久变形性能最强，其 $J_{nr,3.2}$ 较基质沥青降低了 75.02％，$R_{3.2}$ 提高了 17.86％，应力敏感性最低，$J_{nr-diff}$ 和 R_{diff} 值分别为 0.22 和 0.23。DSR 离析率表明 PUSSP 改性沥青的高温储存稳定性随着 PUSSP 软段质量分数的增加而提高。

⑦ PUSSP 改性沥青中主要官能团及其特征吸收峰和 FTIR 指数说明 PUSSP 与沥青之间为物理改性。FM 和 SEM 观测到 PUSSP 在沥青中分布均匀且与沥青表现出较好的相容性；随着 PUSSP 软段质量分数的增加，PUSSP 在沥青中的存在形式由弹性体颗粒转变为带状结构，微观表面褶皱逐渐消失，沥青的微观抗裂性能提高。AFM 观测发现 PUSSP 改性沥青的微观抗裂性能随着 PUSSP 软段质量分数的增加而逐渐提高，但微观弹性随之降低。7％ P70 改性沥青的微观弹性最强，杨氏模量加权平均值为 2.28GPa，而 7％ P90 改性沥青的微观抗裂性能最好，但弹性最弱，其 S_q 值为 2.34，较基质沥青 S_q 减小了 0.63，PUSSP

改性沥青的微观力学特性与宏观流变特性具有较强的相关性。

9.2 展望

① 在基质沥青中实现 TPU 预聚体的加成聚合反应，通过调整软硬段的类别与分子量，完成化学反应型 TPU 改性沥青的制备，借助分子动力学模拟软件，进一步从分子结构的角度分析，更深入地揭示改性机理，并对今后实际使用提供更深层次的理论指导。

② 引入 TPU 改性沥青胶浆与集料的交互作用研究，构建交互作用的尺度效应及跨越机制，建立 TPU 改性沥青混合料流变特性的多尺度预测模型。考虑老化、水损害及其他复杂环境和荷载作用对于 TPU 改性沥青与矿粉、TPU 改性沥青胶浆与集料黏结性能的影响及其衰变机理，为解决沥青路面早期病害问题提供理论支撑。

③ 本书针对 TPU 改性沥青技术，通过在实验室内进行的相关路用性能试验，证明了 TPU 改性沥青技术的可行性，可以为实际施工提供有效的理论指导与数据支撑。但是鉴于现场施工与试验室研究之间存在一定的差异性，建议下一步进行试验路铺筑，通过定期监测试验路的服役情况，以完善 TPU 改性沥青施工工艺及实际路面效果评价。

④ PUSSP 作为沥青改性剂，具有较好的相变稳定性、储热特性和力学特性，应用于沥青及沥青混合料能赋予其调温特性并提高路用性能。本书主要研究了 PUSSP 软度质量分数和掺量作为影响因素的差异性，考虑的掺量较为保守，在后续的研究中，在保证 PUSSP 沥青及其混合料路用性能的前提下，可以考虑持续增大 PUSSP 的掺量，以获取更好的调温特性。

⑤ PUSSP 通过自身储热特性实现了对沥青温度的调节，但其对沥青的路用性能也产生了影响，这主要是由于 PUSSP 对沥青流变特性和黏弹特性的影响。因此，对于沥青流变特性有不利影响的 PUSSP，如会显著降低沥青的低温蠕变性能 P70，可以结合现有的沥青改性剂进行复合改性，在协同作用下赋予沥青调温特性的同时还能改善其路用性能。

⑥ PUSSP、改性沥青及其沥青混合料耐久性方面的研究目前涉及得较少，值得进行合理深入的探讨，而这方面的研究会涉及沥青及混合料调温特性和路用性能两个方面，而这两种性能之间还存在着协同关系，借助相关性能试验和研究方法评价其耐久性时需要考虑的情况十分复杂，应在充分考虑后设计出合理的试验和评价方法，然后系统性地结合实际工程分析各因素共同作用下的 PUSSP 改性沥青路用耐久性。

参考文献

[1] Li R，Karki P，Hao P. Fatigue and self-healing characterization of asphalt composites containing rock asphalts [J]. Construction and Building Materials，2020，230：1-10.

[2] You Z，Mills-Beale J，Foley J M，et al. Nanoclay-modified asphalt materials：Preparation and characterization [J]. Construction and Building Materials，2011，25 (2)：1072-1078.

[3] Jin X，Guo N S，You Z P，et al. Rheological Properties and Micro-characteristics of Polyurethane Composite Modified Asphalt [J]. Construction and Building Materials，2019，234：1-16.

[4] Bahia H U，Anderson D A，Christensen D W. The Bending beam rheometer，a simple device for measuring low temperature rheology of asphalt binders [J]. Association of Asphalt Paving Technologists，1992，61：117-153.

[5] 周爱军，李长存，黎树根. 聚氨酯产业现状及其应用 [J]. 合成纤维工业，2013，36 (2)：46-49.

[6] Merino D H，Driscoll B O，Harris P J，et al. Enhancement of microphase ordering and mechanical properties of supramolecular hydrogen-bonded polyurethane networks [J]. Polymer Chemistry，2018，30 (14)：4077-4188.

[7] 李文波，周晨，曹成波，等. 医用聚氨酯材料研究新进展 [J]. 中国生物医学工程学报，2011，30 (01)：130-134.

[8] Liu H，Dong M Y，Huang W J，et al. Light weight conductive graphene/thermoplastic polyurethane foams with ultrahigh compressibility for piezo resistive sensing [J]. Journal of Materials Chemistry：A，2015，17 (5)：266-273.

[9] Guo M，Liang M，Jiao Y，et al. A review of phase change materials in asphalt binder and asphalt mixture [J]. Construction and Building Materials，2020，258：119565.

[10] Li F，Zhou S，Du Y，et al. Experimental study on heat-reflective epoxy coatings containing Nano-TiO_2 for asphalt pavement resistance to high-temperature diseases and CO/HC emissions [J]. Journal of Testing and Evaluation，2019，47 (4)：2765-2775.

[11] 周岚. 高速公路沥青路面使用性能评价及预测研究 [D]. 南京：东南大学，2017.

[12] Liu F S，Zeng Z P，Wu B，et al. Study of the effect of cement asphalt mortar disease on mechanical properties of CRTS Ⅱ slab ballastless track [J]. Advanced materials research，2014，906：305-310.

[13] 王小平. 谈城市道路沥青路面常见病害防止措施及方法 [J]. 山西建筑，2009，35 (13)：253-255.

[14] 艾长发. 高寒地区沥青路面行为特性与设计方法研究 [D]. 成都：西南交通大学，2008.

[15] Behnood A，Gharehveran M M. Morphology，rheology，and physical properties of polymer-modified asphalt binders [J]. European Polymer Journal，2019，112：766-791.

[16] Zhang F，Yu J. The research for high-performance SBR compound modified asphalt [J]. Construction and Building Materials，2010，24 (3)：410-418.

[17] 马涛，陈蒽琳，张阳，等. 胶粉应用于沥青改性技术的发展综述 [J]. 中国公路学报，2021，34 (10)：1-16.

[18] Anupam B R，Sahoo U C，Rath P. Phase change materials for pavement applications：A review [J]. Construction and Building Materials，2020，247：118553.

[19] 何丽红. 复合相变储热沥青路面材料研制及降温机理 [D]. 重庆：重庆交通大学，2017.

[20] Yeon J H，Kim K K. Potential applications of phase change materials to mitigate freeze-thaw deteriorations in concrete pavement [J]. Construction and Building Materials，2018，177：202-209.

[21] 陈爱英，汪学英，曹学增. 相变储能材料的研究进展与应用 [J]. 材料导报，2003 (05)：42-44.

[22] Sharma A，Tyagi V V，Chen C R，et al. Review on thermal energy storage with phase change materials and applications [J]. Renewable and Sustainable Energy Reviews，2009，13 (2)：318-345.

[23] 唐婷，张伟丽，高宁，等. 中低温固-液相变潜热储热材料研究进展 [J]. 功能材料，2022，53 (09)：9035-9041.

[24] 赵梦阳，张宇昂，唐炳涛. 导热增强聚氨酯基柔性定形相变材料的制备及性能 [J]. 精细化工，2022，39 (06)：1155-1161.

[25] Fallahi A，Guldentops G，Tao M，et al. Review on solid-solid phase change materials for thermal energy storage：Molecular structure and thermal properties [J]. Applied Thermal Engineering，2017，127：1427-1441.

[26] Li W，Zhang D，Zhang T，et al. Study of solid-solid phase change of $(n\text{-}C_nH_{2n}+1NH_3)2MCl_4$ for thermal energy storage [J]. Thermochimica Acta，1999，326 (1-2)：183-186.

[27] 公雪，王程遥，朱群志. 微胶囊相变材料制备与应用研究进展 [J]. 化工进展，2021，40 (10)：5554-5576.

[28] 张正国，文磊，方晓明，等. 复合相变储热材料的研究与发展 [J]. 化工进展，2003，22 (5)：462-465.

[29] Zhou Y，Wu S，Ma Y，et al. Recent advances in organic/composite phase change materials for energy storage [J]. ES Energy & Environment，2020，9 (12)：28-40.

[30] Atinafu D G，Yun B Y，Yang S，et al. Structurally advanced hybrid support composite phase change materials：architectural synergy [J]. Energy Storage Materials，2021，42：164-184.

[31] Zhang P，Xiao X，Ma Z W. A review of the composite phase change materials：Fabrication，characterization，mathematical modeling and application to performance enhancement [J]. Applied Energy，2016，165：472-510.

[32] Zhao Y，Zhang X，Hua W. Review of preparation technologies of organic composite phase change materials in energy storage [J]. Journal of Molecular Liquids，2021，336：115923.

[33] 刘涛，郭乃胜，谭忆秋，等. 路用相变材料研究现状和发展趋势 [J]. 材料导报，2020，34 (23)：23179-23189.

[34] Kuznik F，David D，Johannes K，et al. A review on phase change materials integrated in building walls [J]. Renewable and Sustainable Energy Reviews，2011，15 (1)：379-391.

[35] Baetens R，Jelle B P，Gustavsen A. Phase change materials for building applications：A state-of-the-art review [J]. Energy and Buildings，2010，42 (9)：1361-1368.

[36] Sarkar S，Mestry S，Mhaske S T. Developments in phase change material (PCM) doped energy efficient polyurethane (PU) foam for perishable food cold-storage applications：A review [J]. Journal of Energy Storage，2022，50：104620.

[37] Su J C，Liu P S. A novel solid-solid phase change heat storage material with polyurethane block copolymer structure [J]. Energy Conversion and Management，2006，47 (18-19)：3185-3191.

[38] Zhou Y，Liu X，Sheng D，et al. Polyurethane-based solid-solid phase change materials with in situ reduced graphene oxide for light-thermal energy conversion and storage [J]. Chemical Engineering Journal，2018，338：117-125.

[39] 赵梦阳，张宇昂，唐炳涛. 聚氨酯型复合定形相变储能材料研究进展 [J]. 精细化工，2020，37 (11)：2182-2192.

[40] 王灵娟. 高储能密度的聚氨酯复合定形相变材料研究 [D]. 大连：大连理工大学，2017.

[41] Xi P，Duan Y，Fei P，et al. Synthesis and thermal energy storage properties of the polyurethane solid-solid phase change materials with a novel tetrahydroxy compound [J]. European Polymer Journal，2012，48 (7)：1295-1303.

[42] Shportko K，Kremers S，Woda M，et al. Resonant bonding in crystalline phase-change materials [J]. Nature Materials，2008，7 (8)：653-658.

[43] 李鹏飞，胡观峰，王大为，等. 聚氨酯前驱体/苯乙烯-丁二烯-苯乙烯嵌段共聚物复合改性沥青及其改性机理 [J]. 北京工业大学学报，2022，48 (06)：655-666.

[44] Xi P，Zhao F，Fu P，et al. Synthesis，characterization，and thermal energy storage properties of a novel thermoplastic polyurethane phase change material [J]. Materials Letters，2014，121：15-18.

[45] Gao N，Tang T，Xiang H，et al. Preparation and structure-properties of crosslinking organic montmorillonite/polyurethane as solid-solid phase change materials for thermal energy storage [J]. Solar Energy Materials and Solar Cells，2022，244：111831.

[46] Krol P. Synthesis methods，chemical structures and phase structures of linear polyurethanes. Properties and applications of linear polyurethanes in polyurethane elastomers，copolymers and ionomers [J]. Progress in Materials Science，2007，52 (6)：915-1015.

[47] 徐培林，张淑琴. 聚氨酯材料手册 [M]. 北京：化学工业出版社，2011.

[48] 刘益军. 聚氨酯原料及助剂手册 [M]. 2版. 北京：化学工业出版社，2012.

[49] Daniel H M，Ben O，Hart L R，et al. Enhancement of microphase ordering and mechanical properties of supramolecular hydrogen-bonded polyurethane networks [J]. Polymer Chemistry，2018，9 (24)：3406-3414.

[50] 刘晓燕，顾林玲，李娟. 聚碳酸酯二元醇及其在聚氨酯材料中的应用 [J]. 聚氨酯工业，2004 (01)：6-8.

[51] Gao W T，Bie M Y，Quan W. Self-healing，reprocessing and sealing abilities of polysulfide-based polyurethane [J]. Polymer，2018，151：27-33.

[52] Janik H，Marzec M. A review：Fabrication of porous polyurethane scaffolds [J]. Materials Science and Engineering：C，2015，48：586-591.

[53] Petrovic Z S，Ferguson F. Polyurethane elastomers [J]. Progress in Science，1991，5 (16)：695-836.

[54] 李伟. 聚氨酯弹性体的研究现状及发展 [J]. 机械管理开发，2007 (06)：3-4.

[55] 刘厚钧. 聚氨酯弹性体手册 [M]. 2版. 北京：化学工业出版社，2012.

[56] Kultys A, Rogulska M, Gluchowska H. The effect of soft-segments structure on the properties of novel thermoplastic polyurethane elastomers based on an unconventional chain extender [J]. Polymer International. 2011, 60 (4)：652-659.

[57] 廖克俭, 丛玉凤. 道路沥青生产与应用技术 [M]. 北京：化学工业出版社，2004.

[58] Claudy P, Letoffe J M, King G N, et al. Characterization of asphalts cements by thermo-microscopy and differential scanning calorimetry：correlation to classic physical properties [J]. Fuel Science and Technology International，1992，10 (4-6)：735-765.

[59] Koots J A, Speight J G. Relation of petroleum resins to asphaltenes [J]. Fuel, 1975, 54 (3)：179-184.

[60] 谭忆秋. 沥青与沥青混合料 [M]. 哈尔滨：哈尔滨工业大学出版社，2007.

[61] Lesueur D. The colloidal structure of bitumen：consequences on the rheology and on the mechanisms of bitumen modification [J]. Advances in Colloid and Interface Science, 2009, 145 (1-2)：42-82.

[62] Mortazav M I, Moulthrop J S. SHRP materials reference library [S]. SHRP report A-646 Washington D. C.：National Research Council，1993.

[63] Branthaver J F, Petersen J C, Robertson R E, et al. Binder characterization and evaluation [S]. Volume 2：Chemistry，SHRP Report A-368 Washington D. C.：National Research Council，1994.

[64] Liu G, Nielsen E, Komacka J, et al. Rheological and chemical evaluation on the ageing properties of SBS polymer modified bitumen：From the laboratory to the field [J]. Construction and Building Materials，2014，51：244-248.

[65] 陈大俊, 李瑶君. 热塑性聚氨酯弹性体中的氢键作用 [J]. 高等学校化学学报，2001，42 (10)：525-528.

[66] 赵孝彬, 杜磊, 张小平, 等. 聚氨酯弹性体及微相分离 [J]. 高分子材料科学与工程，2002，18 (2)：16-20.

[67] Sun M, Zheng M, Qu G Z, et al. Performance of polyurethane modified asphalt and its mixtures [J]. Construction and Building Materials, 2018, 191 (10)：386-397.

[68] Bazmara B, Tahersima M, Behravan A. Influence of thermoplastic polyurethane and synthesized polyurethane additive in performance of asphalt pavements [J]. Construction and Building Materials, 2018, 166 (30)：1-11.

[69] Moran L E. Method for improving the storage stability of polymer modified asphalt [P]. USA：US 5070123A, 1991.

[70] 翟洪金, 应军, 郑磊. 一种聚氨酯改性沥青的制备方法 [P]. 中国：CN 102850506 A, 2013.

[71] 张昊, 涂松, 盛基泰, 等. 一种道路沥青用聚氨酯型耐高温抗车辙改性剂 [P]. 中国：CN 103102706 A, 2013.

[72] 陈利东, 李璐, 郝增恒. 聚氨酯—环氧树脂复合改性沥青混合料的研究 [J]. 公路工程，2013，38 (02)：214-218.

[73] 许涛, 汪洋, 时爽, 等. 形状记忆聚氨酯改性沥青基嵌缝料制备方法 [P]. 中国：201710760351. 6, 2019.

[74] 李璐, 盛兴跃, 郝增恒. 一种复合改性沥青及其制备方法 [P]. 中国：CN 103232717A, 2013.

[75] Hicks R, Dussek L, Seim C. Asphalt surfaces on steel bridge decks [J]. Transportation Research Record, 2014, 1740 (17)：135-142.

[76] 曹东伟, 张艳君, 靳明洋, 等. 可二次固化的聚氨酯改性环氧树脂沥青混合料及制备和应用 [P]. 中国：CN 105016655A, 2015.

[77] 刘颖, 辛星. 道路用聚氨酯改性沥青的制备工艺研究 [J]. 中外公路，2015，35 (5)：255-259.

[78] 刘颖, 辛星. 道路用聚氨酯改性沥青的性能研究 [J]. 石油沥青，2015，29 (1)：48-53.

[79] 舒睿, 张海燕, 曹东伟, 等. 聚氨酯改性沥青混合料性能研究 [J]. 公路交通科技（应用技术版），2015，11 (12)：142-144，161.

[80] 樊焕孔, 张柯. 一种温度敏感性可控的超支化聚氨酯改性沥青的制备方法 [P]. 中国：CN 105885440A, 2016.

[81] 曾保国. 聚氨酯改性沥青混合料路用性能研究 [J]. 湖南交通科技，2017，43 (01)：70-72，176.

[82] 李彩霞. 聚氨酯改性沥青的制备及混合料路用性能评价 [J]. 武汉理工大学学报（交通科学与工程版），2017，41 (06)：958-963.

[83] 班孝义. 聚氨酯改性沥青的制备与性能研究 [D]. 西安：长安大学，2017.

[84] 王锡通. 聚合物改性沥青性能评价方法综述 [J]. 石油沥青，2007 (03)：8-13.

[85] Petersen J C, Robertson R E, Branthaver J F, et al. Binder characterization and evaluation (SHARP-A-370) [S]. Volume 4：Physical characterization，SHRP，Nation Research Council，1994.

[86] Shen J, Konno M, Takahashi M. Evaluation of recycled asphalt by SHRP binder specification [J]. Journal of pavement engineering, JSCE, 2001, 6 (12)，54-60.

[87]　Christensen D W. Binder characterization and evaluation (SHRPA-369) [S]. Volume3：Physical characterization，SHRP，Nation Research Council，1994.

[88]　Im J H，Kim Y R，Yang S L. Bond strength evaluation of asphalt emulsions used in asphalt surface treatments [J]. International Journal of Highway Engineering，2014，16 (5)：1-8.

[89]　Carrera V，Cuadri A A，Garcia-Morales M，et al. Influence of terpolymer weight and free isocyanate content on the rheology of polyurethane modified bitumen [J]. European Polymer Journal，2014，57 (8)：151-159.

[90]　Singh B，Tarannum H，Gupta M. Use of isocyanate production waste in the preparation of improved waterproofing bitumen [J]. Journal of Applied Polymer Science，2003，90 (5)：1365-1377.

[91]　曾俐豪，魏建国，侯剑楠，等. 聚氨酯改性沥青的开发与性能评价 [J]. 长沙理工大学学报（自然科学版），2017，14 (04)：24-29，68.

[92]　夏磊，张海燕，曹东伟，等. 蓖麻油基聚氨酯改性沥青的性能研究 [J]. 公路交通科技，2016，33 (10)：13-18.

[93]　Anderson R M. Low-temperature evaluation of Kentucky PG 70-22 asphalt binders [S]. TRB，1999.

[94]　Hoare T R. Low-temperature fracture testing of asphalt binders：regular and modified systems [S]. TRB，2000.

[95]　Bahia H U，Anderson D A，Christensen D W. The Bending beam rheometer，a simple device for measuring low temperature rheology of asphalt binders [J]. Association of Asphalt Paving Technologists，1992，61：117-153.

[96]　范腾，林思能，尹应梅，等. 聚氨酯和橡胶粉复合改性沥青的试验研究 [J]. 新型建筑材料，2016，43 (11)：83-86.

[97]　卜鑫德，程烽雷. 聚氨酯-环氧复合改性沥青及其路用性能研究 [J]. 公路，2016，61 (08)：171-174.

[98]　舒睿. 聚氨酯改性沥青及其混合料的性能研究 [D]. 北京：北京建筑大学，2016.

[99]　Breen J J，Stephen J E. The interrelationship between the glass transition temperature and molecular characteristics of asphalt [J]. Association of Asphalt Paving Technologists，1969，38：706-712.

[100]　Richman W B. Molecular weight distribution of asphalt [J]. Association of Asphalt Paving Technologists，1967：106-113.

[101]　王艳，史玉芳，李祥新. 凝胶色谱在聚氨酯材料合成中的应用 [J]. 聚氨酯工业，2006，21 (6)：44-46.

[102]　Jeics P W. Uses of high pressure liquid chromatography to determine the effects of various additives and fillers on characteristic asphalt [R]. Report FHWA/MT-82/001，1992.

[103]　Glover C J. Chemical characterization of asphalt cement and performance-related properties [J]. Transportation Research Board，1988，1171：71-81.

[104]　Zenewitz J A，Tran K T. A further statistical treatment of the expanded mon-tana asphalt quality study [J]. Public Road，1987，51 (3)：72-81.

[105]　Garrick N W，WOOD L E. Predicting asphalt properties from HP-GPC profiles [J]. Association of Asphalt Paving Technologists，1988，57：26-40.

[106]　Wahhab H I，Asi I M，Dubabi I A，et al. Prediction of asphalt rheological properties using HP-GPC [J]. Journal of Materials in Civil Engineering，1999，11 (1)：6-14.

[107]　李余增. 热分析 [M]. 北京：清华大学出版社，1987.

[108]　金日光，华幼卿. 高分子物理 [M]. 3 版. 北京：化学工业出版社，2006.

[109]　韩继成. 聚氨酯（PU）改性乳化沥青制备及性能研究 [D]. 西安：长安大学，2017.

[110]　彭志平，陈少军，刘朋生. 端羟基聚乳酸改性 HTPB/液化 MDI 型聚氨酯的降解性能 [J]. 高分子材料科学与工程，2005 (04)：175-177.

[111]　刘世堂. 红外热成像检测技术在沥青路面施工质量控制中的应用研究 [D]. 西安：长安大学，2013.

[112]　马育，何兆益，何亮，等. 温拌橡胶沥青的老化特征与红外光谱分析 [J]. 公路交通科技，2015，32 (01)：13-18.

[113]　李炜光，段炎红，颜录科，等. 利用石油沥青红外光谱图谱特征测定沥青的方法研究 [J]. 石油沥青，2012，26 (04)：9-14.

[114]　Petersen J C，Hharnsberger P. Asphalt aging：a dual oxidation mechanism and its interrelationships with asphalt composition and oxidative age hardening [J]. Transportation Research Board，1998，1638：47-55.

[115]　Izquierdo M A，Navaroo F J，Martinez-Boza F J，et al. Bituminous polyurethane foams for building applications：influence of bitumen hardness [J]. Construction and Building Materials，2012，30：706-713.

[116]　张贺磊，方贤德，赵颖杰. 相变储热材料及技术的研究进展 [J]. 材料导报，2014，28 (13)：26-32.

[117]　王欢. 仿生多孔陶瓷骨架复合相变材料的制备及其性能研究 [D]. 吉林：吉林大学，2023.

[118] Raoux S, Xiong F, Wuttig M, et al. Phase change materials and phase change memory [J]. MRS bulletin, 2014, 39 (8): 703-710.

[119] Bueno M, Kakar M R, Refaa Z, et al. Modification of asphalt mixtures for cold regions using microencapsulated phase change materials [J]. Scientific Reports, 2019, 9 (1): 20342.

[120] Sarier N, Onder E. Organic phase change materials and their textile applications: An overview [J]. Thermochimica Acta, 2012, 540: 7-60.

[121] 张瑜. 相变自调温材料在沥青路面中的应用 [J]. 中国建材科技, 2021, 30 (04): 155-157.

[122] 王福云. 聚乙二醇基复合相变材料的制备及在沥青中的应用研究 [J]. 化工新型材料, 2021, 49 (01): 269-278.

[123] 赵盼盼. 固-固复合相变材料制备及性能研究 [D]. 合肥: 中国科学技术大学, 2016.

[124] Li F, Zhou S, Chen S, et al. Preparation of low-temperature phase change materials microcapsules and its application to asphalt pavement [J]. Journal of Materials in Civil Engineering, 2018, 30 (11): 04018303.

[125] Hu H, Chen W, Cai X, et al. Study on preparation and thermal performance improvements of composite phase change material for asphalt steel bridge deck [J]. Construction and Building Materials, 2021, 310: 125255.

[126] 梁乃兴, 俞靖洋, 于伟, 等. 基于实测数据的沥青路面温度场年变化回归 [J]. 重庆交通大学学报 (自然科学版), 2019, 38 (11): 63-68.

[127] 董泽蛟, 李生龙, 温佳宇, 等. 基于光纤光栅测试技术的沥青路面温度场实测 [J]. 交通运输工程学报, 2014, 14 (02): 1-6 (13).

[128] He L H, Li J R, Zhu H Z. Analysis on application prospect of shape-stabilized phase change materials in asphalt pavement [J]. Applied Mechanics and Materials, 2013, 357: 1277-1281.

[129] Si W, Zhou X Y, Ma B, et al. The mechanism of different thermoregulation types of composite shape-stabilized phase change materials used in asphalt pavement [J]. Construction and Building Materials, 2015, 98: 547-558.

[130] 冯昭. 基于三元复合相变材料的储热石膏制备和性能研究 [D]. 西安: 西安建筑科技大学, 2023.

[131] 毕丽苹. 相变材料对蒸养水泥基材料性能与微结构的影响及机理 [D]. 长沙: 中南大学, 2022.

[132] 肖力光, 宋双. 智能调温相变材料研究综述 [J]. 吉林建筑大学学报, 2016, 33 (02): 43-46.

[133] 王小伍, 黄玮. 多元醇二元体系纤维复合相变材料的传热性能 [J]. 化工学报, 2013, 64 (08): 2839-2845.

[134] Zhu H, Xie B, Zhang W, et al. Self-adaptive multistage infrared radiative thermo-optic modulators based on phase-change materials [J]. Photonics, 2023, 10 (9): 966.

[135] 刘昕烨. 融雪相变微胶囊制备及相变沥青和混合料性能研究 [D]. 哈尔滨: 哈尔滨工业大学, 2021.

[136] 张璐一. 掺加相变材料和碳纤维材料的沥青混凝土路面融雪去冰效果研究 [D]. 天津: 河北工业大学, 2018.

[137] Mirzaei P A, Haghighat F. Modeling of phase change materials for applications in whole building simulation [J]. Renewable and Sustainable Energy Reviews, 2012, 16 (7): 5355-5362.

[138] Zwanzig S D, Lian Y, Brehob E G. Numerical simulation of phase change material composite wallboard in a multi-layered building envelope [J]. Energy Conversion and Management, 2013, 69: 27-40.

[139] Tokuç A, Başaran T, Yesügey S C. An experimental and numerical investigation on the use of phase change materials in building elements: The case of a flat roof in Istanbul [J]. Energy and Buildings, 2015, 102: 91-104.

[140] 李超. 相变材料对沥青混合料温度与性能的影响研究 [D]. 西安: 长安大学, 2010.

[141] 朱建勇, 何兆益, 林菲飞. 抗凝冰相变沥青材料的研究 [J]. 材料导报, 2015, 29 (S2): 472-475.

[142] Ren J, Ma B, Si W, et al. Preparation and analysis of composite phase change material used in asphalt mixture by sol-gel method [J]. Construction and Building Materials, 2014, 71: 53-62.

[143] Li M. A nano-graphite/paraffin phase change material with high thermal conductivity [J]. Applied Energy, 2013, 106: 25-30.

[144] 方桂花, 孙鹏博, 于孟欢, 等. 石蜡相变材料热性能提升研究进展 [J]. 应用化工, 2022, 51 (08): 2433-2441.

[145] Huang L, Doetsch C, Pollerberg C. Low temperature paraffin phase change emulsions [J]. International Journal of Refrigeration, 2010, 33 (8): 1583-1589.

[146] Hong Y, Xin-Shi G. Preparation of polyethylene-paraffin compound as a form-stable solid-liquid phase change material [J]. Solar Energy Materials and Solar Cells, 2000, 64 (1): 37-44.

[147] He B, Martin V, Setterwall F. Phase transition temperature ranges and storage density of paraffin wax phase change materials [J]. Energy, 2004, 29 (11): 1785-1804.

[148] 陈嘉巍. RT42/聚合物纳米相变胶囊乳液研究 [D]. 广州：华南理工大学，2012.

[149] Wang T Y, Wang S F, Luo R L, et al. Microencapsulation of phase change materials with binary cores and calcium carbonate shell for thermal energy storage [J]. Applied Energy, 2016, 171：113-119.

[150] Fortuniak W, Slomkowski S, Chojnowski J, et al. Synthesis of a paraffin phase change material microencapsulated in a siloxane polymer [J]. Colloid and Polymer Science, 2013, 291：725-733.

[151] Karaipekli A, Bier er A, Sari A, et al. Thermal characteristics of expanded perlite/paraffin composite phase change material with enhanced thermal conductivity using carbon nanotubes [J]. Energy Conversion and Management, 2017, 134：373-381.

[152] Kou Y, Wang S, Luo J, et al. Thermal analysis and heat capacity study of polyethylene glycol (PEG) phase change materials for thermal energy storage applications [J]. The Journal of Chemical Thermodynamics, 2019, 128：259-274.

[153] 张磊. 聚乙二醇基复合储热材料的制备、性能及其相变传热过程研究 [D]. 武汉：武汉理工大学，2012.

[154] Qian T, Li J, Feng W. Single-walled carbon nanotube for shape stabilization and enhanced phase change heat transfer of polyethylene glycol phase change material [J]. Energy Conversion and Management, 2017, 143：96-108.

[155] 胡曙光，李潜，黄绍龙，等. 相变材料聚乙二醇应用于沥青混合料可行性的研究 [J]. 公路，2009 (07)：291-295.

[156] 张梅. 聚乙二醇/聚乙烯醇高分子固-固相变材料的合成与性能研究 [D]. 长春：吉林大学，2004.

[157] 宋小飞. 正十四烷相变强化传热下甲烷水合物生成和分解过程研究 [D]. 天津：天津大学，2017.

[158] 周孙希，章学来，刘升. 十四烷-正辛酸有机复合相变材料的制备和性能 [J]. 储能科学与技术，2018, 7 (04)：692-697.

[159] Calder P C. The relationship between the fatty acid composition of immune cells and their function [J]. Prostaglandins, Leukotrienes and Essential Fatty Acids, 2008, 79 (3-5)：101-108.

[160] Zhi C, Feng S, Lei C, et al. Synthesis and thermal properties of shape-stabilized lauric acid/ activated carbon composites as phase change materials for thermal energy storage [J]. Solar Energy Materials & Solar Cells, 2012, 102 (7)：131-136.

[161] Wang L, Meng D. Fatty acid eutectic/polymethyl methacrylate composite as form-stable phase change material for thermal energy storage [J]. Applied Energy, 2010, 87 (8)：2660-2665.

[162] 李玉洋，章学来，徐笑锋，等. 正辛酸-肉豆蔻酸低温相变材料的制备和循环性能 [J]. 化工进展，2018, 37 (02)：689-693.

[163] 章学来，杨阳. 月桂酸-正辛酸低温相变材料的制备和循环性能 [J]. 化学工程，2013, 41 (11)：10-13.

[164] 陈文朴，章学来，丁锦宏，等. 癸酸-正辛酸低温相变材料的制备和循环性能 [J]. 制冷学报，2016, 37 (03)：12-16.

[165] Chen X, Gao H, Tang Z, et al. Optimization strategies of composite phase change materials for thermal energy storage, transfer, conversion and utilization [J]. Energy & Environmental Science, 2020, 13 (12)：4498-4535.

[166] 何丽红，李文虎，李菁若，等. 聚乙二醇复合相变材料的研究进展 [J]. 材料导报，2014, 28 (01)：71-74.

[167] 钟丽敏，杨穆，栾奕，等. 石蜡/二氧化硅复合相变材料的制备及其性能 [J]. 工程科学学报，2015, 37 (07)：936-941.

[168] 陈娇，张焕芝，孙立贤，等. $CaCl_2 \cdot 6H_2O$/多孔 Al_2O_3 复合相变材料的制备与热性能 [J]. 应用化工，2014, 43 (04)：590-593.

[169] Zhou X F, Xiao H N, Feng J. Preparation and thermal properties of paraffin/porous silica ceramic composite [J]. Composite Science and Technology, 2009, 69 (7-8)：1246-1249.

[170] 马烽，王晓燕，李飞，等. 定形相变储能建筑材料的制备与热性能研究 [J]. 材料工程，2010 (06)：54-58.

[171] Jin J. Preparation and thermal properties of encapsulated ceramsite-supported phase change materials used in asphalt pavements [J]. Construction and Building Materials, 2018, 190：235-245.

[172] Jin J, Lin F, Liu R, et al. Preparation and thermal properties of mineral-supported polyethylene glycol as form-stable composite phase change materials (CPCMs) used in asphalt pavements [J]. Scientific Reports, 2017, 7 (1)：16998.

[173] Wang X, Ma B, Wei K, et al. Thermal stability and mechanical properties of epoxy resin/microcapsule composite phase change materials [J]. Construction and Building Materials, 2021, 312：125392.

[174] 许子龙. 复合定形相变材料制备及对沥青混合料性能影响研究 [D]. 邯郸：河北工程大学，2020.

[175] Zhang D, Chen M Z, Liu Q T, et al. Preparation and thermal properties of molecular-bridged expanded graphite/polyethylene glycol composite phase change materials for building energy conservation [J]. Materials, 2018, 11 (5)：818.

[176] Wang S, Yang X, Zhu W, et al. Strain-promoted azide-alkyne cycloaddition "click" as a conjugation tool for building topological polymers [J]. Polymer, 2014, 55 (19)：4812-4819.

[177] Su J F, Schlangen E. Synthesis and physicochemical properties of high compact microcapsules contains rejuvenator applied asphalt [J]. Chemical Engineering Journal, 2012, 198：289-300.

[178] 庄秋虹，张正国，方晓明. 微/纳米胶囊相变材料的制备及应用进展 [J]. 化工进展，2006 (04)：388-396.

[179] Yang R, Xu H, Zhang Y. Preparation, physical property and thermal physical property of phase change microcapsule slurry and phase change emulsion [J]. Solar Energy Materials and Solar Cells, 2003, 80 (4)：405-416.

[180] 周四丽，张正国，方晓明. 固-固相变储热材料的研究进展 [J]. 化工进展，2021, 40 (03)：1371-1383.

[181] Chen C Z, Liu W M, Wang H W, et al. Synthesis and performances of novel solid-solid phase change materials with hexahydroxy compounds for thermal energy storage [J]. Applied Energy, 2015, 152：198-206.

[182] 樊耀峰，张兴祥. 有机固-固相变材料的研究进展 [J]. 材料导报，2003 (07)：50-53.

[183] Gunasekara S N, Chiu J N, Martin V, et al. The experimental phase diagram study of the binary polyols system erythritol-xylitol [J]. Solar Energy Materials and Solar Cells, 2018, 174：248-262.

[184] Wu Z B, Song B F, Li Y, et al. Synthesis of tris-(hydroxymethyl)-aminomethane [J]. Chemical Research and Application, 2007, 19 (11)：1282-1284.

[185] 樊耀峰. 相变材料纳微胶囊的制备、耐热性能和过冷现象研究 [D]. 天津：天津工业大学，2004.

[186] Domańska U. Solubility of n-paraffin hydrocarbons in binary solvent mixtures [J]. Fluid Phase Equilibria, 1987, 35 (1-3)：217-236.

[187] Milián Y E, Gutierrez A, Grageda M, et al. A review on encapsulation techniques for inorganic phase change materials and the influence on their thermophysical properties [J]. Renewable and Sustainable Energy Reviews, 2017, 73：983-999.

[188] 原小平，丁恩勇. 纳米纤维素/聚乙二醇固-固相变材料的制备及其储能性能的研究 [J]. 林产化学与工业，2007, 27 (2)：67-70.

[189] 刘洁，刘志明. 聚乙二醇/纤维素相变材料的制备及性能表征 [J]. 生物质化学工程，2018, 52 (4)：1-6.

[190] Cao Q, Liu P. Hyperbranched polyurethane as novel solid-solid phase change material for thermal energy storage [J]. European Polymer Journal, 2006, 42 (11)：2931-2939.

[191] Nandy A, Houl Y, Zhao W, et al. Thermal heat transfer and energy modeling through incorporation of phase change materials (PCMs) into polyurethane foam [J]. Renewable and Sustainable Energy Reviews, 2023, 182：113410.

[192] 张焕芝，崔韦唯，夏永鹏，等. 复合相变材料的制备及热性能研究进展 [J]. 化工新型材料，2019, 47 (6)：35-38.

[193] Sun M, Zheng M L, Qu G Z, et al. Performance of polyurethane modified asphalt and its mixtures [J]. Construction and Building Materials, 2018, 191：386-397.

[194] Alva G, Lin Y X, Fang G Y. Synthesis and characterization of chain-extended and branched polyurethane copolymers as form stable phase change materials for solar thermal conversion storage [J]. Solar Energy Materials and Solar Cells, 2018, 186：14-28.

[195] Wei K, Ma B, Duan S Y. Preparation and properties of bitumen-modified polyurethane solid-solid phase change materials [J]. Journal of Materials in Civil Engineering, 2019, 31 (8)：04019139.

[196] Lu X, Fang C, Sheng X X, et al. One-step and solvent-free synthesis of polyethylene glycol-based polyurethane as solid-solid phase change materials for solar thermal energy storage [J]. Industrial & Engineering Chemistry Research, 2019, 58 (2)：3024-3032.

[197] Zhou Y, Wang X, Liu X, et al. Multifunctional ZnO/polyurethane-based solid-solid phase change materials with graphene aerogel [J]. Solar Energy Materials and Solar Cells, 2019, 193：13-21.

[198] Tang Z, Gao H, Chen X, et al. Advanced multifunctional composite phase change materials based on photo-responsive materials [J]. Nano Energy, 2021, 80：105454.

[199] Taoufik M, Adel A, Rached B Y, et al. Optimization of thermal conductivity in composites loaded with the solid-

solid phase-change materials [J]. Science and Engineering of Composite Materials, 2018, 25 (6): 1157-1165.

[200] 王世万, 解浩杰, 于小洋, 等. 相变材料在沥青结构层内掺混方案优化研究 [J]. 河南科学, 2023, 41 (04): 552-559.

[201] 魏中原, 唐乃浩, 唐晓亮. 面向沥青路面用 EVM/PEG/EG 复合相变材料的制备与性能 [J]. 化工新型材料, 2023, 51 (S1): 304-309.

[202] 王瑞馨, 江阿兰. 复合相变材料的制备及在沥青混凝土中调温效果 [J]. 低温建筑技术, 2018, 40 (4): 13-16.

[203] 谭忆秋, 边鑫, 单丽岩, 等. 路面用潜热材料的制备与调温特性研究 [J]. 建筑材料学报, 2013, 16 (02): 354-359.

[204] 甘新立, 张楠, 刘羽. 聚乙二醇改性沥青性能研究 [J]. 郑州大学学报 (工学版), 2014, 35 (05): 84-86.

[205] 闫瑾, 马新, 罗代松. 新型微胶囊蓄能降温型沥青混合料调温效果及性能研究 [J]. 公路交通科技 (应用技术版), 2017, 13 (09): 129-132.

[206] Dai J, Ma F, Fu Z, et al. Assessing the direct interaction of asphalt binder with stearic acid/palmitic acid binary eutectic phase change material [J]. Construction and Building Materials, 2022, 320: 126251.

[207] Wei K, Wang Y, Ma B. Effects of microencapsulated phase change materials on the performance of asphalt binders [J]. Renewable Energy, 2019, 132: 931-940.

[208] 马骉, 段诗雨, 魏堃, 等. 道路用聚氨酯固-固相变材料的合成及性能研究 [J]. 硅酸盐通报, 2018, 37 (10): 3232-3238.

[209] 刘涛, 郭乃胜, 金鑫, 等. 聚氨酯固-固相变材料改性沥青的流变特性与改性机理 [J]. 中国公路学报, 2023, 36 (01): 16-26.

[210] 白学平. 预聚体法合成公路沥青路面聚氨酯固-固相变储能材料 [J]. 合成材料老化与应用, 2020, 49 (06): 156-159.

[211] Bhagya A, Tharanga D, Sanjaya S, et al. Performance analysis of incorporating phase change materials in asphalt concrete pavements [J]. Construction and Building Materials, 2018, 164: 419-432.

[212] 钱振宇. 沥青路面集料抗磨损性能多尺度评价方法研究 [D]. 北京: 北京科技大学, 2018.

[213] 罗苏平. 高温多雨地区沥青路面病害环境与多场耦合效应研究 [D]. 长沙: 中南大学, 2012.

[214] 边鑫. 相变沥青混合料的制备与调温机理研究 [D]. 哈尔滨: 哈尔滨工业大学, 2014.

[215] Jin J, Xiao T, Zheng J, et al. Preparation and thermal properties of encapsulated ceramsite-supported phase change materials used in asphalt pavements [J]. Construction and Building Materials, 2018, 190: 235-245.

[216] 李文虎, 何丽红, 朱洪洲, 等. PEG/SiO$_2$ 相变颗粒对沥青混合料储热及高温性能的影响 [J]. 公路交通科技, 2015, 32 (04): 16-20.

[217] 王慧茹. 相变材料改性沥青及沥青混合料的性能研究 [D]. 济南: 山东交通学院, 2022.

[218] Krol P, Krol B. Structures, properties and applications of the polyurethane ionomers [J]. J. Mater. Sci., 2020, 55: 73-87.

[219] 金鑫, 郭乃胜, 尤占平, 等. 聚氨酯改性沥青的研究现状及发展趋势 [J]. 材料导报, 2019, 33 (11): 3686-3694.

[220] Liu X, Gu X, Sun J, et al. Preparation and characterization of chitosan derivatives and their application as flame retardants in thermoplastic polyurethane [J]. Carbohydrate Polymers, 2017, 167: 356-363.

[221] Zhang J, Kong Q, Yang L, et al. Few layered Co (OH)$_2$ ultrathin nanosheet-based polyurethane nanocomposites with reduced fire hazard: from eco-friendly flame retardance to sustainable recycling [J]. Green Chemistry, 2016, 18 (10): 3066-3074.

[222] Massoumi B, Abbasi F, Jaymand M. Chemical and electrochemical grafting of polythiophene onto polystyrene synthesized via 'living' anionic polymerization [J]. New Journal of Chemistry, 2016, 40: 2233-2242.

[223] Snevirathna S R, Amarasinghe D A S, Karunaratne V, et al. Effect of microstructural arrangement of MDI-based polyurethanes on their photo properties [J]. Journal of Applied Polymer Science. 2019, 136: 47431.

[224] Scholz P, Wachtendorf V, Panne U, et al. Degradation of MDI-based polyether and polyester-polyurethanes in various environments-effects on molecular mass and crosslinking [J]. Polymer Testing. 2019, 77: 1-12.

[225] Javaid M A, Zia K M, Khera R A, et al. Evaluation of cytotoxicity, hemocompatibility and spectral studies of chitosan assisted polyurethanes prepared with various diisocyanates [J]. International Journal of biological macromolecules, 2019, 129: 116-126.

[226] Hassanjili S, Sajedi M T. Fumed silica/polyurethane nanocomposites: effect of silica concentration and its surface

modification on rheology and mechanical properties [J]. Iranian Polymer Journal, 2016, 25: 697-710.

[227] Wu X, Liu Y, Yang Q, et al. Properties of gel polymer electrolytes based on poly (butyl acrylate) semi-interpenetrating polymeric networks toward Li-ion batteries [J]. Ionics, 2017, 23: 2319-2325.

[228] Wu B, Hu Z, Zhang Y, et al. Synthesis and characterization of permanently antistatic polyurethanes containing ionic liquids [J]. Polymer Engineering and Science, 2016, 56 (6): 629-635.

[229] Jia H, Gu S Y. Remote and efficient infrared induced self-healable stretchable substrate for wearable electronics [J]. European Polymer Journal, 2020, 126: 109542.

[230] Xiao W X, Liu D, Fan C. J, et al. A high-strength and healable shape memory supramolecular polymer based on pyrene-naphthalene diimide complexes [J]. Polymer, 2020, 190: 122228.

[231] Liu M C, Zhong J, Li Z J, et al. A high stiffness and self-healable polyurethane based on disulfide bonds and hydrogen bonding [J]. European Polymer Journal, 2020, 124: 109475.

[232] Li S, Liu Z, Hou L, et al. Effect of polyether/polyester polyol ratio on properties of waterborne two-component polyurethane coatings [J]. Progress in Organic Coatings, 2020, 141: 105545.

[233] Lu W, Yi Y, Ning C, et al. Chlorination treatment of meta-aramid fibrids and its effects on mechanical properties of polytetramethylene ether glycol/toluene diisocyanate (PTMEG/TDI) -based polyurethane composites [J]. Polymers, 2019, 11: 1794.

[234] Tang Q, Gao K. Structure analysis of polyether-based thermoplastic polyurethane elastomers by FTIR, 1H NMR and ^{13}C NMR [J]. International Journal of Polymer Analysis and Characterization, 2017, 22 (7): 569-574.

[235] Molinari J F, Aghababaei R, Brink T, et al. Adhesive wear mechanisms uncovered by atomistic simulations [J]. Friction, 2018, 6 (3): 245-259.

[236] Chun B C, Cho T K, Chong M H, et al. Structure-property relationship of shape memory polyurethane crosslinked by a polyethylene glycol spacer between polyurethane chains [J]. 2007, 42 (21): 9045-9056.

[237] Luo J, Cheng Z J, Li C W, et al. Electrically conductive adhesives based on thermoplastic polyurethane filled with silver flakes and carbo nanotubes. Compos [J]. SCI Technol. 2016, 129: 191-197.

[238] Mao Z Q, Zhang B, Guo X Y, et al. Synthesis and properties of polyester-polyether mixed soft segment type polyurethane resin [J]. Chemistry and Adhesion. 2017, 39 (1): 1-3.

[239] Liu X, Gu X, Sun J, et al. Preparation and characterization of chitosan derivatives and their application as flame retardants in thermoplastic polyurethane [J]. Carbohydrate Polymers, 2017, 167: 356-363.

[240] 于瑞恩. 氧化石墨烯/聚氨酯复配改性沥青的制备和性能研究 [D]. 西安：西安理工大学, 2016.

[241] Massoumi B, Abbasi F, Jaymand M. Chemical and electrochemical grafting of polythiophene onto polystyrene synthesized via 'living' anionic polymerization [J]. New Journal of Chemistry, 2016, 40: 2233-2242

[242] Abbasian M, Seyyedi M, Jaymand M. Modification of thermoplastic polyurethane through the grafting of well-defined polystyrene and preparation of its polymer/clay nanocomposite [J]. Polymer Bulletin. 2020, 77: 1107-1120.

[243] Jin Y Z, Hahn Y B, Nahm K S, et al. Preparation of stable polyurethane-polystyrene copolymer emulsions via RAFT polymerization process [J]. Polymer 2005, 46: 11294-11300.

[244] Lu Y, Zhang W, Li X, et al. Synthesis of new polyether titanate coupling agents with different polyethylene glycol segment lengths and their compatibilization in calcium sulfate whisker/poly (vinyl chloride) composites [J]. RSC Advances, 2017, 7 (50): 31628-31640.

[245] Yang B, Shi Y, Miao J B, et al. (2018) Evaluation of rheological and thermal properties of polyvinylidene fluoride (PVDF)/graphene nanoplatelets (GNP) composites [J]. Polymer Testing, 67: 122-135.

[246] Tang Q H, Ai Q S, Li X D, et al. Characteristic analysis and evaluation model of thermal-oxidative aging of thermoplastic polyurethane based on thermogravimetry [J]. Polyurethane industry, 2013, 6 (28): 13-17.

[247] Nishiyama Y, Kumagai S, Motokucho S, et al. Temperature-dependent pyrolysis behavior of polyurethane elastomers with different hardand soft-segment compositions [J]. Journal of Analytical and Applied Pyrolysis, 2020, 145: 104754.

[248] Begenir A, Michielsen S, Pourdeyhimi B. Crystallization behavior of elastomeric block copolymers: thermoplastic polyurethane and polyether-block-amide [J]. Journal of Applied Polymer Science, 2009, 111 (3): 1246-1256.

[249] Fernandez C E, Bermudez M, Versteegen R M, et al. Crystallization studies on linear aliphaticn-polyurethanes [J]. Journal of Applied Polymer Science Part B: Polymer Physics, 2009, 47 (14): 1368-1380.

[250]　Zhu Y，Hu J L，Choi K F，et al. Crystallization and melting behavior of the crystalline soft segment in a shape-memory polyurethane ionomer [J]. Journal of Applied Polymer Science，2008，107 (1)：599-609.

[251]　Xu G，Shi W F，Hu P，et al. Crystallization kinetics of polypropylene with hyperbranched polyurethane acrylate being used as a toughening agent [J]. European Polymer Journal，2005，41 (8)：1828-1837.

[252]　Illinger J L，Schneider N S，Karasz F E. Low temperature dynamic mechanical properties of polyurethane-polyether block copolymers [J]. Polymer Engineering and Science，1972，12：25-32.

[253]　Schollenberger C S，Hewitt L E. Differential scanning calorimetry analysis of morphological changes in segmented elastomers [J]. Polymer Preprints，1978，19：17-18.

[254]　Seefried C G，Koleske J V，Critchfield F E. Thermoplastic urethane elastomers：Ⅱ Effects of soft segment variations [J]. Journal of Applied Polymer Science，1975，19：2493-2502.

[255]　刘益军. 聚氨酯树脂及其应用 [M]. 北京：化学工业出版社，2012：85-86.

[256]　Barrioni B R，Carvalho S M，Orefice R L，et al. Synthesis and characterization of biodegradable polyurethane films based on HDI with hydrolyzable crosslinked bonds and a homogeneous structure for biomedical applications [J]. Materials Science and Engineering：C，2015，52：22-30.

[257]　张建军. GMA-g-LDPE 与胜华沥青相容性的研究 [J]. 石油沥青，2007，21 (6)：28-31.

[258]　Miriam E. Use of coupling agents to stabilize asphalt-rubber-gravel composite to improve its mechanical properties [J]. Journal of Cleaner Production，2009，17 (15)：1359-1362.

[259]　Astm D6373-13. Standard specification for performance grade asphalt binder [S]. ASTM International，West Conshohocken PA，2013.

[260]　高及阳，曾梦澜，孙志林. 改性纳米 SiO_2 对再生沥青胶结料性能的影响 [J]. 土木工程学报，2019，52 (03)：120-128.

[261]　陈惠敏. 关于沥青针入度指数 [J]. 石油沥青. 2003，17 (4)：1-9.

[262]　郝培文，刘涛. 利用 SHRP 结合料规范评价改性沥青的技术性能 [J]. 公路交通技术，2003，(01)：11-13.

[263]　Xu C，Zhang Z Q，Zhao F Q，et al.，Improving the performance of RET modified asphalt with the addition of polyurethane prepolymer (PUP) [J]. Constr. Build. Mater. 2019，206：560-575.

[264]　Alamawi M Y，Khairuddin F H，Yusoff N I M，et al. Investigation on physical，thermal and chemical properties of palm kernel oil polyol bio-based binder as a replacement for bituminous binder [J]. Constr. Build. Mater. 2019，204：122-131.

[265]　孙敏，郑木莲，毕玉峰，等. 聚氨酯改性沥青改性机理和性能 [J]. 交通运输工程学报. 2019，19 (02)：49-58.

[266]　Gallu R，Mechin F，Dalmas F，et al. Rheology-morphology relationships of new polymer-modified bitumen based on thermoplastic polyurethanes (TPU) [J]. Construction and Building Materials. 2020，259：1-9.

[267]　孙国强，庞琦，孙大权. 基于 AFM 的沥青微观结构研究进展 [J]. 石油沥青，2016，30 (4)：18-24.

[268]　段荣鑫. 生物油对沥青及其混合料的改性效果研究 [D]. 长安大学，2019.

[269]　Yu X，Liu S J，Dong F Q. Comparative assessment of rheological property characteristics for unfoamed and foamed asphalt binder [J]. Construction and Building Materials，2016，122：354-361.

[270]　方滢，谢玮珺，杨建华. 聚氨酯预聚物改性沥青的制备及其流变行为 [J]. 功能材料，2019，50 (06)：6197-6205.

[271]　Yosoff N I M，Jakarni F M，Nguyen V H，et al. Modelling the rheological properties of bituminous binder using mathematical equations [J]. Construction and Building Materials. 2013，40：174-188.

[272]　Gallego J，Jna M R，Giulian I F. Black curves and creep behaviour of crumb rubber modified binders containing warm mix asphalt additives [J]. Mechanics of Time-Depend Materials，2016，20 (3)：389-403.

[273]　李薇，郭乃胜，教侪宗，等. 岩沥青复合改性沥青流变特性 [J]. 大连海事大学学报，2018 (3)：79-87.

[274]　尹应梅. 基于 DMA 法的沥青混合料动态黏弹特性及剪切模量预估方法研究 [D]. 广州：华南理工大学，2011.

[275]　王腾. 复合型胶粉改性沥青胶浆及混合料性能研究 [D]. 武汉：武汉理工大学，2014.

[276]　汪德才，常昊雷，郝培文，等. 改性乳化沥青冷再生混合料动态模量特性 [J]. 长安大学学报（自然科学版），2020，40 (6)：35-46.

[277]　黄卫东，高杰，郝庚任，等. 高黏 SBS 改性沥青的流变特性与化学特性研究 [J/OL]. 建筑材料学报：1-12 [2021-02-08].

[278]　顾兴宇，姜严旭，周洲，等. 再生沥青低温抗裂性能评价 [J]. 建筑材料学报，2018，21 (03)：523-528.

[279] 王淋，郭乃胜，温彦凯，等. 几种改性沥青疲劳破坏评价指标及性能研究 [J]. 土木工程学报，2020，53（1）：118-128.

[280] Shen S, Lu X. Energy based laboratory fatigue failure criteria for asphalt materials [J]. Journal of Testing and Evaluation, 2011, 39 (3): 313-320.

[281] Bonnetti K S, Nam K, Bahia H U. Measuring and defining fatigue behavior of asphalt binders [J]. Journal of the Transportation Research Board，2002，1810：33-43.

[282] 孟勇军，张肖宁. 基于累计耗散能量比的改性沥青疲劳性能 [J]. 华南理工大学学报（自然科学版），2012，40（2）：99-103.

[283] 单丽岩，谭忆秋. 考虑触变性的沥青疲劳过程分析 [J]. 中国公路学报，2012，25（4）：10-15.

[284] 徐晓龙，叶奋，宋卿卿，等. 沥青疲劳评价指标试验研究 [J]. 华东交通大学学报，2014，31（2）：14-19.

[285] 陈浩浩，吴少鹏，刘全涛. 沥青的疲劳性能评价方法研究 [J]. 武汉理工大学学报，2015，37（12）：47-52.

[286] 向浩，何兆益，陈柳晓，等. 再生沥青自愈合影响因素及疲劳性能分析 [J]. 建筑材料学报，2019，22（02）：130-136.

[287] 罗蓉，许苑，刘涵奇，等. 沥青自愈合指标修正及影响因素分析 [J]. 建筑材料学报，2018，21（2）：340-344.

[288] 董瑞琨，郑茂，黄卫东，等. 考虑自愈合补偿的多种沥青混合料疲劳性能比较 [J]. 中国公路学报，2015（05）：87-92.

[289] 粟劲苍. 聚氨酯固-固相变储能材料的研究 [D]. 湘潭：湘潭大学，2006.

[290] 周妍. 聚氨酯基固-固相变储能材料的制备及性能研究 [D]. 合肥：中国科学技术大学，2019.

[291] Alkan C, Günther E, Hiebler S, et al. Polyurethanes as solid-solid phase change materials for thermal energy storage [J]. Solar Energy, 2012, 86 (6): 1761-1769.

[292] Oktay B, Kayaman-Apohan N. Biodegradable polyurethane solid-solid phase change materials [J]. Chemistry Select, 2021, 6 (24): 6280-6285.

[293] Chen S, Zhu W, Cheng Y. Multi-objective optimization of acoustic performances of polyurethane foam composites [J]. Polymers, 2018, 10 (7): 788.

[294] 张慧波. 聚氨酯弹性体改性及其复合材料制备研究 [D]. 南京：南京理工大学，2008.

[295] 孔凡家. 耐热性聚氨酯弹性体的研究 [D]. 上海：上海交通大学，2008.

[296] 陈宏伟. 改性水性聚氨酯的合成与性能研究 [D]. 福州：福建师范大学，2018.

[297] Trovati G, Sanches E A, Neto S C, et al. Characterization of polyurethane resins by FTIR, TGA, and XRD [J]. Journal of Applied Polymer Science, 2010, 115 (1): 263-268.

[298] 江治，袁开军，李疏芬，等. 聚氨酯的 FTIR 光谱与热分析研究 [J]. 光谱学与光谱分析，2006，26（4）：624-628.

[299] 李春荣，杨永红，赵玉军，等. FTIR 和 ^{1}H NMR 法研究嵌段聚氨酯的结构 [J]. 光谱学与光谱分析，1998，18（2）：167-172.

[300] Wong C S, Badri K H. Chemical analyses of palm kernel oil-based polyurethane prepolymer [J]. Materials Sciences and Applications, 2011, 03 (2): 78-86.

[301] Liao L, Cao Q, Liao H. Investigation of a hyperbranched polyurethane as a solid-state phase change material [J]. Journal of Materials Science, 2010, 45 (9): 2436-2441.

[302] 彭永利，梅梅，余飞，等. 聚氨酯弹性体的性能研究 [J]. 武汉化工学院学报，2004，26（3）：49-50.

[303] 刘瑾，马德柱，陈晓明. 不同软段结构聚氨酯-酰亚胺嵌段共聚物的合成及热性能研究 [J]. 高分子学报，2002（2）：221-226.

[304] 王赛，孙志高，李娟，等. 月桂酸/十四醇/二氧化硅定形相变材料的制备及性能研究 [J]. 储能科学与技术，2020，9（6）：1768.

[305] 李云涛，晏华，汪宏涛，等. 正癸酸-月桂酸-硬脂酸三元低共熔体系/膨胀石墨复合相变材料的制备与表征 [J]. 材料导报，2018，31（4）：94-99.

[306] 李海建，冀志江，辛志军，等. 复合相变材料的制备 [J]. 材料导报，2009，23（20）：98-100.

[307] 徐众，侯静，李军，等. 提钒尾渣对膨胀石墨/石蜡复合相变材料导热性能的影响 [J]. 化工新型材料，2021，49（5）：115-119.

[308] Wang G, Liu F, Lu Y, et al. Crystallization mechanism and switching behavior of In-S-Sb phase change thin films [J]. Applied Physics Letters, 2021, 119 (1): 011601.

[309] Bai G, Fan Q, Song X M. Preparation and characterization of pavement materials with phase-change temperature

modulation [J]. Journal of Thermal Analysis and Calorimetry, 2019, 136：2327-2331.

[310] Kaizawa A, Kamano H, Kawai A, et al. Thermal and flow behaviors in heat transportation container using phase change material [J]. Energy Conversion and Management, 2008, 49 (4)：698-706.

[311] 罗明海，徐马记，黄其伟，等. VO$_2$ 金属-绝缘体相变机理的研究进展 [J]. 物理学报，2016，65 (4)：047201.

[312] 李晶，刘中良，马重芳. 改善三水醋酸钠固液相变性能的实验研究 [J]. 工程热物理学报，2006，27 (5)：817-819.

[313] 黎涛，于亮，宋文吉，等. 共晶盐低温反复相变的晶体变化 [J]. 科技导报，2013，31 (28-29)：81-83.

[314] Pielichowska K, Nowak M, Szatkowski P, et al. The influence of chain extender on properties of polyurethane-based phase change materials modified with graphene [J]. Applied Energy, 2016, 162：1024-1033.

[315] Liang P, Xi P, Cheng B, et al. Synthesis and performance of thermoplastic polyurethane-based solid-solid phase-change materials for energy storage [J]. Science of Advanced Materials, 2015, 7 (11)：2420-2426.

[316] Marani A, Nehdi M L. Integrating phase change materials in construction materials：Critical review [J]. Construction and Building Materials, 2019, 217：36-49.

[317] Ling T C, Poon C S. Use of phase change materials for thermal energy storage in concrete：An overview [J]. Construction and Building Materials, 2013, 46：55-62.

[318] Chen S, Liu H, Wang X. Pomegranate-like phase-change microcapsules based on multichambered TiO$_2$ shell engulfing multiple n-docosane cores for enhancing heat transfer and leakage prevention [J]. Journal of Energy Storage, 2022, 51：104406.

[319] 商亚鹏. 半刚性基层沥青路面温缩性能试验及温度应力分析 [D]. 西安：长安大学，2008.

[320] 袁开军，江治，李疏芬，等. 聚氨酯的热分解研究进展 [J]. 高分子通报，2005 (6)：22-26.

[321] 韩君，涂传亮，贺江平. 水性聚氨酯薄膜的热重分析及热分解动力学的研究 [J]. 环球聚氨酯，2010 (7)：64-66.

[322] Cheng C, Liu J, Gong F, et al. Performance and evaluation models for different structural types of asphalt mixture using shape-stabilized phase change material [J]. Construction and Building Materials, 2023, 383：131411.

[323] 张绍源. 用原子力显微镜研究聚乳酸基共混物及纳米复合材料的形貌和纳米力学特性 [D]. 郑州：郑州大学，2018.

[324] Thomas C, Igor S, Borys D. Elasticity and material anisotropy of lamellar cortical bone in adult bovine tibia characterized via AFM nanoindentation [J]. Journal of the mechanical behavior of biomedical materials, 2023, 144：105992.

[325] Zhao Y, Chen M, Wu S, et al. Preparation and characterization of phase change capsules containing waste cooking oil for asphalt binder thermoregulation [J]. Construction and Building Materials, 2023, 395：132311.

[326] 牟翰. 添加相变材料的沥青混合料融雪路用性能研究 [J]. 工程技术研究，2022，7 (21)：85-87.

[327] 宋云连，张捷，高盼. 相变材料对温拌沥青混合料路用性能及微观机理的影响 [J]. 科学技术与工程，2022，22 (28)：12619-12626.

[328] 钟曦，苏延桂，刘延金，等. 基于正交试验的纳米 ZnO/SEBS 复合改性沥青性能 [J]. 科学技术与工程，2023，23 (25)：10965-10974.

[329] Pinheiro C, Landi Jr S, Lima Jr O, et al. Advancements in phase change materials in asphalt pavements for mitigation of urban heat island effect：bibliometric analysis and systematic review [J]. Sensors, 2023, 23 (18)：7741.

[330] 朱玉凤. 玻璃纤维-PEG4000 相变沥青混合料性能研究 [D]. 邯郸：河北工程大学，2020.

[331] 陈瑶，谭忆秋，陈克群. TPS 改性剂对高黏沥青性能的影响 [J]. 哈尔滨工业大学学报，2012，44 (06)：82-85.

[332] Chen J S, Liao M C, Tsai H H. Evaluation and optimization of the engineering properties of polymer-modified asphalt [J]. Practical Failure Analysis, 2002, 2：75-83.

[333] 蔡婷. 沥青材料的组分与黏度试验分析 [D]. 西安：长安大学，2005.

[334] 苏峻峰，任丽，王立新. 相变储热微胶囊储热调温效果的研究 [J]. 太阳能学报，2005 (03)：33-37.

[335] 王立新，苏峻峰，任丽. 相变储热微胶囊的研制 [J]. 高分子材料科学与工程，2005 (01)：276-279.

[336] 李青芳，王淑妹. 建筑材料对高速公路沥青路面耐久性影响的试验研究 [J]. 公路工程，2017，42 (03)：205-209.

[337] Guo W, Guo X, Chang M, et al. Evaluating the effect of hydrophobic nanosilica on the viscoelasticity property of

asphalt and asphalt mixture [J]. Materials, 2018, 11 (11): 2328.

[338] 陈华鑫. SBS 改性沥青路用性能与机理研究 [D]. 西安：长安大学，2006.

[339] 谭华，胡松山，刘斌清，等. 基于流变学的复合改性橡胶沥青黏弹特性研究 [J]. 土木工程学报，2017，50 (01): 115-122.

[340] Li X, Sha A, Jiao W, et al. Fractional derivative burgers models describing dynamic viscoelastic properties of asphalt binders [J]. Construction and Building Materials, 2023, 408: 133552.

[341] 徐波，王凯，周王成. 基于改进车辙因子的泡沫沥青高温性能评价 [J]. 材料科学与工程学报，2015 (6): 899-902.

[342] 谭忆秋，邵显智，张肖宁. 基于低温流变特性的沥青低温性能评价方法研究 [J]. 中国公路学报，2002，15 (3): 1-5.

[343] Du Z, Jiang C, Yuan J, et al. Low temperature performance characteristics of polyethylene modified asphalts-A review [J]. Construction and Building Materials, 2020, 264: 120704.

[344] Hesp S, Terlouw T, Vonk W. Low temperature performance of SBS-modified asphalt mixes [J]. Asphalt Paving Technology, 2000, 69: 540-573.

[345] Sun L, Xin X, Ren J. Asphalt modification using nano-materials and polymers composite considering high and low temperature performance [J]. Construction and Building Materials, 2017, 133: 358-366.

[346] 周纯秀，王璐，张中丽，等. 超硬质沥青改性结合料流变特性分析 [J]. 哈尔滨工业大学学报，2020，52 (09): 144-151.

[347] 李薇，郭乃胜，教㳠宗，等. 岩沥青复合改性沥青流变特性 [J]. 大连海事大学学报，2018，44 (03): 79-87.

[348] Ye W, Jiang W, Li P, et al. Analysis of mechanism and time-temperature equivalent effects of asphalt binder in short-term aging [J]. Construction and Building Materials, 2019, 215: 823-838.

[349] 周志刚，杨银培，张清平，等. 再生剂对旧沥青的再生行为 [J]. 交通运输工程学报，2011，11 (06): 10-16.

[350] 陈辉，罗蓉，刘涵奇，等. 基于广义西格摩德模型研究沥青混合料动态模量和相位角主曲线 [J]. 武汉理工大学学报，2017，41 (01): 141-145.

[351] Christensen D W, Anderson D A, Rowe G M. Relaxation spectra of asphalt binders and the Christensen-Anderson rheological model [J]. Road Materials and Pavement Design, 2017, 18: 382-403.

[352] Liu H, Zeiada W, Al-Khateeb G G, et al. Use of the multiple stress creep recovery (MSCR) test to characterize the rutting potential of asphalt binders: a literature review [J]. Construction and Building Materials, 2021, 269: 121320.

[353] Zhang L, Xing C, Gao F, et al. Using DSR and MSCR tests to characterize high temperature performance of different rubber modified asphalt [J]. Construction and Building Materials, 2016, 127: 466-474.

[354] 彭煜，从艳丽，杨克红，等. 基于 DSR 试验方法检测 SBS 改性沥青热储存稳定性的影响因素研究 [J]. 石油沥青，2023，37 (04): 19-23.

[355] 徐加秋. 油分改性沥青路用性能研究 [D]. 成都：西南交通大学，2020.